低渗透油藏开发理论与应用

李　莉　穆朗枫　周锡生　郑宪宝　吴忠宝　王　强　著

石油工业出版社

内 容 提 要

本书基于低渗透油藏的地质特点、渗流特征和开发实际,全面介绍低渗透油藏的非达西渗流、渗吸采油等开发理论和方法,系统总结了零散区块滚动开发、超薄油层水平井、井网优化设计、注水开发政策、注水开发调整,以及注气、稀油热采和微生物采油等开发技术。本书汇集多年来低渗透油田开发创新实践成果,既有油田开发理论和技术,又有翔实的开发实例,对类似油田开发具有借鉴和指导作用。

本书可供油田科研、技术人员和石油院校相关专业师生阅读参考。

图书在版编目(CIP)数据

低渗透油藏开发理论与应用/李莉等著. —
北京:石油工业出版社,2023.1
ISBN 978-7-5183-5421-4

Ⅰ.①低… Ⅱ.①李… Ⅲ.①低渗透油气藏–油田开
发Ⅳ.①P618.130.2

中国版本图书馆 CIP 数据核字(2022)第 093242 号

出版发行:石油工业出版社
　　　　　(北京安定门外安华里 2 区 1 号　100011)
　　　　　网　　址:www.petropub.com
　　　　　编辑部:(010)64523541
　　　　　图书营销中心:(010)64523633
经　　销:全国新华书店
印　　刷:北京中石油彩色印刷有限责任公司

2023 年 1 月第 1 版　2023 年 1 月第 1 次印刷
787×1092 毫米　开本:1/16　印张:19.5
字数:480 千字

定价:110.00 元

前　　言

低渗透油藏具有低孔、低渗、孔喉结构复杂、非均质性强等特点，难以建立有效驱动体系，存在低速非达西渗流特征。低渗透油藏开发面临单井产量低、产量递减快、注水效果差、采收率低等难题。由于低渗透油藏地质条件和渗流的特殊性，传统的达西渗流理论和方法已不能满足油藏研究的需要，迫切需要基础理论的突破和开发技术的创新，以指导低渗透油藏的开发实践。

本书以大庆油田低渗透油藏为例，针对制约油田开发的技术瓶颈，经过三十多年的科研攻关和开发实践，发展了非达西渗流理论和渗吸采油理论，创建了低渗透油田注水开发方案设计新方法、水驱综合调整新技术，探索了多种开发方式新技术现场试验，形成了独具特色的低渗透油藏开发技术体系。

全书共十三章：第 1 章介绍低渗透油藏地质特征和攻关方向；第 2 章基于有效驱动理论分析，介绍非达西井网优化模型、数值模拟方法和水驱采收率计算新方法；第 3 章建立了渗吸作用数学动力学模型，介绍渗吸采油的适用条件与开发指标变化特征，提出了注水井转抽等渗吸采油技术。第 4 章针对窄条带砂体，介绍随机模拟井网部署方法；针对裂缝发育油藏以及大规模压裂油藏，提出了线性水驱开发技术；第 5 章针对油层薄、分布零散，直井开发无效的难题，介绍从精细描述、开发井网优化到随钻跟踪技术及开发指标变化规律；第 6 章对于未动用的零散区块，介绍以"种子井"为中心的百井工程评价模式和单井滚动开发模式；第 7 章建立多因素综合评价体系，介绍各类区块动态特征和开发规律，明确了剩余油分布特征，制定了低渗透油藏开发调整对策；第 8 章至第 10 章系统介绍三大水驱调整的技术经济界限和调整方法，以及井网加密与注采系统相结合、井网加密与渗吸采油相结合的水驱综合调整技术；第 11 章至第 13 章基于驱油机理和可行性研究，介绍蒸汽驱技术界限，优化蒸汽驱油试验方案；筛选微生物驱菌种，优化微生物驱注采参数；以及二氧化碳驱油混相特征、注采参数优化设计方法。

本书系统论述了低渗透油藏开发理论和开发技术，将科研与生产紧密结合，有效指导了油田矿场实践。在编写过程中，得到了大庆油田和中国石油勘探开发研究院的大力支持，在此表示衷心感谢。愿本书对奋战在油田一线的科研人员、石油院校师生有所启迪和借鉴。

目　　录

1 概　　述

中国石油工业经过快速增长，步入稳定发展时期。低渗透油藏逐步成为油田开发的主体，是油气可持续发展的重要力量。低渗透油藏探明地质储量和产量占比不断上升，2017年新增探明储量比例超过70%，产油量比例超过35%，主要分布在松辽、鄂尔多斯、渤海湾和塔里木等盆地。针对低渗透储层物性差、层系多、类型复杂、分布广等特点，研究出有效动用理论和规模效益开发的技术系列，对确保中国能源安全具有重要的战略意义。

大庆油田是举世闻名的世界级大油田，其中长垣油田是大庆油田的主力产油区，而外围油田分布于长垣油田的东西两侧，是重要的接替区。外围油田与长垣油田中高渗透多层砂岩油藏相比，属于典型的低渗透、低丰度和低产油藏（简称"三低"油藏），是国内重要的低渗透油区。该类油藏的复杂性具体表现为"薄、窄、低、杂"等特点：油层薄，单层厚度 0.2~1m；砂体窄，宽度多小于 300m；渗透率特低，一般小于 2mD，下限为 0.1mD；油水关系和断块构造十分复杂[1]。单井产能低，注水开发难度大，属于世界级难题。

针对制约油田开发的技术瓶颈，围绕低渗透油藏地质特点和矿场实际，立足新油田增储上产和老油田挖潜调整，采用多学科联合攻关，发展了低渗透油藏非达西渗流和渗析采油理论与方法，创新了低渗透油藏井网优化设计、超薄油层水平井开发技术、零散区块单井滚动开发技术、开发效果评价方法、注采系统调整技术、井网加密调整技术、注采结构调整技术、稀油油藏蒸汽采油技术、微生物采油技术和二氧化碳驱油技术等 10 项技术，形成了一套适合低渗透油藏特点的水驱开发技术。

应用上述理论与技术，2008 年外围油田年产原油达到了 $600×10^4 t$，至今稳产 12 年，为大庆油田 $5000×10^4 t$ 稳产和 $4000×10^4 t$ 持续稳产作出了重要贡献，成为大庆油田可持续发展的重要组成部分，将有效支撑大庆油田实现"百年油田"的战略目标。

1.1　低渗透油藏主要地质特征

外围油田主要发育两套油层组合。上部油层主要有萨尔图油层和葡萄花油层，储层薄、物性差、丰度低；下部油层主要有扶余油层和杨大城子油层，储层致密、渗透低、产量低。低渗透油藏有以下主要油藏地质特点。

（1）开发目的层主要是葡萄花油层和扶杨油层。

已开发油藏从上到下有黑帝庙、萨尔图、葡萄花、高台子、扶余和杨大城子共 6 个油层组。其中葡萄花油层和扶杨油层分别占 86 个区块的 25.5% 和 50.9%。

（2）主要为复合型油藏，埋藏深度为中浅层。

外围油田圈闭类型有构造、复合、构造—岩性和岩性—构造 4 种类型。除长垣西部的齐家、金腾和杏西 3 个油田为构造油藏外，其余 16 个油田主要为复合型油藏，而在已开发区块中有 93.6% 的区块属于复合油藏。外围 86 个区块油藏埋藏深度 820~2400m，属中浅层，其中 69%区块为浅层。

（3）萨葡油层主要为中低渗透率，扶杨油层主要为特低渗透。

萨葡油层各区块空气渗透率在 4.5~387mD 之间，平均为 90.5mD，动用储量占外围总动用地质储量的 40.7%，其中中渗透油藏动用储量占 24.9%，低—特低渗透油藏动用储量占 15.8%。扶杨油层各区块空气渗透率在 0.50~22.4mD 之间，平均为 7.4mD，动用储量占外围总动用地质储量的 59.3%，其中特低渗透及致密油层动用储量占 43.1%，低渗透油藏动用储量占 16.2%。

（4）萨葡油层以特低丰度为主，扶杨油层以低丰度为主。

已开发区块储量丰度为（15.5~106.5）$\times 10^4$t/km^2，平均为 49.7$\times 10^4$t/km^2。其中萨葡油层丰度小于 50$\times 10^4$t/km^2 的特低丰度地质储量占总储量的 34.00%，而低丰度储量占 6.68%。扶杨油层丰度（50~100）$\times 10^4$t/km^2 的低丰度储量占总储量的 45.46%，特低丰度和丰度大于 100$\times 10^4$t/km^2 的中丰度储量分别占 6.46%和 7.37%。

（5）特低渗透储层天然裂缝发育。

已开发区块储层普遍发育天然裂缝，由北向南、由东向西发育程度增强，东部裂缝以近东西向为主，西部裂缝以近北东向为主。但同一油田不同部位裂缝发育程度不同，如朝阳沟油田构造轴部及过渡带裂缝相对发育，构造翼部天然裂缝发育差；又如榆树林油田构造高部位的北部天然裂缝发育，而构造中低部位的东部及南部天然裂缝不发育。

（6）原油性质为中、低黏度。

已开发区块地层原油黏度在 1.3~15.7mPa·s 之间，平均为 7.4mPa·s，属于常规油藏，中黏油区块占 59.1%，扶杨油层原油黏度略高于萨葡油层。

（7）油藏天然能量低。

已开发区块边底水不活跃，地层压力系数为 0.9~1.1，弹性采出程度为 1.1%~1.9%，多数气油比为 17~23m^3/L，一次采收率为 8%~10%，属于天然能量不足的油藏，需补充能量开发。

1.2 油田开发历程

自 1982 年杏西油田投入开发以来，外围油田先后经历了开发试验阶段、快速上产阶段、稳步上产阶段。

（1）开发试验阶段。

1982—1985 年，开展了葡萄花油层和萨尔图油层不同井网密度、不同驱油方式和不同注水方式开发试验，同时对葡萄花油层和萨尔图油层注水开发技术进行了研究，试验表明外围中渗透葡萄花油层和萨尔图油层可以经济有效开发。至 1985 年底，有杏西、宋芳屯和龙虎泡 3 个油田规模投入开发，动用石油地质储量 1380$\times 10^4$t，年产油 15.85$\times 10^4$t，采油速度 1.15%，累计产油 30.7$\times 10^4$t，采出程度 2.23%，累积注采比 0.33。

（2）快速上产阶段。

1986—2004 年，葡萄花油层开发步伐不断加快，朝阳沟、榆树林和头台油田扶杨油层相继投入开发。通过实施勘探开发一体化、开发井网与整体压裂一体化，加快了低渗透油藏的增储上产。该阶段随着储量不断接替和老区控制递减，外围油田年产油量达到 400$\times 10^4$t 以上规模。

（3）稳步上产阶段。

2005—2020 年，提捞采油、蒸汽吞吐、微生物吞吐、CO_2 驱油等非常规油田开发试验取得较好效果，形成了以分层注水为核心的井网加密、注采系统和注水结构调整的综合调整技术。2005 年年产油达到 $500×10^4$t，2008 年年产油达到 $600×10^4$t，至 2020 年已稳产 13 年，成为大庆油田重要的组成部分。

1.3 水驱开发存在的主要问题及原因

1.3.1 主要问题

油田开发是一个不断变化的动态过程。随着注水开发的不断深入，又暴露出新的矛盾和问题。低渗透油藏开发主要有以下三方面问题。

（1）油田含水上升加快、产量递减幅度大。

外围油田综合含水率从 1996 年的 0.9% 上升到 2003 年的 7.19%，年平均上升 2.41%，自然递减率在 14% 以上。分析认为，外围油田递减类型符合双曲线递减规律。按地质特点和开发状况分为四类：一类为已进入中高含水期的中渗透萨葡油层，通过注采系统调整，产量递减减缓，如祝三试验区递减率已降到 8.49%；二类为裂缝发育的低渗透葡萄花油层，含水上升快，产量递减快，如新站油田试验区 2000—2003 年含水从 30% 上升到 56.6%，递减率由 12.2% 增加到 36%；三类为裂缝性低渗透油藏，如朝阳沟油田主体区块，目前含水 48.9%，递减率 12.3%；四类为特低渗透和致密的扶杨油层，如榆树林油田 II 类区块，目前含水 15.7%，递减率 17.14%。

（2）扶杨油层采油速度低，低效井比例高。

扶杨油层从 1986 年朝阳沟油田正式投入开发以来，采油速度多低于 1.5%，进入"十五"以来采油速度降到 1% 以下，2003 年各区块采油速度平均为 0.52%。采油速度降低，必然导致低效井比例升高。2003 年以来外围油田低效井比例在 30% 以上。

（3）水驱开发效果较差，水驱采收率低。

葡萄花油层储层渗透率和产能相对较高，但砂体分布零散，水驱控制程度低，投产较早的油田目前含水达到 60% 以上，采出程度约 20%，预计采收率为 30% 左右。而扶杨油层渗透性差、产能相对较低，窄条带河道砂体，除裂缝发育的油藏经过调整开发效果得到改善外，特低渗透裂缝不发育的油藏储量基数大、开发效果差。如榆树林和头台油田在 300m 井网条件下开采 10 年，采出程度仅 5% 左右，预计采收率只有 15% 左右。

1.3.2 主要原因

造成外围油田上述问题的主要原因是多方面的，包括油田储层物性、原油性质、砂体规模、开发井网以及开发技术政策等。分析认为主要有以下四个方面的原因。

（1）储层砂体规模小，水驱控制程度低。

在外围油田两套油层中，葡萄花油层主要为河流—三角洲沉积，多以窄条带和小片状砂体分布为主，而扶杨油层主要为河流相沉积，以窄条带、断续条带砂体为主，为特低渗透储层。砂体宽度多在 300~600m，加上断层切割，水驱控制程度较低。据统计，在已开发的 86 个区块中，在 300m 井距下有 40 个区块水驱控制程度低于 70%，平均为 60.5%。

(2)特低渗透油藏难以建立起有效的驱动体系。

由于特低渗透油藏要克服由启动压力梯度引起的附加阻力,与中高渗透油藏相比,需要更大的驱动力才能有效开发。在已开发的 86 个区块中,特低渗透油藏有 41 个区块,储量为 $1.7\times10^8 t$,占总储量的 41.5%,平均空气渗透率 3.3mD,其有效驱动距离小于 300m,即使井网能控制住砂体,仍难以建立起有效驱动体系。

(3)裂缝发育部分区块井排方向与裂缝方位不匹配。

开发之初对储层认识程度较低,多采取了便于调整的反九点注采井网。但由于井排方向与裂缝方位不匹配,出现注水井排油井含水上升加快,油井排油井难以受效的局面,尤其是低渗透油藏具有油相渗透率随含水上升下降幅度大的特点,导致裂缝性低渗透油藏开发效果急剧变差。如头台和新站等油田注水开发后甚至出现暴性水淹井的现象。

(4)油田油水井数比高,注水强度低。

投入较早的龙虎泡和朝阳沟主体等区块进行了较大规模的注采系统调整,油水井数比为 1~2,使外围油田的油水井数比降到 1996 年的 2.3。但之后随着新区的不断开发,油水井数比逐渐增大,到 2003 年为 2.7。这主要是新投入开发和开发效果较差的区块油水井数比较高,为 2.5~3.7。研究认为,葡萄花油层合理油水井数比 1.6~2,扶杨油层为 1.8~2.3。显然油水井数比高,其注水强度也相应降低。

1.4 低渗透油藏开发攻关方向

常规面积水驱开发方式难以适应外围油田开发,需要转变开发方式,攻关研究适合低渗透油藏的有效开发技术。

(1)低渗透油藏水驱难度大,需要研究井网优化设计技术。

采用正方形反九点注水井网注水开发,一部分油井渗流阻力大难以有效驱动。另一部分油井由于注采井与天然裂缝夹角小,含水上升快,甚至出现暴性水淹。常规井网适应性差,需要攻关研究适合低渗透油藏储层特点的井网优化设计技术,包括非达西渗流理论及有效驱动方法、菱形和矩形井网线状注水方式优化设计方法等技术。

(2)低丰度油层直井开发效益差,需要攻关水平井开发技术。

由于油层层少而薄,有效厚度小,地质储量丰度特低,采用直井开发单井产量低,经济效益差,需要开展水平井开发技术研究,包括储层精细描述、水平井优化设计和水平井随钻跟踪等技术。

(3)裂缝不发育特低渗透油藏水驱难度大,需要研究二氧化碳驱油技术。

渗透率小于 2mD 的储层水驱难以有效动用,主要原因是储层渗透率越低,水驱启动压力梯度和渗流阻力越大。因此,对于渗透率小于 2mD 的储层,需要改变驱替方式,攻关研究了特低渗透油藏 CO_2 驱油技术,主要包括 CO_2 驱油机理、CO_2 驱油注采参数优化设计等。

(4)已开发区块开发效果差,需要研究改善水驱效果的开发调整技术。

早期开发油层采用 300m×300m 正方形反九点井网水驱开发,但由于窄条带砂体井网水驱动用程度比较低,注采系统不适应,需要开展以提高水驱控制程度和采收率为主的井网加密、注采系统以及注采结构等水驱开发调整技术。

(5)裂缝发育低渗透油藏注水开发矛盾突出,需要研究线状注水调整技术。

裂缝发育特低渗透扶杨油层，原 300m×300m 正方形井网开发初期与裂缝走向平行或夹角小的油井注水受效好，但含水上升快，部分井水淹，而与裂缝走向垂直或夹角大的油井受效比较差或受效，开发效果随着时间延长变差。根据国内吉林油区等特低渗透裂缝性油藏注水开发实践，这类油藏合理注水方式是实行线状注水。为此，开展了以注采系统调整及井网加密与注采系统相结合为主的线状注水调整技术。

（6）中黏低渗透油藏注水开发矛盾突出，需要研究非常规调整技术。

朝阳沟油田扶杨油层为低—特低渗透油藏，实施井网加密调整后，尽管因缩小井距提高了有效驱动，且实现了线状注水，但由于为中黏高凝油藏，改善水驱有效驱动作用和提高采收率幅度有限。为此，开展以蒸汽驱油和微生物驱油为主要内容的非常规调整技术。

参 考 文 献

［1］王玉普，计秉玉，郭万奎．大庆外围特低渗透特低丰度油田开发技术研究［J］.石油学报，2006（06）：70-74.

2 低渗透油藏非达西渗流理论与方法

低渗透油藏在渗流过程中存在低速非达西现象，其地层压力分布、渗流规律和油水饱和度变化等特征均不同于常规中高渗透油田。为研究非达西渗流对低渗透油藏开发的影响，开展了非达西渗流有效驱动理论分析，研究了低渗透油藏中流体的流动规律，建立了低渗透油藏井网驱动体系，推导了井网优化模型和试井解释模型，提出了非达西渗流数值模拟方法和水驱采收率计算新方法，解决了低渗透油藏注水受效差、产量递减快和难以建立有效驱动体系等问题。

2.1 低渗透油藏有效驱动理论

2.1.1 低渗透油藏非达西渗流理论

达西定律作为一个基本定律被广泛应用于油藏工程计算中，然而在很多情况下涉及非达西渗流问题。当流体渗流速度很低或很高时，流体渗流会偏离达西线性渗流规律，出现低速非达西或高速非达西渗流。在低渗透油藏开发中，流体渗流表现为低速非达西渗流特征。当压力梯度小于某一值时，流体不会流动，这样就存在一个大于启动压力梯度的流动区和小于启动压力梯度的静止区，二者的分区界限是变化的[1]。

1924 年，苏联学者 H. JI. 布兹列夫斯基首先指出：在某些情况下，多孔介质中只有在超过某个起始的压力梯度时才发生液体的渗流。1951 年，B. A. 弗洛林在研究土壤中水的渗流问题时指出，在小压力梯度条件下，因岩石固体颗粒表面分子的表面作用力俘留的束缚水在狭窄的孔隙中是不流动的，并妨碍自由水在与之相邻的较大孔隙的流动，只有当启动压力梯度增加到某个值后，破坏了束缚水的堵塞，水才开始流动。1965 年，Φ. A. 特列宾首先提出了破坏线性达西定律的问题。库萨柯夫、特列宾、列尔托夫、奥尔芬等通过不同实验发现，含有表面活性物质的原油通过很细的沙子时，渗透率急剧降低，压差不成比例地迅速增长，并修正了达西定律。

阎庆来等[2, 3]基于单相和油水两相渗流实验，提出流体在较低渗流速度下为非达西渗流，渗流曲线存在非线性段。低渗透油藏中油水两相渗流，油水过渡带比高渗透层要长，渗透率越低，过渡带越长。黄延章等[4]通过大量实验资料的分析，总结出低渗透油层中油水两相渗流的基本特征：当压力梯度在比较低的范围内时，渗流曲线呈下凹形非达西渗流特征；当压力梯度较大时，渗流速度呈直线增加，直线段的延伸与压力梯度轴的交点称为平均启动压力梯度，该点不经过坐标原点。2007 年，肖曾利等[1]推导了低渗透油层的渗流数学方程，研究了油、水在低渗透油层中的渗流特征及其规律。研究表明：启动压力梯度与储层的渗透率成反比，与原油极限剪切应力成正比，渗透率越低，产量递减幅度越大；产量递减幅度随原油的极限剪切应力和井距的增大而增大。

室内实验研究表明，流体在低渗透油藏中的流动如图 2.1 所示。

图2.1中，实线 ADE 为低渗透油藏渗流实测曲线，其方程可写为幂律形式或二项式形式；虚线 BDE 为拟线性曲线，其方程可写为带有启动压力梯度的直线方程形式；A 代表最小启动压力梯度值；B 代表拟启动压力梯度值(通常用的启动压力梯度值)，实际上是一个外推出来的虚拟的压力梯度；C 代表最大启动压力梯度值。

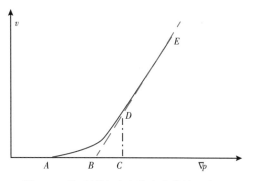

图2.1　典型低渗透油藏渗流曲线示意图

如图2.1中所示，低渗透储层渗流规律比较复杂，在实际的应用中往往需要一定的简化，其渗流规律的描述方法很多，目前主要有以下几种。

(1)第一种表达方法(渗流模式1)。

$$\begin{cases} v = 0 & \nabla p > A \\ v = a(\nabla p)^2 + b(\nabla p) + c & A < \nabla p \leqslant C \\ v = \dfrac{K_e}{\mu}(\nabla p - B) & \nabla p > C \end{cases} \tag{2.1}$$

式中　v——渗流速度，cm/s；

∇p——压力梯度，MPa/m；

a，b，c——系数；

A——最小启动压力梯度，MPa/m；

C——最大启动压力梯度，MPa/m；

B——拟启动压力梯度，MPa/m；

K_e——绝对渗透率，mD；

μ——流体黏度，mPa·s。

上述方法既反映了渗流过程中的启动压力梯度，也反映了存在低压力梯度阶段的非线性渗流，同时还表达了在较高压力梯度下稳定渗流过程。它是一种比较精确的数学方程，但在数学处理上会遇到较大的困难，在工程应用中也会遇到许多烦琐的计算。

(2)第二种表达方法(渗流模式2)。

将曲线 ADE 认为是直线 AD 与直线 BDE 的两种斜率的线性组合来描述渗流过程，相应的数学方程为：

$$\begin{cases} v = \dfrac{K_1}{\mu}(\nabla p - A) & \nabla p \leqslant C \\ v = \dfrac{K_2}{\mu}(\nabla p - B) & \nabla p > C \end{cases} \tag{2.2}$$

用线性方程来描述渗流过程在数学处理上较简单。但是，它只在某种程度上反映了在低压力梯度情况下的非线性渗流，不能完全描述复杂渗流过程的真实性，同时也要看到按此方法计算出的指标会比实际值偏高。

(3)第三种表达方法(渗流模式3)。

将曲线 *ADE* 用直线 *BDE* 代替来描述渗流过程，称之为拟线性方程：

$$\begin{cases} v=0 & \nabla p<B \\ v=\dfrac{K_2}{\mu}\ (\nabla p-B) & \nabla p>B \end{cases} \tag{2.3}$$

式（2.3）反映了低渗透地层中渗流的启动压力梯度问题。这种方法的不足之处在于，当压力梯度较小时，对阻力较小的大孔道中的流动估计偏低，因而计算所得的综合指标也会偏低。

2.1.2 低渗透油藏渗流规律

2.1.2.1 低渗透油藏中流体流动规律

通过前期研究获得的关于低渗透油藏渗流规律的新认知，认为比较符合实验规律的数学描述方法为：

$$\begin{cases} v=0 & \nabla p\leqslant A \\ v=a\,\nabla p^2+b\,\nabla p+c & A\leqslant \nabla p\leqslant C \\ v=\dfrac{K_e}{\mu}\nabla p\left(1-\dfrac{G}{|\nabla p|}\right) & \nabla p>C \end{cases} \tag{2.4}$$

式中   *A*——最小启动压力梯度，地层中的驱动压力梯度只有大于此压力梯度流体才能流动，MPa/m；

       C——最大启动压力梯度，当驱动压力梯度大于 *A* 而小于 *C* 时，流体的流动符合二项式，而当压力梯度大于 *C* 时，流体的流动符合线性关系，MPa/m。

对于多相流体流动，运动方程为：

$$\begin{cases} v_l=0 & \nabla p_l\leqslant A_l \\ v_l=(a\,\nabla p_l^2+b\,\nabla p_l+c)\,K_{rl} & A_l<\nabla p_l<C_l \\ v_l=\dfrac{K_{rl}K_e}{\mu_l}\nabla p_l\left(1-\dfrac{G_l}{|\nabla p_l|}\right) & \nabla p_l>C_l \end{cases} \tag{2.5}$$

其中：$l=$o，w，g。

此处需要注意的是，由于流体的性质以及流体和岩石的作用机制不同，不同流体的最大、最小启动压力不同。因此需要在实验时分别测定，在油藏数值模拟时也需要分别赋值。

2.1.2.2 渗流模式判别及其动边界问题

通过大量的低渗透油藏实验研究[5-9]，获得了图 2.1 中的最小启动压力梯度、拟启动压力梯度以及最大启动压力梯度与低渗透油藏流度的关系式。

$$A=\nabla p\left(\frac{K_g}{\mu}\right)_{\min}^{-0.6756} \tag{2.6}$$

$$B=\nabla p_{拟}=0.0238\left(\frac{K_g}{\mu}\right)^{-0.1448} \tag{2.7}$$

$$C = \nabla p \left(\frac{K_g}{\mu} \right)_{\max}^{-0.7351} \qquad (2.8)$$

分别绘制 A 和 C 与地层流度的双对数关系曲线，得到低渗透油藏的渗流模式判别图（图 2.2）。

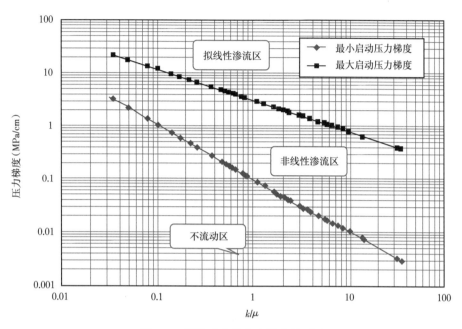

图 2.2　低渗透油藏渗流模式判别图

从图 2.2 中可清楚看出，低渗透油藏存在三个渗流区域：不流动区域、非线性渗流区和拟线性渗流区。随着驱替压力梯度和流度的不同，渗流模式亦发生变化，即三个渗流模式的区域是变化的，其渗流数学模型具有不固定的边界，数学上称之为动边界数学问题。因此，低渗透油藏的数值模拟不仅要考虑非线性渗流问题，也要考虑动边界问题。

2.1.2.3　低渗透储层渗透率变化

将实验得到的渗流曲线转化为渗透率与压力梯度的关系曲线，如图 2.3 所示。

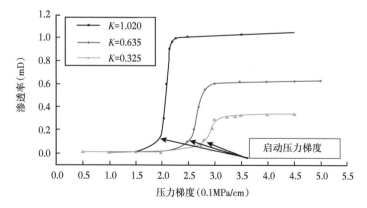

图 2.3　渗透率与压力梯度的关系曲线

对于低渗透储层，当压力梯度超过一定的数值后，渗透率不再发生变化。这是由于随着压力梯度的增加，有更多孔隙中的流体动用。另一方面启动压力越大，孔道中流体边界层厚度越薄，流动的影响越小。这一现象从考虑边界层的孔隙级渗流理论中也得到了验证。

基于低渗透油藏岩心资料建立的孔隙网络模型，模拟流动时考虑边界层（图 2.4）。孔隙数 15625，孔喉数 16448，平均配位数为 4，最大孔喉半径为 2μm，最小孔喉半径为 0.2μm，孔喉比为 1.0~5.0，绝对渗透率为 6.27mD，孔隙度 16.2%。

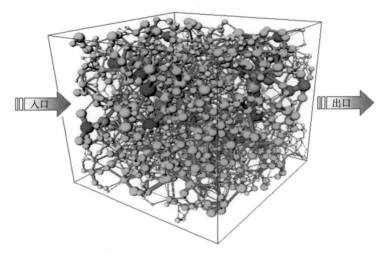

图 2.4　孔隙级随机网络模型

2.1.2.4　应力变化对孔隙度、渗透率的影响

应力变化对低渗透油藏的渗透率有较大的影响，而且裂缝越多、基岩渗透率越小，影响越大；而对于孔隙度的影响较小，通常情况下可不考虑孔隙度随应力的变化。

2005 年，刘建军[10]对低渗储透层物性的压力敏感性进行了研究，其所测得的渗透率与净围压的关系如图 2.5 所示。

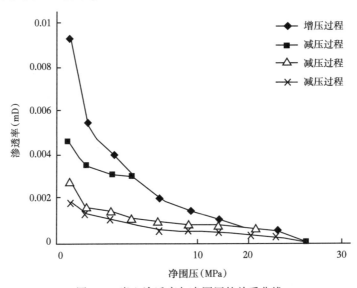

图 2.5　岩心渗透率与净围压的关系曲线

通过回归得到如下的关系：

$$K = a \ln p + b \tag{2.9}$$

2006 年代平等[11]也对低渗透砂岩储层孔隙度、渗透率与有效应力的关系进行了研究。结果表明，有效应力对孔隙度的影响不大，可以忽略不计。而有效应力对渗透率的影响比较显著，见表 2.1，通过对数据的回归可以得到：

$$K = b_2 e^{-a_2 \Delta p} \tag{2.10}$$

表 2.1 围压与渗透率的关系实验数据表 （单位：mD）

岩样编号	围压（MPa）										
	2	4	6	8	10	15	20	25	30	35	40
岩心 6	23.09	22.96	22.84	22.73	22.63	22.43	22.18	21.95	21.71	21.57	21.46
岩心 8	0.0359	0.0343	0.0330	0.0320	0.0308	0.0288	0.0268	0.0250	0.0238	0.0225	0.0214
岩心 12	0.344	0.311	0.293	0.278	0.258	0.220	0.192	0.166	0.152	0.133	0.120

国内外的其他很多专家学者也都对有效应力对储层物性的影响有过研究[12-17]，描述应力对渗透率的影响有两种方法。

一种是利用渗透率变异模数来描述，主要有如下几种形式：

指数模型：

$$K = K_0 e^{-\alpha(p_i - p)} \tag{2.11}$$

幂率模型：

$$K = K_0 (p/p_i)^r \tag{2.12}$$

多项式模型：

$$K = K_i \left[C_1 \left(\frac{p}{p_i} \right)^2 + C_2 \left(\frac{p}{p_i} \right) + C_3 \right] \tag{2.13}$$

多段式模型：

$$K = K_0 e^{-\alpha_i(p_i - p)} (p \subset p_i, \ p_{i+1}) \tag{2.14}$$

式中　K——目前渗透率，D；

　　　K_0——初始渗透率，D；

　　　p——目前地层压力，MPa；

　　　p_i——原始地层压力，MPa；

　　　α——压敏系数，MPa^{-1}；

　　　r——渗透率变异系数；

　　　C_1，C_2，C_3——常数。

另一种是用复杂的流固耦合来描述应力场和渗流场的耦合。

为了增加其实用性，建议采用渗透率变异模数方式来描述且采用第一种指数形式。实践中也证实，应用渗透率变异模数表示压敏规律可行且符合实际情况。图 2.6 是塔河油田 S67 井的压力测试解释曲线，采用的是双重介质压力敏感试井解释模型。

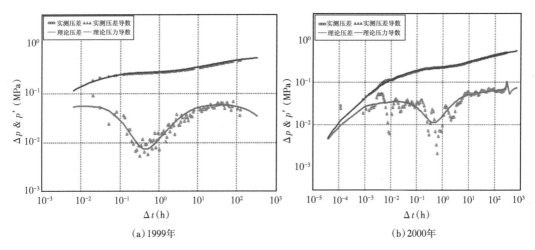

(a)1999年   (b)2000年

图 2.6 双重介质压敏油藏试井测试曲线拟合

为了准确起见，渗透率变异模数采用两次测试所得到的平均值 1.455，压力变化为 0.36MPa，则有：

$$K_f = K_{f0}e^{-1.455 \times 0.36} = 3.218(D) \tag{2.15}$$

式中 K_f——考虑压敏效应的解释渗透率，D；

　　　　K_{f0}——无压敏效应的解释渗透率，D。

与图 2.6b 的测试解释结果（3.223D）符合，说明了该理论方法的实用性和准确性（表 2.2）。

表 2.2   沙 67 井两次试井解释结果

测试时间	解释渗透率 （D）	平均地层压力 （MPa）	渗透率变异模数
1999 年	5.432	61.89	1.50
2000 年	3.223	61.53	1.41

2.2 基于非达西渗流的产量计算方法

2.2.1 启动系数

根据基于流线的非达西渗流的理论，在一定压力差及井距下并不是整个单元都能启动，则注水驱能启动的面积与整个单元面积的比值即为启动系数，对于特低渗透储层，由于启动压力梯度的存在产生的非达西渗流，使远离主流线的区域难以启动。以五点法渗流单元为例，$ACB = L$ 为最长的渗流线，则有：

$$p_h - p_f - \lambda L = 0 \tag{2.16}$$

式中 L——所能启动的最大流线的长度（图 2.7）在单元 ABC 中线 ADB 即为所能启动的最长流线。

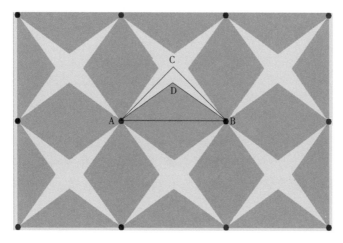

图 2.7　启动系数示意图

即区域 ACB 即为可启动的区域，则在此压力差及井距下的启动系数即为区域 ACB 的面积与区域 ADB 的面积的比值，则启动系数为：

$$C_s = \frac{S_{ACB}}{S_{ADB}} \tag{2.17}$$

在利用式（2.18）进行单井产量计算时，其积分的上限应为其最大能启动的角 α_o。因此，启动系数是衡量一定井网压差情况下，储层动用程度的指标。

2.2.2　面积井网非达西渗流数学模型

从非达西渗流的基本公式出发，结合油藏开发系统，建立了一套不同面积井网条件下基于非达西渗流的产量计算公式（简称为 ND-1 法）。

2.2.2.1　产量计算公式

（1）单流管产量公式。

假设油水井之间通过一系列流管相连，如图 2.8 所示。

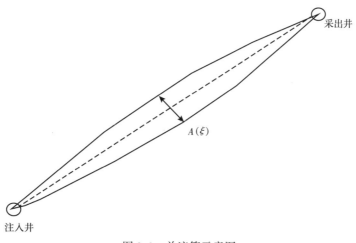

图 2.8　单流管示意图

根据非达西渗流基本公式，截面处流量可表示为：

$$q = \frac{K}{\mu} A(\xi) \left(\frac{\mathrm{d}p}{\mathrm{d}\xi} - \lambda \right) \tag{2.18}$$

油田上常用的面积注水方式有五点法、四点法和反九点法井网，本书分别推导出了三种井网的计算公式。

（2）五点法井网产量公式。

对于油井，受到 4 口水井作用，同样，1 口水井给 4 口油井供水。取阴影部分作为计算单元，该计算单元可近似为一等腰直角三角形，则油水井分别受到 8 个计算单元的作用，由于从 A 端出发的流管微元的截面积与 B 端出发的流管微元的截面积相等（图 2.9），则有：

单元流量

$$q = \int_0^{\frac{\pi}{4}} \frac{\dfrac{Kh}{\mu}\left(p_{\mathrm{h}} - p_{\mathrm{f}} - \lambda\, \dfrac{l}{\cos\alpha} \right)}{2\ln \dfrac{l}{2r_{\mathrm{w}}\cos\alpha}}\, \mathrm{d}\alpha \tag{2.19}$$

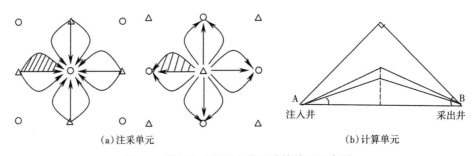

(a)注采单元　　　　　　　　(b)计算单元

图 2.9　五点法井网油水井及计算单元示意图

（3）四点井网产量公式。

①注采单元分析。

1 口油井受 3 口水井作用，1 口水井给 6 口油井供水，阴影部分为计算单元，该计算单元可近似为一直角三角形，油井受到 6 个单元作用，水井受到 12 个单元作用（图2.10）。

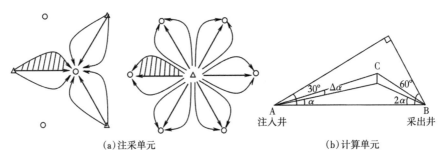

(a)注采单元　　　　　　　　(b)计算单元

图 2.10　四点法井网油水井及计算单元示意图

②单元流量。

$$q = \int_0^{\frac{\pi}{6}} \frac{\dfrac{Kh}{\mu}\left(p_h - p_f - \lambda l \dfrac{\sin 2\alpha + \sin\alpha}{\sin 3\alpha}\right)}{\ln\dfrac{l\ \sin 2\alpha}{r_w \sin 3\alpha} + \dfrac{1}{2}\ln\dfrac{l\ \sin\alpha}{r_w \sin 3\alpha}}\,\mathrm{d}\alpha \tag{2.20}$$

（4）反九点井网产量公式。

①注采单元分析。

边井几何特征完全不同，分别与水井组成不同的基本计算单元。角井受到 4 口注水井作用，受 8 个计算单元影响，边井受到 2 口注入井作用，受 4 个计算单元影响（图 2.11）。

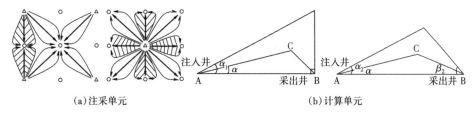

（a）注采单元　　　　　　　　　　（b）计算单元

图 2.11　反九点井网油水井单元划分示意图

②边井单元流量。

$$q = \int_0^{\alpha_1} \frac{\dfrac{Kh}{\mu}\left(p_h - p_f - \lambda l \dfrac{\sin\beta + \sin\alpha}{\sin(\alpha + \beta)}\right)}{\ln\dfrac{l\ \sin\beta}{r_w \sin(\alpha + \beta)} + \dfrac{2\alpha_1}{\pi}\ln\dfrac{l\ \sin\alpha}{r_w \sin(\alpha + \beta)}}\,\mathrm{d}\alpha \tag{2.21}$$

③角井单元流量。

$$q = \int_0^{\alpha_2} \frac{\dfrac{Kh}{\mu}\left(p_h - p_f - \lambda l \dfrac{1 + \sqrt{2}\sin\alpha}{\sin(\alpha + \dfrac{\pi}{4})}\right)}{\ln\dfrac{l}{r_w \sin(\alpha + \dfrac{\pi}{4})} + \dfrac{\alpha_2}{\beta_2}\ln\dfrac{\sqrt{2}l\sin\alpha}{r_w \sin(\alpha + \dfrac{\pi}{4})}}\,\mathrm{d}\alpha \tag{2.22}$$

（5）通式及性质评价。

可以看出，不同面积井网条件下计算单元流量可用以下通式给出：

$$q = \int_0^{\alpha_m} \frac{\dfrac{Kh}{\mu}\left(p_h - p_f - \lambda ml \dfrac{\sin\beta + \sin\alpha}{\sin(\alpha + \beta)}\right)}{\ln\dfrac{ml\ \sin\beta}{r_w \sin(\alpha + \beta)} + \dfrac{\alpha_m}{\beta_m}\ln\dfrac{ml\ \sin\alpha}{r_w \sin(\alpha + \beta)}}\,\mathrm{d}\alpha \tag{2.23}$$

五点井网：$\alpha_m = \dfrac{\pi}{4}$　$\beta_m = \dfrac{\pi}{4}$　$\beta = \alpha$　$m = 1$　$Q_o = 8q$　$Q_w = 8q$

四点井网：$\alpha_m = \dfrac{\pi}{6}$　$\beta_m = \dfrac{\pi}{3}$　$\beta = 2\alpha$　$m = 1$　$Q_o = 6q$　$Q_w = 12q$

反九点井网边井：$\alpha_m = 0.4636476$ $\beta_m = \dfrac{\pi}{2}$ $\beta = \dfrac{\beta_m}{\alpha_m}\alpha$ $m=1$ $Q_o = 8q_1$

角井：$\alpha_m = 0.3217506$ $\beta_m = \dfrac{\pi}{4}$ $\beta = \dfrac{\beta_m}{\alpha_m}\alpha$ $m = \sqrt{2}$ $Q_o = 8q_2$

水井：$Q_w = 8(q_1 + q_2)$

2.2.2.2 实例应用

（1）缩小井距的应用。

以大庆某一区块的地层及流体参数为例进行计算，取地层渗透率为 2mD；地层有效厚度 5m；生产压差 20MPa；地层流体黏度 5mPa·s；启动压力梯度取 0.05MPa/m。各个面积井网的井距与产量及启动系数的关系如图 2.12 和图 2.13 所示，由图中可见，面积井网的产量及启动压力梯度都随着井距的增加而减小，但是由于启动压力的存在，不同的井网减小的幅度又不同。

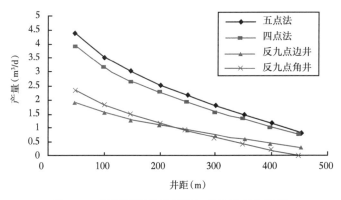

图 2.12　不同面积井网井距与产量的变化关系

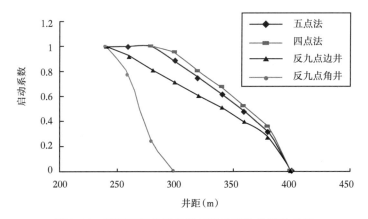

图 2.13　不同面积井网井距与启动系数的变化关系

相同井距下，产量的大小依次为五点法、四点法、反九点角井、反九点边井，同时角井和边井存在一个交叉点。而相同井距下的启动情况依次为四点法、五点法、反九点边井、反九点角井，并且反九点角井由于距注水井距离大，其启动系数递减得特别快。

通过上述分析可以推断，特低渗透储层井网加密的意义比中高渗透储层更主要，并不只是解决连通问题，还起到建立有效驱动体系的作用，采收率可以大幅度增加，不能用传统的谢尔卡乔夫公式和以达西定律为基础的数值模拟等方法预测可采储量与井网密度。只要经济评价指标合理，应尽可能地采用密井网开发方式，尽可能增大驱替压力梯度。

（2）增大注采压差的作用。

以大庆某一区块的地层及流体参数为例进行计算，取地层渗透率为2mD；地层有效厚度5m；生产压差取20MPa；地层流体黏度5mPa·s；启动压力梯度取0.05MPa/m。各个面积井网的注采压差与产量及启动系数的关系如图2.14和图2.15所示，由图中可见，面积井网的产量及启动压力梯度都随着生产压差的增加而增加，但是不同的井网增加的幅度不同。

相同的注采压差下，产量的大小情况依次为五点法、四点法、反九点边井、反九点角井，同时产量在注采压差增加到一定时出现一个交叉点。而对于启动系数的变化情况是，四点法、五点法、反九点边井、反九点角井，并且由图中可以看出，反九点角井更难于启动。

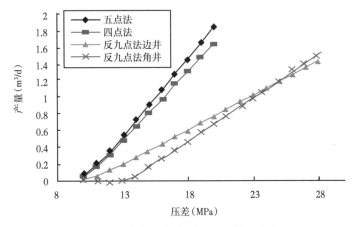

图 2.14　面积井网注采压差与产量变化关系

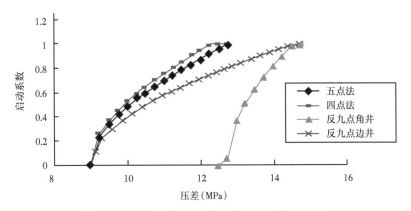

图 2.15　面积井网注采压差与启动系数变化关系

2.2.3　矩形井网非达西渗流数学模型

对于裂缝不发育的特低渗渗透诸层，由于吸附作用等原因引起的启动压力梯度，需要渗流场具有更大的驱替压力梯度才能实现更为有效的开采。一种设想就是利用人工裂缝和井网协同作用，形成大井距、小排距的线性驱替，可以在储层内形成更大的驱替压力梯度，如图2.16所示，此时压裂的目的不单是改善井筒附近渗流能力和增产增注，而是起到改变渗流场作用，这种压裂有别于传统的压裂，常常被称为开发压裂。

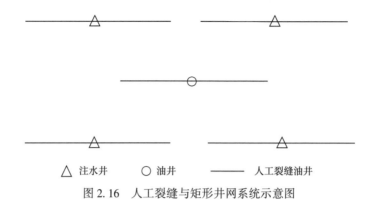

△ 注水井   ○ 油井   —— 人工裂缝油井

图 2.16   人工裂缝与矩形井网系统示意图

一般需要裂缝长度变大，方向与井排一致。井网作用也不仅是钻开油层形成产油通道，更主要的是形成人工裂缝。因此，在布井时要搞清储层主应力方向，保证裂缝与井排一致。

这种井网压裂一体化模式已经在大庆油田得到高度重视，并在一些油田得到应用。但对具非达西渗流特征的特低渗透储层井距井网参数、裂缝长对产量指标如何影响，如何计算，到目前为止还没有见到研究，出现了理论落后实际、设计缺乏理论计算支持的局面。

2.2.3.1   单流管产量公式

假设油水井之间通过一系列流管相连，考虑低渗透油藏存在非达西渗流，故单流管的产量方程中加入启动压力梯度项，同公式（2.18）。

2.2.3.2   计算单元划分

计算单元划分的基本原则是保持计算单元与实际流线尽量相符合，以保证计算结果的合理性。为此，分两种情况进行讨论。

（1）裂缝半长小于井距之半。

当油井的裂缝半长与水井的裂缝半长之和大于井距之半时，可以划分成如图 2.17 所示的子计算单元。

水井或油井产量为整个计算单元的 4 倍。

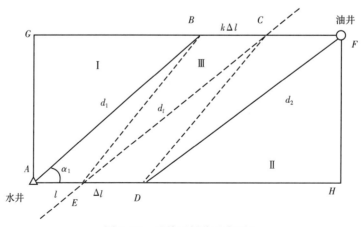

图 2.17   子单元划分示意图 1

则 *ABFD* 区的流量应为区域 *BCDA*+*BFDE*−*BCDE* 的流量。

$$q = q_{ABG} + q_{DFH} + q_{BCDAF} + q_{BFDE} - q_{BCDE} \tag{2.24}$$

(2)裂缝半长大于井距之半。

当油井的裂缝半长与水井的裂缝半长之和小于井距之半时，可以划分成如图 2.18 所示的子计算单元。

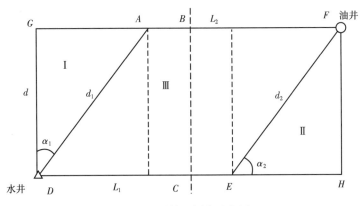

图 2.18 子单元划分示意图 2

水井或油井产量为整个计算单元的 4 倍。

$$q = q_{DGA} + q_{ABCD} + q_{BCEF} + q_{EFH} \tag{2.25}$$

对不同的单元按流线法计算即可得到整个子单元的产量：

$$q = \int_0^{\alpha_1} \frac{\frac{Kh}{\mu}\left(p_h - p_f - \lambda d_1 \frac{\sin\beta + \sin\alpha}{\sin(\alpha+\beta)}\right)}{\ln\frac{d_1\sin\beta}{r_w\sin(\alpha+\beta)} + \frac{\alpha_1}{\beta_1}\ln\frac{d_1\sin\alpha}{r_w\sin(\alpha+\beta)}}\mathrm{d}\alpha + \int_0^{L_1}\frac{\frac{Kh}{\mu}(p_h - p_f - \lambda d_1)}{\frac{\ln k}{k-1}}\mathrm{d}l$$

$$+ \int_0^{\alpha_2} \frac{\frac{Kh}{\mu}\left(p_h - p_f - \lambda d_2 \frac{\sin\beta + \sin\alpha}{\sin(\alpha+\beta)}\right)}{\ln\frac{d_2\sin\beta}{r_w\sin(\alpha+\beta)} + \frac{\alpha_2}{\beta_2}\ln\frac{d_2\sin\alpha}{r_w\sin(\alpha+\beta)}}\mathrm{d}\alpha \tag{2.26}$$

2.2.3.3 实例应用

(1)井网形式对比。

应用该公式对特低渗透油藏合理开发井网进行了优化。假设地层渗透率为 1mD，地层原油黏度为 4mPa·s，有效厚度为 8m，应用 ND-Ⅱ法计算模型计算得到不同井网形式下的产量及启动系数(表 2.3)，结果表明，矩形井网开发效果明显好于面积井网。

表 2.3 面积井网与矩形井网开发效果对比表

井网	初期产量(t/d)	井网(m×m)	启动系数
反九点	0.1	200×200	0.2
五点法	0.2	200×200	0.74
矩形井网油井压裂	0.2	300×133	0.87
矩形井网油水井同时压裂	1.5	300×133	1

（2）裂缝半长对油井产量的影响。

取大庆某一区块数据进行计算，压差为15MPa，启动压力梯度为0.06MPa/m，排距为150m，水井裂缝半长分别取为50m、80m和120m，计算了三种不同情况下产量随油井裂缝半缝长的关系曲线（图2.19），由图可以看出，当水井裂缝半长不变时，随着油井裂缝半长的加大，产量增加，并且在两条缝长之和为井距时出现拐点。此时由于裂缝沟通，随裂缝半缝长增加启动系数增加很小，产量增加幅度不大。

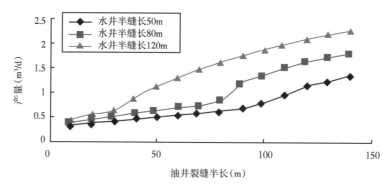

图2.19　裂缝半长与产量关系图

（3）井距、排距对产量的影响。

为进一步研究井距对产量的影响，以大庆某一区块为例进行计算，水井裂缝长为井距的0.8倍，油井裂缝长取井距的0.7倍，排距为150m，压差为15MPa，计算结果如图2.20所示。则从图中可以看出，井距此时与产量成正比关系，即随着井距的加大，产量增加。

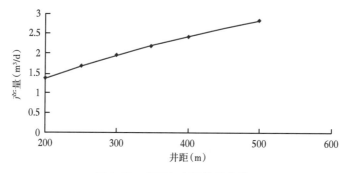

图2.20　井距与产量关系曲线

当取井距及裂缝半长不变，得到如图2.21所示的排距与启动系数之间的曲线关系，可以看出初期缓慢下降，至一定排距时急速下降，产量也将随之降低。因此，在实际开发中提出了拉大井距缩小排距的线性水驱开发方式，获得了较好的开发效果。

由以上分析可以看出，主要由于经济方面原因，井网密度不可能过大，因此在一定井网密度情况下，增大驱动压力梯度的策略是缩小排距，增大井距，通过大规模压裂，实现垂直合理的线性驱动。

（4）注采压差的作用。

以大庆某一区块开发数据为例进行计算，当启动压力梯度为0.03MPa/m，排距为150m，水井裂缝半长为80m，油井裂缝半长为60m，井距为300m时，计算了产量随压差

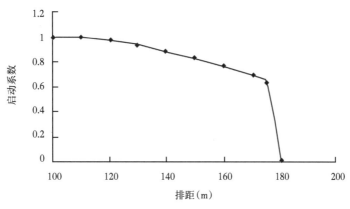

图 2.21 排距与启动系数关系曲线

的关系曲线 (图 2.22) 和启动压力梯度与压差的关系曲线 (图 2.23)。由图 2.22 可以看出，当其他条件不变时，压差与产量成线性增长关系；并且由图 2.23 可见，当压差较大时，矩形井网的启动系数变化并不大，随着压差下降至一定程度，启动系数骤减。

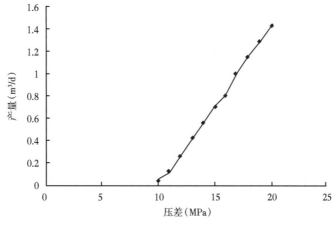

图 2.22 压差与产量关系曲线

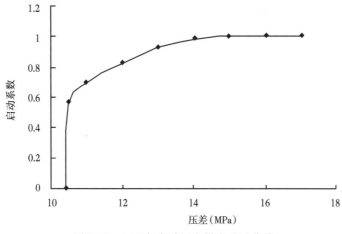

图 2.23 压差与启动压力梯度关系曲线

2.2.4 单井压力分布非达西渗流数学模型

特低渗透储层压力传播过程是非稳定渗流过程，非达西渗流的径向稳定解，不同于达西渗流，对于特低渗透储层，由于存在启动压力梯度，根据非达西渗流的压力传播特征，推导出基于流线的单井压力分布数学模型：

$$p-p_f=\frac{\ln\dfrac{r}{r_w}}{\ln\dfrac{R_t}{r_w}}\left[\left(p_i-p_f\right)-\lambda\left(R_t-r_w\right)\right]+\lambda\left(r-r_w\right) \tag{2.27}$$

式中　p——目前地层压力，MPa；
　　　p_f——油井流动压力，MPa；
　　　p_i——原始地层压力，MPa；
　　　λ——启动压力梯度，MPa/m；
　　　R_t——流动区域半径，m；
　　　r——驱动半径，m；
　　　r_w——油井半径，m。
　　产量：

$$q=\frac{2\pi Kh}{\mu}\cdot\frac{p-p_f-\lambda\left(r-r_w\right)}{\ln\dfrac{r}{r_w}} \tag{2.28}$$

式中　q——油井日产液量，m³；
　　　h——有效厚度，m；
　　　μ——原油黏度，mPa·s；
　　　K——渗透率，mD。
　　流动区域半径：

$$R_t=r_w+\frac{p_i-p_f}{\lambda} \tag{2.29}$$

因此，只要给定储层的启动压力梯度和油井流压（或注水压力），流动区域半径也就随之而定，这与中高渗透储层内的达西流不同。

特低渗透储层压力传播过程是非稳定渗流过程，从计算方便和容易对压力传播机理的理解出发，本文采用稳态逐次逼近的方法进行求解。

其基本思想是对于某一时刻 t，压力分布特征用稳态的方法来描述，非稳态过程用一系列不同的稳态过程来逼近。

分定压过程及定液过程两种情况讨论非稳态流特征，初始生产时采用定液模型，在井底流压达到一定时，随着石油的采出，用定流压模型求解，从而预测产量变化和压力分布特征。

2.2.4.1 定液模型

对于定液模型有：

$$p_i-p=\frac{q\mu}{2\pi Kh}\ln\frac{R_t}{r}+\lambda\left(R_t-r\right) \tag{2.30}$$

令 $\zeta = \dfrac{K}{\phi \mu C_t}$，$\zeta$ 是传统的导压系数。

定义 $\xi = C_t \phi h \lambda$ 为非达西渗流导压阻滞系数，表征由于非达西渗流的存在，对压力传播速度的影响，为一无量纲系数。

可导出流压随 R_t 变化或时间变化：

$$p_f = p_i - \frac{q \mu}{2\pi Kh} \ln \frac{R_t}{r_w} - \lambda (R_t - r_w) \tag{2.31}$$

进而可求出压力径向分布，在井底流压达到极限流压时，流压不再变化，但随着石油的采出，R_t 和压力分布仍在发生变化，可用定流压模型求解。

2.2.4.2 定流压模型

定流压模型是指井底流压给定情况下预测产量变化和压力分布特征，令 $\zeta = \dfrac{K}{\phi \mu C_t}$，则可推导出：

$$\frac{\mathrm{d}R_t}{\mathrm{d}t} = \frac{\zeta B_1}{B_2 \left(\dfrac{B_1}{R_t} + \lambda \right)} \tag{2.32}$$

式中 B_1、B_2 为与储层及流体有关的常数。

上述常微分方程描述了定流压过程中压力传播半径 R_t 变化过程，解方程后即可计算产量及压力变化。

2.2.4.3 导压阻滞系数和产量的影响

(1)导压阻滞系数对扩散半径变化的影响。

定义 $\xi = C_t \phi h \lambda$ 为非达西渗流导压阻滞系数，它是一个与流体及储层物性有关的物理量，为一无量纲系数。是衡量由于存在启动压力梯度，对扩散半径及压力分布的影响。

导压阻滞系数 1 大于 2 时，可以看出随着储层流体的采出，情况 1 扩散半径的扩散速度要快（图 2.24）。

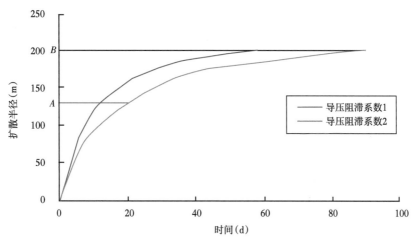

图 2.24　导压阻滞系数对扩散半径的影响

图中 A 点为定液阶段结束时，井底流压达到了极限压力时的扩散半径。B 点为定压阶段结束时的扩散半径，即极限扩散半径，此时井底流压为极限井底流压。

（2）导压阻滞系数对井底流压变化的影响。

导压阻滞系数对流压的影响如图 2.25 所示，图中导压阻滞系数 1 大于阻滞系数 2，可以看出随着储层流体的采出，较大的导压阻滞系数使得流压下降得较缓慢。

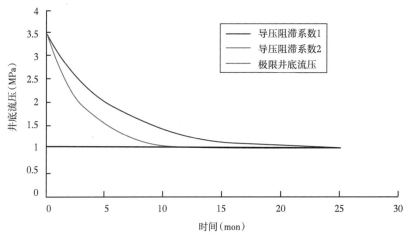

图 2.25　导压阻滞系数对流压变化的影响

（3）产量对扩散半径传播的影响。

与达西流不同，产量对扩散半径的传播速度有影响，在图 2.26 的三条曲线中产量 1>产量 2>产量 3，由图中可以看出随着产量的增加，扩散半径传播的速度加快，同时产量对扩散半径的影响分两个阶段，即定液阶段和定流压阶段。

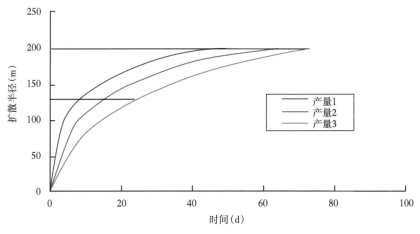

图 2.26　产量对扩散半径传播速度的作用

（4）产量对井底流压变化的影响。

产量在定液过程中对井底流压的变化有影响，如图中当产量 1<产量 2 时，压力传导的速度减慢，从而使井底流压的下降速度变小（图 2.27）。

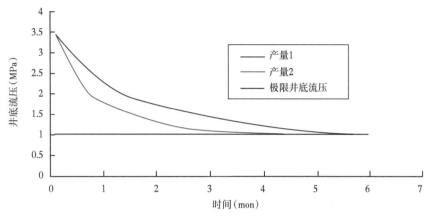

图 2.27　产量对井底流压变化的影响

2.2.4.4　非达西渗流单井压力分布计算

根据模型，可得到随时间增长的压力分布曲线，模型在开始时遵循定液模型的规律，随着时间的增加，井底流压逐渐下降，扩散半径逐渐变大，当流压下降到 p_{fl} 时，此时井底流压不再变化（图 2.28）。

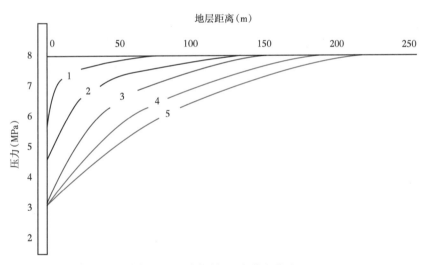

图 2.28　不同时间压力分布曲线

2.2.4.5　与达西方法试井解释对比分析

以五 204 井为例，利用非达西方法计算了扩散半径的传播，与达西方法试井解释的探测半径进行了对比。该井主要目的层扶余油层以河流相沉积为主，砂体多为条带状分布，有效厚度 3.9m，孔隙度一般为 19.9%，渗透率为 16.9mD，因此，该井属于低渗透油层。考虑非达西渗流影响，其极限扩散半径为 220m（图 2.29），与达西方法试井解释的结果对比，发现在初期非达西渗流对扩散半径的传播影响较小，后期影响较明显。同时利用非达西方法当启动压力梯度取为零的时候与通常的达西方法所求得的扩散半径基本相近，验证了所建立的非达西方法是可靠的。

英 36 井最大单层厚度 6.8m，岩心孔隙度为 13.86%，渗透率为 1.23mD，属于低孔特低渗透储层。考虑非达西渗流影响，其极限扩散半径为 171m，其扩散半径变化如图 2.30 所示。

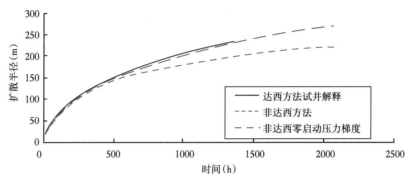

图 2.29 五 204 井达西方法与非达西方法扩散半径对比

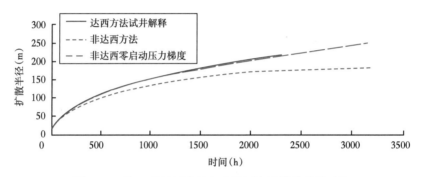

图 2.30 英 36 井达西方法与非达西方法扩散半径对比

对比两种方法可以发现,利用非达西求得的扩散半径传播要比达西方法慢,同时启动压力梯度越大,影响越明显。

2.3 基于非达西渗流的井网优化设计方法

2.3.1 模型校验

2.3.1.1 与达西渗流方法计算结果对比

为检验本文建立的非达西渗流公式的合理性,采用了如下思路对所建立的方法计算精度进行评价,将达西渗流视为非达西渗流的一种特例($\lambda = 0$),即取启动压力梯度为 0,然后与通用的关于达西流的计算公式进行对比。

五点法可用下式计算:

$$q = \frac{0.2714Kh(p_{\mathrm{h}} - p_{\mathrm{f}})}{\mu(\ln \dfrac{r_{\mathrm{e}}}{r_{\mathrm{w}}} - 0.619)} \tag{2.33}$$

四点法可用下式计算:

$$q = \frac{0.1809Kh(p_{\mathrm{h}} - p_{\mathrm{f}})}{\mu(\ln \dfrac{r_{\mathrm{e}}}{r_{\mathrm{w}}} - 0.569)} \tag{2.34}$$

式中　K——储层渗透率，mD；

　　　h——有效厚度，m；

　　　p_h——注入井井底流压，MPa；

　　　p_f——采出井井底流压，MPa；

　　　μ——流体黏度，mPa·s；

　　　r_w——井的半径，m；

　　　q——流量，m³/d。

由表2.4中的计算结果可以看出，利用本方法将达西渗流视为非达西渗流的一种特例，即取启动压力梯度为0值，所计算出的产量与通用的关于达西流的产量计算公式所计算出的结果相比较，其相对误差不大于0.5%，因此可以认为本方法的计算结果是可信的。

表2.4　五点法井网及四点法井网流量计算对比

压差（MPa）	五点法井网			四点法井网		
	非达西渗流油井产量（m³/d）	达西渗流油井产量（m³/d）	绝对误差（%）	非达西渗流油井产量（m³/d）	达西渗流油井产量（m³/d）	绝对误差（%）
24	4.39	4.41	0.02	2.91	2.92	0.01
23	4.21	4.22	0.02	2.79	2.80	0.01
22	4.02	4.04	0.02	2.67	2.68	0.01
21	3.84	3.86	0.02	2.54	2.55	0.01
20	3.66	3.67	0.02	2.42	2.43	0.01
19	3.47	3.49	0.02	2.30	2.31	0.01
18	3.29	3.31	0.01	2.18	2.19	0.01
17	3.11	3.12	0.01	2.06	2.07	0.01
16	2.93	2.94	0.01	1.94	1.95	0.00

2.3.1.2　朝阳沟油田产油量的计算实例

实际计算出的启动压力梯度与渗透率的关系曲线如图2.31所示。

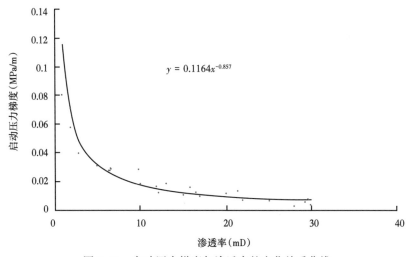

$$y = 0.1164x^{-0.857}$$

图2.31　启动压力梯度与渗透率的变化关系曲线

应用原有的达西理论计算公式和本文推导的非达西理论计算公式对朝阳沟油田不同区块的产量进行了计算，计算结果表明：达西公式计算的产量明显偏大，最大超过 2 倍，而本文的非达西理论计算结果与实际非常接近（图 2.32）。

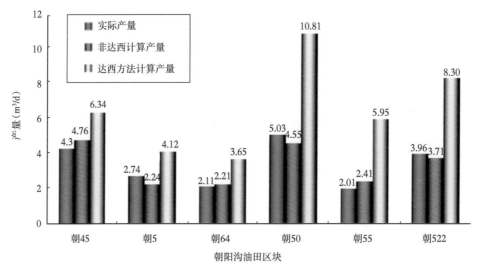

图 2.32　实际产量与理论计算结果对比图

2.3.2　实用启动压力梯度图版

非达西渗流研究的主要问题是启动压力梯度，它是一个与地层物性及流体性质有关的物理量。由于真实的启动压力梯度往往很小，采用岩心实验求取难度很大，所以通过合理可信的方法确定地层真实的启动压力梯度，是研究非达西渗流理论的关键所在。

为此，利用建立的非达西产量计算公式，根据已知区块的静动态参数，求得不同渗透率条件下的启动压力梯度（图 2.33），经回归得到启动压力梯度与渗透率关系表达式：

$$\lambda = 0.1172K - 0.4576 \qquad (2.35)$$

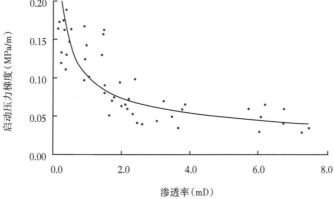

图 2.33　外围扶杨油层启动压力梯度与空气渗透率关系

通过此项研究证实了启动压力梯度的存在，同时也建立了外围特低渗透扶杨油层启动压力梯度计算模版，为矿场实际应用提供了可靠的理论基础。

2.3.3 已开发油田井网适应性评价

2.3.3.1 井网优化设计

(1)州201试验区井网优化设计。

肇州油田州201区块平均有效厚度8.2m，平均有效孔隙度12%，空气渗透率为1.2mD，地层原油黏度为5.8mPa·s，属于特低渗透油层。根据外围油田扶杨油层类似区块常规面积井网注水开发难以有效动用的实际，在方案设计时，应用了基于非达西渗流理论的井网优化设计方法，经优化设计采用矩形井网与整体压裂一体化开采模式，并结合该试验区不同井区有效厚度分布情况，采用300m×60m、360m×80m、400m×80m三套井网进行开发。

在试验方案实施过程中，油井和注水井全部实施了压裂。微地震水驱前缘监测结果表明，注入水沿东西向裂缝推进明显，整体压裂为裂缝不发育特低渗透油藏实现线状注水和有效驱动奠定了基础，并取得了较好的开采效果。州201试验区直井注水井初期吸水能力是州2常规试验区的2.7倍，而平均注水压力比州2试验区低0.5MPa。该试验区初期日产油最高68.3t，目前日产油50t，年递减率为16%，比州2试验区同期递减率低21个百分点，目前单井日产油0.9~2.3t（表2.5）。尤其是300m×60m井网在注水4个月后，有8口油井产液量明显回升，说明300m×60m井网的主力油层建立了有效驱动体系，其他两种井网目前产能也有恢复的显示。但由于试验时间短，试验整体效果还有待继续观察。

表2.5 不同井网开发效果分析表

区块	井网 （m×m）	井数 （口）	有效厚度 （m）	设计初期 日产油 （t）	日产油（t）		采油强度[t/（d·m）]		受效井数 （口）
					初期	目前	初期	目前	
州201	300×60	11	11.4	4.9	5.8	2.3	0.51	0.20	8
	360×80	6	7.6	3.3	3.0	0.9	0.39	0.12	
	400×80	12	6.9	2.8	2.7	1.1	0.39	0.16	1
州2	150×150 212×212	13	10.5		4.6	0.1	0.47	0.01	

(2)源121-3区块井网适应性评价。

源121-3区块位于源35试验区中部，试验井网采用350m×100m。尽管该区块有效厚度和渗透率相对较大，注水开发效果较其他3个区块好，但由于储层渗透率特低，其效果并不理想。该区块初期日产油2.4t，目前日产油仅0.5t，采油速度为0.46%（表2.6）。应用启动系数和非达西油井产量公式计算，在目前排距和注采压差下该井区启动系数为0.91，有效动用排距为77m，显然由于现井网排距过大没有建立起有效驱动体系。

根据这一评价结果，在源121-3区块有效厚度大的276到286排之间，对设计的3种加密方式对比分析。通过分析，认为采用方案Ⅲ，即油水井间加密油井14口，老油井转注7口，形成线状注水的加密方式，将排距缩小到50m，能建立起有效驱动体系。预计初期单井日产油2.1t，高于经济极限日产量1.3t，具有经济效益（表2.7）。

表 2.6　肇源油田源 35 试验区综合数据表

区块	有效厚度（m）	空气渗透率（mD）	井网方式（m×m）	初期日产油（t）	目前单井日产油（t）	采油速度（%）	启动压力梯度（MPa）	启动系数	有效驱动排距（m）
源 121-3	11.7	1.4	350×100	2.4	0.5	0.46	0.089	0.91	77
源 35-1 北	10.3	1	250×80	2.1	0.3	0.09	0.120	0.89	65
源 35-1 南		1	250×100	1.9	0.2		0.120	0.58	65
源 151	9	0.95	350×150	0.8	0.2	0.23	0.134	0.25	64
合计	10.8	1.2		2.2	0.4	0.39			

表 2.7　源 121-3 井区设计加密方案参数表

方案	加密方式	加密井数（口）	油水井井数比	井网密度（口/km²）	单井控制地质储量（10⁴t）	日产油（t）	排距（m）	启动系数
0	原井网		1.38	26.0	2.21	0.9	100	0.91
I	井间加井	15	1.27	46.6	1.24	1.4	100	0.91
II	排间加密油井	26	2.00	61.6	0.93	1.7	50	1
III	排间中间错开加密油井	14	1.20	45.2	1.27	2.1	50	1

2.3.3.2　低渗透油藏有效动用界限

（1）应用启动系数优化井排距。

特低渗透油藏合理井网形式为矩形井网。合理井距可以根据砂体规模、排距和极限经济井网密度确定，而有效驱动排距就需要通过理论计算加以确定。为研究不同渗透率储层和排距对启动系数的影响，假定储层原油黏度为 7mPa·s，注采压差为 36MPa，启动系数和非达西渗流产量公式计算表明，启动系数随排距缩小而增加，渗透率越大启动系数达到 1 的排距越大。如储层渗透率为 1mD，排距为 82m；储层渗透率为 2mD，排距为 170m。因此，对于特定油藏缩小排距可以提高启动系数，增加有效动用程度（图 2.34）。

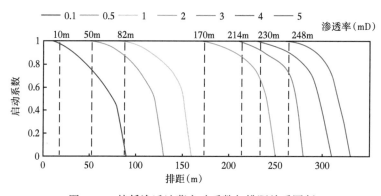

图 2.34　特低渗透油藏启动系数与排距关系图版

为了研究不同渗透率油藏或同一油藏不同注采压差条件下任意油藏启动系数等于 1 时的有效动用排距。假设地层原油黏度为 7mPa·s，计算表明有效动用排距随储层渗透率和注采压差减少而降低。如油藏注采压差 36MPa，渗透率为 2mD，有效动用排距为 170m，而同样压差下，渗透率为 1mD，有效动用排距为 82m（图 2.35）。

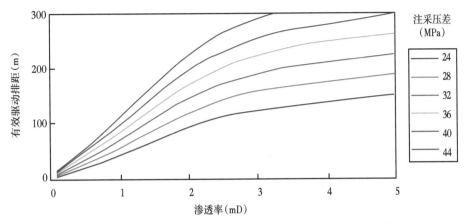

图 2.35　特低渗透油藏有效驱动排距与注采压差和渗透率关系图版

应用启动系数及上述图版可以优化设计特低渗透油藏井网参数。

（2）应用启动系数确定注水有效动用界限。

有效动用界限是指油井达到经济极限产量的驱动下限。按照定义，有效动用的必要条件是启动系数等于 1；充分条件是井网密度小于经济极限井网密度或油井日产油大于经济极限日产油量。具体界限指标包括储层渗透率或流度和水驱有效动用排距。

①在 300m×300m 井网条件下，渗透率大于 3mD，流度大于 0.345mD/（mPa·s）的油层能够得到有效驱动。

在外围扶杨油层已开发 59 个区块中，有 51 个区块初期采用 300m×300m 井网，占区块总数的 86.3%。在 51 个区块中有 36 个启动系数等于 1，15 个区块启动系数小于 1。从图 2.36 看出，在 300m×300m 井网条件下，渗透率大于 3mD、流度大于 0.303mD/（mPa·s）的油层能够得到有效驱动。如树 32 区块空气渗透率为 2.76mD，流度为 0.673mD/（mPa·s），计算启动系数等于 1，是达到有效驱动渗透率的最小的区块。长 46 区块空气渗透率为 4.6mD，流度为 0.303mD/（mPa·s），是达到有效驱动流度最小的区块。

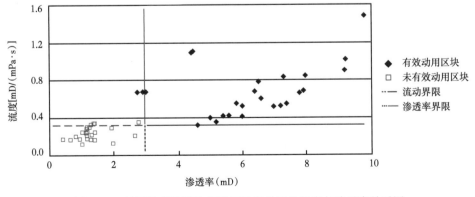

图 2.36　外围特低渗透扶杨油层已开发区块流度与渗透率关系图

②外围扶杨油层水驱有效动用下限为裂缝发育油层渗透率0.8mD、流度0.18mD/（mPa·s），裂缝不发育油层渗透率1.0mD、流度0.2mD/（mPa·s）。

针对外围油田扶杨油层初期300m×300m井网，有70%的区块不能建立有效驱动体系的实际，针对特低渗透扶杨油层300m×300m反九点井网难以有效驱动问题，在新区井网设计时采用了大井距小排距的矩形线状注水井网，在外围扶杨油层老区实施了以缩小井排距提高有效动用程度为重点的井网加密，从而提高了有效动用程度，并降低了扶杨油层水驱有效动用界限。

从图2.37可以看出，储层基质渗透率越低达到水驱有效动用的排距越小，并且裂缝不发育比裂缝发育区块相同基质渗透率油层达到有效动用的排距小。如裂缝发育区块最小有效驱动排距为70m、储层渗透率为0.8mD，裂缝不发育区块最小有效驱动排距为60m、储层渗透率为1.0mD。从图2.38可以看出，储层流度越低达到水驱有效动用的排距也越小，并且裂缝不发育比裂缝发育相同流度油层达到有效动用的排距也小。如裂缝发育区块最小有效驱动排距为70m、流度为0.18mD/（mPa·s），裂缝不发育区块最小有效驱动排距为60m、流度为0.2mD/（mPa·s）。另外从图2.38可以看出，达到有效驱动的区块产量也比较高，目前单井日产油大多大于1t，裂缝发育区块和裂缝不发育区块达到有效驱动的最小渗透率和流度与图2.37中对应数值一致。

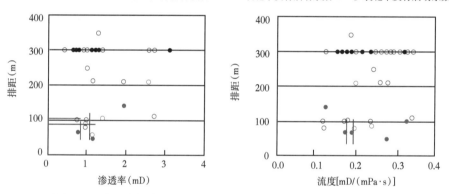

图2.37 外围特低渗透扶杨油层已开发区块排距与渗透率、流度关系图

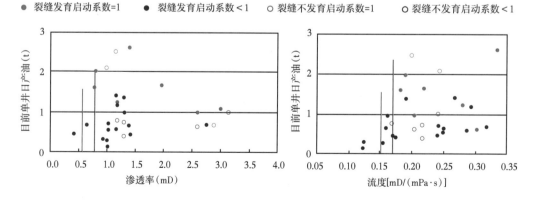

图2.38 外围特低渗透扶杨油层已开发区块目前单井日产油与渗透率、流度关系图

因此，综合已开发区块动用状况及启动系数计算结果，研究认为外围扶杨油层水驱有效动用下限为裂缝发育油层渗透率 0.8mD、流度 0.18mD/（mPa·s），裂缝不发育油层渗透率 1.0mD、流度 0.2mD/（mPa·s）。

综上可见，应用启动系数和有效动用排距图版及经验公式可以直接用于特低渗透油藏已开发和未动用储量区块水驱开发有效动用界限确定和潜力评价。

2.3.4　低渗透油藏开发潜力分析

应用基于非达西渗流理论、启动系数以及有效动用界限的研究成果，对扶杨油层开发潜力进行了评价。

2.3.4.1　已开发不能有效动用区块井网加密潜力

外围扶杨油层 59 个区块，动用地质储量 26242×10⁴t，其中启动系数小于 1，即没有有效驱动的有 23 个区块，地质储量 6593×10⁴t。对于不能建立有效驱动的区块加密潜力主要是在经济条件许可条件下，最大限度地建立有效驱动体系。潜力确定的步骤是，首先是应用非达西渗流理论计算区块设计加密井单井日产量，其次是结合区块经济和投资及成本参数确定经济极限井网密度及单井经济极限日产油量，最后根据技术和经济界限确定加密潜力区块和加密井。按此步骤测算，在不能有效驱动的 23 个区块中，去掉水驱不能有效动用的 4 个区块，在 19 个区块中技术上需要加密 1645 口井。依据经济界限同时扣除已加密井，当油价 40\$/bbl 时，可加密 6 个区块，加密井 709 口；当油价增加到 100\$/bbl 时，可加密 19 个区块，加密井 1645 口（表 2.8）。

表 2.8　外围油田已开发扶杨油层不能有效动用区块井网加密潜力

项目　　　　油价（美元/bbl）	40	60	80	100
经济极限井网密度（口/km²）	24.7~43.7	28.3~73.9	39.8~115.6	51.4~149.2
区块（个）	6	15	19	19
加密井（口）	709	1276	1645	1645
实际井网密度（口/km²）	24.7~41.3	24.7~57.5	24.7~105.3	24.7~105.3

2.3.4.2　探明未动用储量区块水驱开发储量动用潜力

截至 2008 年底外围扶杨油层探明未动用石油地质储量 36577.13×10⁴t，占大庆油田探明未开发石油地质储量 39.55%。为了经济有效评价动用这些储量，首先应用非达西理论及启动系数公式计算启动系数，其次是应用非达西产量模型计算了各区块有效驱动极限距离，再应用非达西理论产量公式计算初期日产量，并按一定递减形式预测 10 年开发指标，最后依据各区块技术和经济界限，评价优选出可技术经济水驱开发的区块及地质储量。

按此步骤测算，在外围未动用储量的 123 个区块中，有 53 个区块启动系数等于 1（有效驱动极限距离 60~240m），平均单井有效厚度 3.6~14.6m，经济极限井网密度 18~38 口/km²，初期单井日产油 1.1~2.4t，储层渗透率均大于 1mD，流度大于 0.2mD/（mPa·s）。在油价 40\$/bbl 条件下，有 29 个区块都能技术经济有效动用，地质储量 5937×10⁴t，仅占外围扶杨油层未开发地质储量的 16.2%；若油价提高到 100\$/bbl，有 53 个区块都能技术经济有效动用，地质储量 15474×10⁴t，仅占外围扶杨油层未开发地质储量的 42.3%（表 2.9）。

评价也表明有 70 个区块启动系数小于 1，水驱无法有效驱动，地质储量 21102.7×10⁴t，若油价按 40\$/bbl 计算，有 30640×10⁴t 地质储量水驱不能有效动用。因此，为了提高外围特低渗透扶杨油层未动用储量有效动用程度，在继续攻关研究注水开发提高水驱动用技术的同时，还要探索降低渗流阻力，提高有效动用的新技术，如注气和水平井开发等技术。

表 2.9　外围扶杨油层探明未动用储量注水开发有效动用潜力表

空气渗透率（mD）	探明		技术有效动用					技术经济有效动用					
								油价 40 美元/bbl		油价 60 美元/bbl		油价 100 美元/bbl	
	区块（个）	地质储量（10⁴t）	区块（个）	地质储量（10⁴t）	有效厚度（m）	井网密度（口/km²）	排距（m）	区块（个）	地质储量（10⁴t）	区块（个）	地质储量（10⁴t）	区块（个）	地质储量（10⁴t）
>2	30	6898	23	5928	3.6~12.1	18~25	170~240	15	3042	19	3937	23	5928
1~2	47	14466	30	9547	7.1~14.6	30~38	60~200	14	2895	20	4731	30	9547
<1	46	15213											
合计	123	36577	53	15475				29	5937	39	8668	53	15475

2.4　非达西渗流数值模拟方法

2.4.1　理论探讨

2.4.1.1　方程建立

油田在注水开发过程中，由于油、水渗流和压力变化，导致油、水、岩石的物性参数发生变化（如孔隙度 ϕ、油相体积系数 B_o、水相体积系数 B_w），空间上饱和度（含油饱和度 S_o、含水饱和度 S_w），与之相关的油相渗透率 K_{ro}、水相渗透率 K_{rw}、毛细管力 p_c 也会随之改变。为了研究这些孔隙介质渗流力学问题和物性参数变化问题，选择"油、水三维两相（单一孔隙介质）数学模型"，求解方法选择 IMPIMS 方法[18]，即隐式压力、半隐式饱和度方法。

在传统达西流的运动方程、连续渗流微分方程及定解条件的基础上，建立压力及饱和度的差分方程。

（1）假设条件。

油藏在注水保持压力的开发过程中，流体及岩石满足如下假设条件：

①油藏中存在油、水两相流体渗流，且均符合达西渗流规律；

②油藏中的油、水两相之间不发生质量交换；

③油藏岩石具有各向异性和非均质性；

④考虑岩石、油、水的压缩性；

⑤考虑油、水毛细管力和重力的影响。

（2）达西规律渗流方程。

根据前面的假设条件，油藏中的油、水两相流体渗流符合达西规律，有：

$$V_1 = -\frac{K_{rl}}{\mu_l}\widetilde{K}\nabla\varPhi_l \tag{2.36}$$

其中

$$\phi_l = p_l - \rho_l gD \quad (l = o, w)$$

$$\widetilde{K} = \begin{bmatrix} K_x & 0 & 0 \\ 0 & K_y & 0 \\ 0 & 0 & K_z \end{bmatrix}$$

若 $K_x = K_y = K_z$ 表示各向同性，否则为各向异性。

（3）连续性渗流微分方程。

根据体积守恒，结合上述运动方程，可得如下偏微分方程。

①油相微分方程：

$$\nabla \cdot \left(\frac{\widetilde{K} K_{ro}}{\mu_o B_o}\nabla\varPhi_o\right) + q_o = \frac{\partial(\phi S_o / B_o)}{\partial t} \tag{2.37}$$

②水相微分方程：

$$\nabla \cdot \left(\frac{\widetilde{K} K_{rw}}{\mu_w B_w}\nabla\varPhi_w\right) + q_w = \frac{\partial(\phi S_w / B_w)}{\partial t} \tag{2.38}$$

（4）补充方程。

对于上述油、水连续性渗流微分方程，要保证方程的求解，还必须给出如下补充方程。

①饱和度约束方程。

油、水饱和度满足归一化条件：

$$S_o + S_w = 1 \tag{2.39}$$

②相对渗透率及毛细管压力。

K_{rl} 及 p_c 均为饱和度的函数：

$$K_{ro} = K_{ro}(S_w) \tag{2.40}$$

$$K_{rw} = K_{rw}(S_w) \tag{2.41}$$

$$p_c = p_c(S_w) = p_o - p_w \tag{2.42}$$

③岩石和流体状态方程。

岩石孔隙度表达式：

$$\phi = \phi^* e^{-C_f(p^*-p)} \approx \phi^*[1 + C_f(p-p^*)] \tag{2.43}$$

油、水体积系数关系式：

$$\begin{cases} B_o = B_o^* e^{C_o(p^*-p)} \\ B_w = B_w^* e^{C_w(p^*-p)} \end{cases} \tag{2.44}$$

油、水黏度为常数：

$$\begin{cases} \mu_o = \mu_o^* \\ \mu_w = \mu_w^* \end{cases}$$　　　　　　　　　(2.45)

并且针对低渗透油藏的地质特点，补充了三点假设条件，即油藏内的岩石可能具有双重各向异性；油藏内的岩石可能具有弹塑性变化特征；油藏内的流体可能具有非达西渗流特征。

2.4.1.2　考虑岩石双重各向异性

（1）对运动方程和连续性渗流微分方程的修正。

根据假设条件，油藏中的油、水两相流体渗流符合达西规律，有：

$$\vec{V}_l = -\frac{K_{rl}}{\mu_l} \tilde{K}^{\pm} \nabla \Phi_l$$　　　　　　　　(2.46)

其中

$$\tilde{K}^{\pm} = \begin{bmatrix} K_{x\pm} & 0 & 0 \\ 0 & K_{y\pm} & 0 \\ 0 & 0 & K_{z\pm} \end{bmatrix}$$

若 $K_{x+} = K_{x-} = K_{y+} = K_{y-} = K_{z+} = K_{z-}$ 表示双重各向同性，否则为双重各向异性。

若 V_x 顺行 x^+ 方向，方向渗透率 K_x 取 K_{x+}，若 V_x 逆行 x^+ 方向，方向渗透率 K_x 取 K_{x-}；若 V_y 顺行 y^+ 方向，方向渗透率 K_y 取 K_{y+}，若 V_y 逆行 y^+ 方向，方向渗透率 K_y 取 K_{y-}；若 V_z 顺行 z^+ 方向，方向渗透率 K_z 取 K_{z+}，若 V_z 逆行 z^+ 方向，方向渗透率 K_z 取 K_{z-}。

油相微分方程：

$$\nabla \cdot \left(\frac{\tilde{K}^{\pm} K_{ro}}{\mu_o B_o} \nabla \Phi_o \right) + q_o = \frac{\partial(\phi S_o / B_o)}{\partial t}$$　　　　(2.47)

水相微分方程：

$$\nabla \cdot \left(\frac{\tilde{K}^{\pm} K_{rw}}{\mu_w B_w} \nabla \Phi S_w \right) + q_w = \frac{\partial(\phi S_w / B_w)}{\partial t}$$　　　(2.48)

（2）对双重各向异性的认识。

严格说来，任何一块岩心在正向和反向上测得的渗透率数值都存在一定的差异。对于具有双重各向异性介质油藏的注水开发，进行数值模拟研究的主要目的在于弄清不同的注采井距比对该油藏开发指标的影响，将为注水开发布井原则的确定提供强有力的数值分析证据。研究结果表明：①对在 y 方向上也具有双重各向异性介质油藏的注水开发，在 y 方向上的注采井距比应等于其双向渗透率比 K_{y-}/K_{y+}；②对于其他注采井网（包括非均匀井网），在某一方向上的注采井距比应和该方向上的双向渗透率比尽量相等；这样，扫油区域可保持四周基本对称，采油井的见水时间可达到基本一致。

2.4.1.3　考虑岩石弹塑性变化

若存在岩石应力敏感时，在开发过程中，由于地层流体压力的不断下降，将引起储层岩石的弹塑性变化，从而导致孔隙度和渗透率的下降。当储层流体压力降低，岩石骨架所承受的有效应力相应降低，此时岩石骨架膨胀，从而导致孔隙度和渗透率下降。

岩石应力变化对渗透率的影响可以通过"岩石应力敏感实验"来获得。按照实验标准，实验过程是固定实验岩心的流体（流动）压力，通过增加和降低实验岩心的围压，测得不同围压下的渗透率。数值模拟应用中，假定在原始气藏压力下渗透率为 K_1，当地层流体压力下降以后，其渗透率应力变化系数为：

$$w_i = K_i / K_1 = w_i(p_{fi}) \tag{2.49}$$

模拟计算结果清楚地表明：若油藏岩石存在岩石绝对渗透率随地层流体压力变化行为，油藏开发效果变差（表 2.10）。

表 2.10　岩石绝对渗透率随地层流体压力变化油藏开发 20 年采出程度预测表　　　（单位：%）

开发方式	不考虑	考虑
衰竭式开发	6.23	5.92
注水开发	26.30	25.25

2.4.1.4　考虑流体非达西渗流

研究储层时，人们最关注的储层岩石的两个特性是储集性和可渗性（或称渗透性）。储集性直接影响到单位体积岩石中储量的多少，而岩石的可渗性则直接影响油、气井的产能（或产量）。

根据数值模拟计算结果以及对计算结果的分析，结合非牛顿流体的流变特性和油藏工程知识，可以得出非牛顿流体油藏注水开发的一般性原则。

（1）驱替液为牛顿流体。

被驱替液为非牛顿流体时，如果表现为 Bingham 塑性流体或剪切变稀特性，大压差生产有利于提高原油的采出程度；如果表现为剪切变稠特性，则应尽可能采用小压差生产。

（2）驱替液为非牛顿流体。

被驱替液为牛顿流体时，如果表现为 Bingham 塑性流体或剪切变稀特性，小压差生产或增大驱替液的启动压力梯度有利于提高原油的采出程度；如果表现为剪切变稠特性，则应尽可能采用大压差生产。

（3）驱替液和被驱替液均为非牛顿流体。

针对这一复杂情形，为提高原油的采出程度，则应进行更为详细的数值模拟研究，以确定合理的开采工作制度。

（4）Bingham 原油的采收率比牛顿流体原油的采收率低，油井见水时间早。

（5）用势梯度模差分方法计算的采收率高于用势梯度分量差分方法计算的采收率，而见水时间则略晚。

（6）对于幂律型原油将得到类似的结果；而对于膨胀型原油将得到相反的结论。如果原油为牛顿流体，驱替液为非牛顿流体，结论则恰恰相反。

2.4.2　开发井网优化设计

2.4.2.1　合理生产参数研究

（1）非牛顿（非达西）渗流特性敏感分析。

通过对比分析，总体来说预测的油藏开发指标随原油启动压力梯度的增加而变差，且影响比较明显。

（2）岩石弹塑性敏感分析。

通过对比分析，如果油层岩石存在弹塑性变化时，即岩石的绝对渗透率将随地层流体压力变化，总体来说预测的油藏开发指标变差，但影响不明显。最根本的原因是：除井底附近外，油层中大部分区域压力保持较高水平，岩石渗透率应力变化系数基本维持在原有水平。

（3）裂缝渗透率敏感性分析。

由于地层天然裂缝的存在和人工压裂的影响，会导致地层东西向（X 方向）的绝对渗透率远远大于地层南北向（Y 方向）的绝对渗透率；仅从模拟研究结果的对比分析可以看出地层东西向（X 方向）的绝对渗透率的增加，是不利于油藏注水开发的。

为了解决上述问题，建议特低渗透油藏在今后的开发井网部署中，将注水井排和采油井排沿天然裂缝和人工裂缝的走向严格分开，在注水井排上的注水井数目可以适当减少。

2.4.2.2 井网优化技术探讨

根据源 35 井区开发井网优化油藏工程研究，推荐采用"排状注水"，由于单井的压裂（酸化）增产措施，加上构造缝和层间缝的存在，X（东西）方向渗流能力是 Y（南北）方向渗流能力的数十倍，此时采油井数与注水井数比应控制在 2:1 左右，即注水井排上的井距应是采油井排上的井距的 2 倍。由于采用"内部排状切割注水"，注水井排将每个区块切割成若干"注水开发单元"，对源 35 井区"开发单元"进行数值模拟研究。

（1）"正对式"和"交错式"排状注水开发效果比较。

源 35-1 区块及源 121-3 区块数值模拟表明："正对式"排状注水的开发效果优于"交错式"排状注水的开发效果，但二者差距不大，考虑到地层的非均质性，建议采用"交错式"排状注水。

（2）最佳"井距/排距比"论证。

在排状注水开发单元中，随着井距/排距比的降低，开发效果似乎"越来越好"，主要原因是随着井距/排距比的减小，其注水驱替特征越来越趋近于"一维渗流驱替"。

然而，由于实际地层的非均质性，采油井排距和注水井的排距要受注水井注入能力、采油井生产能力、地层渗流能力、非达西启动压力梯度以及地层岩石的破裂压力等因素的控制。

（3）井网密度变化注水开发效果比较。

随着单元的井距和排距的减小，排状注水开发单元的控制面积和控制储量迅速减少，井网密度随之增加，单元的累计产油量随之减少，综合含水随之上升，原油的采出程度随之上升，开发井网密度应结合技术经济评价来确定。

2.4.3 矿场应用

2.4.3.1 肇源油田地质特点及开发现状

肇源油田地层厚度在 220~240m 左右，划分为三个油层组 17 个小层；油层平均孔隙度 12.2%，平均渗透率 1.2mD，属特低渗透储层；肇源油田发育有层间缝、构造缝、微裂缝三种类型，天然裂缝走向总体以东西向为主。

源 121-3 区块共有探井 2 口，开发首钻井 3 口，5 口井平均压裂有效厚度 8.6m，平均日产油 5.44t，采油强度为 0.63t/（d·m）；源 35-1 区块有 2 口井试油，源 35-1 井有效厚度 11.2m，压后抽汲日产油 1.08t，采油强度 0.1t/（d·m），产量明显偏低；源 35 井有效厚度 7.0m，压后 MFE 测试日产油 3.39t，采油强度 0.48t/（d·m）。

2.4.3.2　非达西渗流理论的矿场应用

根据肇源油田油藏地质特征及开发现状，建立了三维地质模型，并取得了良好的开发生产历史拟合效果，得到了油层物性参数分布，并基于现有开发井网对未来 15 年的开发动态指标作出了预测。

为了进行源 35 井区现有开发井网生产参数优化研究，在现有注采井网的基础上，整体落实"线状注水"，进行了 3 个方面的数值模拟敏感性分析，分别是：岩石弹塑性敏感分析，超前注水地层平均压力保持水平敏感分析，假定重新布井开发。

（1）岩石弹塑性敏感分析。

通过对比分析，当油层岩石存在弹塑性变化时，即岩石的绝对渗透率将随地层流体压力变化，总体来说预测的油藏开发指标变差，但影响不明显。最根本的原因是：除井底附近外，油层中大部分区域压力保持较高水平，岩石渗透率应力变化系数基本维持在原有水平。

（2）超前注水地层平均压力保持水平敏感性分析。

源 35 井区油层属于特低渗透储层，采用超前注水提升地层压力，提高采油井的产液能力。在地层和流体其他物性参数不变的情况下，并保持现有注采井网，假设通过超前注水使地层平均压力提升 2.5MPa、5.0MPa、7.5MPa、10.0MPa，对开发指标进行预测。

通过模拟对比分析，超前注水地层压力提升水平存在一个最佳值。无论是源 121-3 区块还是源 35-1 区块，通过超前注水，当地层压力提升 7.5MPa 左右时，开发效果最佳。

（3）假定该井区重新布井开发数值模拟研究。

为了进行源 35 井区合理开发井网研究，假定该井区重新布井开发。即井排沿油藏的东西向（X 方向）按不同井距和排距进行布井，共假定了 9 套开发井网，并对这 9 套井网的模拟预测指标进行了对比分析。

研究表明，随着开发井网井距和排距的缩小及井网密度增加（采油井和注水井的增加），源 35 井区油藏开发 15 年后，产水率总体上随之增加，原油累计产量总体上随之增加，原油采出程度总体上随之增加，单井（包括油井和水井）平均累计产油量总体上随之下降。

相对来说，随着开发井网井距和排距的缩小及井网密度增加（采油井和注水井的增加），原油采出程度的增加幅度小于单井（包括油井和水井）平均累计产油量的下降幅度。

矩形井网线状注水可以通过开发压裂优化设计来实现。根据肇源油田的地质特征设计出了 4 种矩形井网，设计排距 80~150m，井距 250~350m，分析了油水井不同裂缝穿透比对开发效果的影响，研究认为油井压裂随着裂缝穿透比的增加，累计产油量增加，但含水率也增加，综合研究确定裂缝穿透比为 0.6~0.7。而注水井裂缝穿透比确定为 0.8~0.9。优化压裂裂缝导流能力采用 25~30mD。依据各区块井网井距参数及地质条件，得出各区块初步施工裂缝参数（表 2.11）。

肇源油田投产的 76 口油井初期单井产液 3.0t/d，产油 2.8t/d，采油强度 0.28t/（d·m），生产 4 个月后单井产液 2.8t/d，产油 2.6t/d，采油强度 0.26t/（d·m），明显高于设计产能要求。

通过对外围已开发区块开发效果分析，依据非达西渗流理论，研究出了水驱采收率改进方法和井网加密界限及计算方法，确定了井网加密和注采系统调整方式，以此为基础，提出了综合调整方式与方法。

表 2.11 压裂施工裂缝参数表

区块	井距（m×m）	导流能力（mD）	半缝长（m）	
			油井	水井
源 121-3	350×100	25~30	105~123	140~158
源 151	350×150	25~30	105~123	140~158
源 35-1 南块	250×100	25~30	75~88	100~113
源 35-1 北块	250×80	25~30	75~88	100~113

2.5 水驱采收率计算新方法

近年来国内针对低渗透油藏提出了一些计算水驱采收率的经验公式[19]，但大多应用标定的采收率值与地质或井网参数回归获得，在一定程度上存在不合理性。为此，从影响低渗透油藏水驱采收率的主控因素出发[20]，应用非达西渗流和有效驱动体系理论对水驱采收率计算方法进行了深入研究。

2.5.1 采收率表达式

水驱采收率是指注水开发结束时被注入水驱出的石油地质储量与原始石油地质储量的比值。水驱采收率计算应满足三个条件：一是油砂体被井钻遇；二是原油所在砂体处在注采井间之间；三是能建立起有效的驱动体系。上述三个条件取决于注采井网的控制程度。为此，在传统的水驱采收率表达式基础上，引入井网系数的概念，则低渗透油藏水驱采收率表达式：

$$R = E_P E_V E_D \qquad (2.50)$$

式中 E_P——井网系数，%；
 E_V——波及系数，%；
 E_D——驱油系数，%。

2.5.2 参数确定

2.5.2.1 井网系数

低渗透油藏由于存在启动压力梯度，即使井网能够控制住的砂体，也可能因为建立不起有效驱动体系而不能被有效动用。研究表明：低渗透油藏井网系数主要与井控砂体程度、水驱控制程度和有效驱动程度有关。

$$E_P = E_W E_S E_E \qquad (2.51)$$

式中 E_W——井控砂体程度，%；
 E_S——水驱控制程度，%；
 E_E——有效驱动程度，%。

（1）井控砂体程度。

井控砂体程度是指井网控制的砂体体积与油层砂体总体积之比。一般通过密井网抽稀统计不同井网对砂体的控制程度，建立井控砂体程度与井网密度的关系。如将朝阳沟油田朝55区块井网加密试验区加密后，井网抽稀分为加密边井、300m×300m、600m×600m、1200m×1200m五种井网，得到井控砂体程度与井网密度的关系（图2.39）。

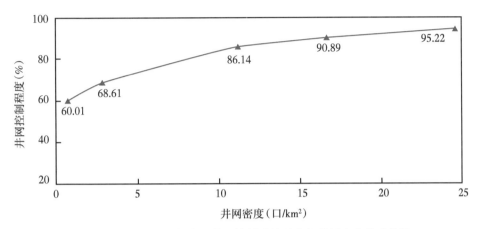

图2.39　朝55井网加密区井网控制砂体程度与井网密度关系曲线

其表达式为：

$$E_W = \alpha e^{-\beta / s} \tag{2.52}$$

式中　α、β——与砂体规模有关的参数，可由油藏不同井网条件下求得；

　　　s——井网密度，口/km²。

（2）水驱控制程度。

水驱控制程度与注采井数比、砂体规模以及井网密度有关[21]。

$$E_S = 1 - \sqrt{\varepsilon}\, e^{-0.1 \frac{c_0}{\psi} s} \tag{2.53}$$

式中　ε——注采井数比；

　　　c_0——油砂体面积，m²；

　　　ψ——井网系统单井控制面积与井距平方之间的换算系数，四点法为0.866，五点法和反九点法为1。

（3）有效驱动程度。

有效驱动程度指储层有效驱动的石油地质储量与总石油地质储量的比值。通常计算水驱控制程度时认为注采井连通就能被水驱，而实际上对于低渗透油藏往往不能建立起有效的驱动体系，即使连通也不能有效驱动。矿场上可以通过统计岩心资料求得有效驱动程度。

样品累计百分数与空气渗透率存在如下关系（图2.40）：

$$\eta_g = m (K - K_0)^d \tag{2.54}$$

式中　η_g——样品累计百分数，%；

　　　K、K_0——有效厚度物性下限以上和物性下限空气渗透率，mD；

　　　m，d——相关系数。

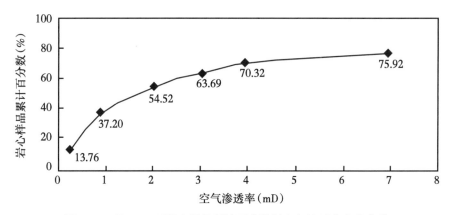

图2.40 朝1-55区岩心样品累计百分数随空气渗透率变化曲线

一般来说，岩心取样间隔相对均匀，其岩心样品累计百分数可以近似表示从有效厚度物性下限到任意渗透率之间的累计有效厚度与总有效厚度的比值。即有效厚度累计百分数与渗透率可近似表示为：

$$\eta_{\mathrm{H}} = m(K - K_0)^d \qquad (2.55)$$

式中 η_{H}——有效厚度累计百分数,%。

由于低渗透油藏启动压力梯度与储层渗透率成正比：

$$\lambda = -a\ln(K) + b \qquad (2.56)$$

式中 λ——启动压力梯度, MPa/m;

a、b——与储层性质有关的常数。

有效驱动距离可表示为：

$$r = \frac{p_{\mathrm{H}} - p_{\mathrm{r}}}{\lambda} \qquad (2.57)$$

式中 r——有效驱动距离, m;

p_{H}、p_{r}——注水井井底流压、油层任意处压力, MPa。

如果有效驱动距离小于或等于注采井距时，其油层不能被有效驱动。

设平均井距为：

$$L = \frac{1}{\sqrt{s}} \qquad (2.58)$$

式中 L——井距, m。

则由式(2.77)、式(2.78)和式(2.59)可以获得有效驱动渗透率下限：

$$K = \mathrm{e}^{\frac{b - \sqrt{s}(p_{\mathrm{H}} - p_{\mathrm{F}})}{a}} \qquad (2.59)$$

从而得到有效动用程度与井网密度的关系式：

$$E_{\mathrm{E}} = 1 - m\left[\mathrm{e}^{\frac{b - \sqrt{s}(p_{\mathrm{H}} - p_{\mathrm{F}})}{a}} - K_0\right]^d \qquad (2.60)$$

式中 p_H——注水压力，MPa；
$\quad\quad\quad p_F$——流动压力，MPa。

由此计算朝阳沟油田朝 55 井网加密区块加密前有效动用程度为 79.4%，加密后提高到 95.1%，提高了 15.7%（图 2.41）。

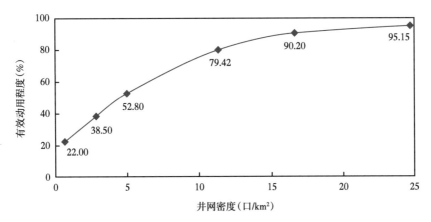

图 2.41　朝 55 井网加密区有效动用程度随井网密度变化曲线

2.5.2.2　波及系数

由于储层平面和纵向的非均质性以及重力、毛细管力作用，其注水波及体积往往小于总有效驱动的体积[22]。波及系数定义为注入水波及体积与油层总体积之比。波及系数表达式：

$$E_V = cM_A \tag{2.61}$$

式中　E_V——波及系数，%；
$\quad\quad\quad c$——纵向波及系数，%；
$\quad\quad\quad E_A$——面积波及系数，%。

（1）纵向波及系数。

纵向波及系数（垂向波及系数）主要受油水流度比 M，水油比 F_{wo} 和渗透率变异系数 V 的影响，可通过如下表达式求得：

$$c = a_1 c^{a_2} (1-y)^{a_3} \tag{2.62}$$

其中

$$y = \frac{(F_{wo}+0.4)(18.948-2.499V)}{(M+1.137-M+0.94V)\ 10^{f(V)}}$$

$$F(V) = -0.6891+0.9735V+1.6453V^2$$

式中　a_1——系数，取值 3.334088568；
$\quad\quad\quad a_2$——系数，取值 0.773734189；
$\quad\quad\quad a_3$——系数，取值 1.225859406；
$\quad\quad\quad F_{wo}$——水油比；
$\quad\quad\quad V$——渗透率变异系数；

M——流度比。

适应条件是 $0 \leqslant M \leqslant 10$，$0.3 \leqslant V \leqslant 0.8$。

(2)平面波及系数。

一是，对于均质且砂体大面积分布的油层，平面波及系数主要与注水方式、性质及储层渗流特征有关。

反九点井网系统：

$$E_A = 0.525E \tag{2.63}$$

五点井网系统：

$$E_A = 0.718E \tag{2.64}$$

四点井网系统：

$$E_A = 0.743E \tag{2.65}$$

其中

$$E_A = \left(\frac{1+\mu_R}{2\mu_R}\right)^{0.5}$$

$$\mu_R = \frac{\left[K_w(S_w)+K_o(S_w)\right]\mu_o}{\mu_w K_o(S_w)}$$

式中　K_o、K_w——含水饱和度为 S_w 时油、水相对渗透率；

　　　μ_o、μ_w——地层条件下油、水黏度，$mPa \cdot s$。

二是，对于具有方向性裂缝的油藏，裂缝对注水开发效果存在较大影响(图 2.42)，依据文献提供的实验数据[23-26]，经回归处理求得如下表达式：

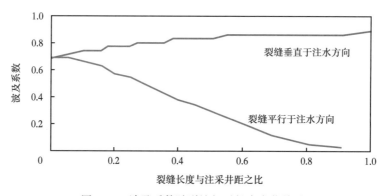

图 2.42　波及系数随裂缝相对长度变化关系

当注采方向与裂缝方向平行时：

$$E_{A1} = 0.1454L_f^2 - 0.94099L_f + 0.73957 \tag{2.66}$$

当注采方向与裂缝方向垂直时：

$$E_{A2} = -0.1858L_f^2 + 0.3602L_f + 0.701 \tag{2.67}$$

式中　L_f——裂缝相对长度，m。

2.5.2.3 驱油效率

实验表明，驱油效率不再是常数，与驱替压力梯度呈正比（图2.43）。经推导有如下关系式：

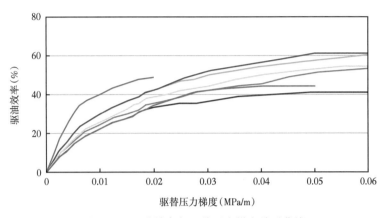

图2.43 驱油效率与驱替压力梯度关系曲线

$$E_D = 176 \frac{1-\dfrac{0.8}{K^{0.133}}}{0.46+0.52\ln(K)} \left[0.176\times10^{-3}\ln(\Delta p)s^{0.5} \right]^{0.4136} + 1.222 \qquad (2.68)$$

式中 Δp ——注采压差，MPa。

2.5.3 计算实例

应用上述方法对朝阳沟油田朝55井网加密试验区采收率进行了计算。结果表明，用传统井网密度法计算加密前采收率偏高、加密后采收率偏低。用本方法计算加密前有效驱动程度为79.4%，采收率为14.5%；加密后有效驱动程度为95.1%、采收率为24.7%，分别提高了15.7和10.2%（表2.12）。因此，本方法计算的水驱采收率更加符合低渗透油藏的实际。

表2.12 朝阳沟油田朝55井网加密试验区采收率计算结果表 （单位：%）

项目	加密前	加密后	提高	项目		加密前	加密后	提高
砂体控制程度	86.1	95.2	9.1	波及系数		87.1	92.8	5.7
水驱控制程度	68.8	80.1	11.3	驱油效率		35.4	36.7	1.3
有效驱动程度	79.4	95.1	15.7	采收率	本方法	14.5	24.7	10.2
井网系数	47.0	72.6	25.5		井网密度法	16.7	24.2	7.5

参 考 文 献

[1] 肖曾利，蒲春生，秦文龙，等．低渗油藏非线性渗流特征及其影响［J］．石油钻采工艺，2007（03）：105-107．

[2] 阎庆来，何秋轩，孙敏荣，等．不同润湿性地层中凝析油气混合物渗流阻力的差异［J］．西安石油

大学学报（自然科学版），1987（01）：73-78.

[3] 阎庆来，何秋轩，刘易非. 凝析油气在多孔介质中的相变特征 [J]. 西安石油大学学报（自然科学版），1988（02）：15-22.

[4] 黄延章等. 低渗透油层渗流机理 [M]. 北京：石油工业出版社，1998：186页.

[5] 李莉，董平川，张茂林，等. 特低渗透油藏非达西渗流模型及其应用 [J]. 岩石力学与工程学报，2006（11）：2272-2279.

[6] 毛宗原. 低渗透介质非达西渗流数值模拟方法及应用 [D]. 北京：清华大学，2004.

[7] 王玉普，计秉玉，郭万奎. 大庆外围特低渗透特低丰度油田开发技术研究 [J]. 石油学报，2006（06）：70-74.

[8] 计秉玉，李莉，王春艳. 低渗透油藏非达西渗流面积井网产油量计算方法 [J]. 石油学报，2008（02）：256-261.

[9] 计秉玉，王春艳，李莉，何应付. 低渗透储层井网与压裂整体设计中的产量计算 [J]. 石油学报，2009，30（04）：578-582.

[10] 罗赛虎，徐维生. 低渗非达西渗流研究综述 [J]. 灾害与防治工程. 2007（01）：38-44.

[11] 李莉，韩德金，周锡生. 大庆外围低渗透油田开发技术研究 [J]. 大庆石油地质与开发，2004（05）：85-87.

[12] 刘建军，程林松. 低渗储层物性压力敏感性研究 [J]. 新疆石油科技，2005（02）：16-18.

[13] 代平，孙良田，李闽. 低渗透砂岩储层孔隙度、渗透率与有效应力关系研究 [J]. 天然气工业，2006（05）：93-95.

[14] 贺玉龙，杨立中. 温度和有效应力对砂岩渗透率的影响机理研究 [J]. 岩石力学与工程学报，2005（14）：2420-2427.

[15] 曾平，赵金洲，李治平，等. 温度、有效应力和含水饱和度对低渗透砂岩渗透率影响的实验研究 [J]. 天然气地球科学，2005（01）：31-34.

[16] 杨满平，郭平，彭彩珍，等. 火山岩储层的应力敏感性分析 [J]. 大庆石油地质与开发，2004（02）：19-20.

[17] 卢家亭，李闽. 低渗砂岩渗透率应力敏感性实验研究 [J]. 天然气地球科学，2007（03）：339-341.

[18] 王献国. 低速非达西流试井分析方法研究 [D]. 北京：中国地质大学，2011.

[19] 魏丹. 低渗透油藏非达西渗流条件下试井分析理论研究 [D]. 大庆：大庆石油学院，2008.

[20] 肖阳，张茂林，梅海燕. 油藏数值模拟求解中的IMPIMS方法 [J]. 石油工业计算机应用，2006（01）：26-28.

[21] 牛彦良，李莉，韩德金，等. 低渗透油藏水驱采收率计算新方法 [J]. 石油学报，2006（02）：77-79.

[22] 宋付权，刘慈群. 低渗透油藏水驱采收率影响因素分析 [J]. 大庆石油地质与开发，2000（01）：30-32.

[23] 罗蛰谭. 油层物理 [M]. 北京：地质出版社，1985：305.

[24] 俞启泰，赵明，林志芳. 水驱砂岩油田驱油效率和波及系数研究（二）[J]. 石油勘探与开发，1989（03）：46-54.

[25] 王俊魁，孟宪君，鲁建中. 裂缝性油藏水驱油机理与注水开发方法 [J]. 大庆石油地质与开发，1997（01）：35-38.

[26] 梁春秀，刘子良，马立文. 裂缝性砂岩油藏周期注水实践 [J]. 大庆石油地质与开发，2000（02）：24-26.

3 低渗透油藏渗吸采油理论与方法

由于低产油量、低产液量、无效注水井比例高、经济效益差，常规注水开发已经难以建立有效驱替系统，不能适应低渗透油藏经济有效开发的需要。渗吸采油开采机理研究表明，渗吸驱油可以大幅度增加采油速度，是提高低渗透油藏采收率的一项重要技术措施。低渗透油藏的渗吸采油也逐步从开发中的从属和辅助地位上升为主导地位。本文研究了渗吸采油的作用机理，分别考虑了岩石物性、渗流特征、油水性质和外在条件对渗吸作用的影响，根据达西渗流规律推导了渗吸作用数学模型，最后进行了矿场应用。结果表明，低渗透油藏渗吸采油方法可以有效提高开发效果，具有良好的经济效益，可以作为低渗透油藏开发一项主要的增产措施。

3.1 渗吸采油机理

储层是由岩石骨架和分布在岩石骨架构成的孔隙中的流体构成，储层岩石骨架构成的孔隙为流体提供了储集空间和流动空间。流体分布在这些大小不等且彼此曲折相通的复杂小孔道中，可以将这些孔道看作无数变断面并且表面粗糙的毛细管，由此储层便可以看作是一个相互连通的复杂毛细管网络，毛细管便是流体的基本流动空间。

最简单的毛细管模型是，将清洁后的毛细玻璃管插入盛水的大烧杯中，可以观察到，毛细管中的水柱顶面超过大烧杯中的水面一定的高度。使用的毛细管越细，水柱的上升高度越高。这是毛细玻璃管的管壁对水的附着张力与毛细管中水柱重力相平衡的结果。任意曲面上一点的附加压力如图 3.1 所示。

拉普拉斯方程得：

$$\Delta p = \sigma \left(\frac{1}{R_1} + \frac{1}{R_2} \right) \tag{3.1}$$

毛细管中的水柱顶面的附加压力为：

$$p_c = \frac{2\sigma \cos\theta}{r} \tag{3.2}$$

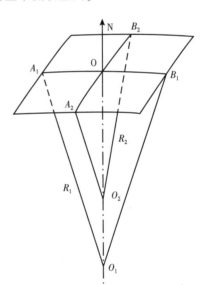

图 3.1　模型参数示意图

毛细管压力 p_c 是指毛细管中弯液面两侧两种流体的压力差。弯液面两侧的两种流体依各自相对毛细管材质的附着能力，分为润湿相流体和非润湿相流体。毛细管力的方向指向弯液面的凹向，即指向非润湿相流体。式中 σ 为互不相溶的两相流体之间的界面张力，毛细管压力 p_c 与两相流体界面的界面张力 σ 成正比；θ 为相对毛细管表面的润湿角，毛细管压力 p_c 与润湿角余弦值 $\cos\theta$ 成正比；r 为毛细管半径，毛细管压力 p_c 与毛细管半径成反比。

毛细管压力是发生在毛细管中的润湿现象，即毛细管压力是润湿的结果。当毛细管插入润湿相时，润湿相将沿毛细管将非润湿相驱走，这个过程是自发的，可见毛细管压力是润湿相驱替非润湿相的动力。由毛细管压力计算公式可知，当毛细管倾斜时，液柱沿毛细管上升，但液柱的垂直高度是不变的。表明，当毛细管不断倾斜直至水平摆放时，毛细管压力在水驱油的过程中为动力，即当油层岩石表面亲水时，储层基质中的毛细管压力是水驱油的动力。

对于中高渗透油藏，毛细管压力通常是驱油阻力。而对于低渗透油藏，毛细管压力则为驱油的动力。正是在毛细管压力的作用下，水沿孔隙壁进入基质（图 3.2）。渗吸指的是多孔介质中，在毛细管压力的作用下，润湿相流体置换非润湿相流体的过程。对于低渗透油藏，渗析采油就是注入水通过压裂裂缝流进基质，再将基质中的原油置换出来的过程（图 3.3）。

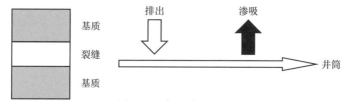

图 3.2　渗吸采油机理

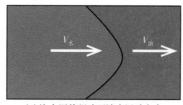
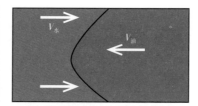

（a）注水压差驱动下油水运动方向　　　　（b）毛细管压力作用下油水运动方向

图 3.3　注水压差驱动和毛细管压力驱动的油水运动方向示意图

低渗透油藏在实际开采过程中，注水吞吐是渗析采油的一种开发方式。注水吞吐是指在同一口井既注水又采油的方法。其具体过程可以分为三个阶段：第一阶段是注水—升压阶段，水从井筒流向裂缝，再从裂缝流向基质；第二阶段是焖井—油水渗吸置换阶段，从裂缝流向基质的水与基质进行充分接触，在毛细管压力的作用下将基质中的油置换出，使油从基质流向裂缝；第三阶段是采油—降压阶段，将基质中置换出并停留在裂缝中的原油采出（图 3.4）。

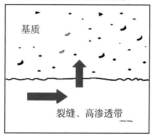
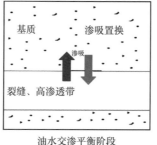
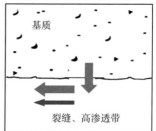

图 3.4　注水吞吐过程示意图

3.2 渗吸采油影响因素

3.2.1 岩石物性对渗吸作用的影响

中高渗透油藏的渗透率受孔隙半径影响，而低渗透油藏的渗透率主要受到喉道半径影响。从高渗透到低渗透再到特、超低渗透，油藏的渗透率依次降低，而其中影响渗透率的主控因素由孔隙半径变为喉道半径(图3.5)。

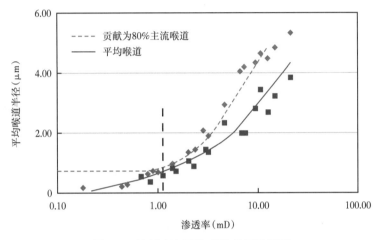

图 3.5　渗透率与平均喉道半径关系图

经研究，孔隙结构是通过影响渗透率，从而进一步影响渗吸作用[1]。渗透率越低渗吸速率越高，说明渗透率越低越有利于渗吸(图3.6)。裂缝越发育，裂缝和基质的接触面更大，渗吸采出程度越高[2](图3.7、图3.8)。

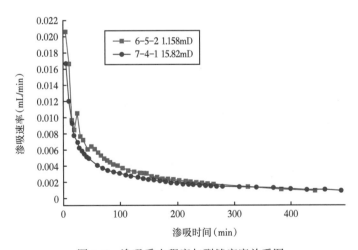

图 3.6　渗吸采出程度与裂缝密度关系图

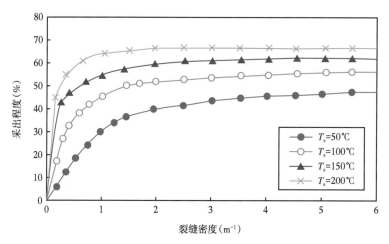

图 3.7　渗吸采出程度与裂缝密度关系图

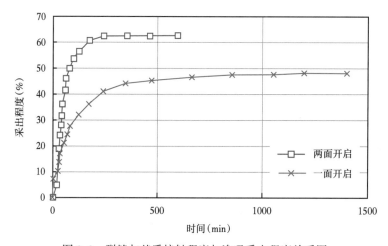

图 3.8　裂缝与基质接触程度与渗吸采出程度关系图

3.2.2　渗流特征对渗吸作用的影响

水通过毛细管压力作用从裂缝进入基质，基质岩石越亲水，渗吸作用越强。含水饱和度越高，毛细管压力越小，说明含油饱和度越高，渗吸效果越好[1]。图 3.9 为采出程度增量 ΔFOE 与毛细管压力 p_c 的关系，表示随着渗透率增大，不同注入孔隙体积倍数条件下曲线的变化规律。$p_c = 0$ 表示亲油油藏，$p_c > 0$ 表示亲水程度逐渐增强。曲线的走势均为先增长后趋于稳定，说明亲水油藏的渗吸作用更为明显。渗透率越低越有利于渗吸作用的发挥。图 3.10 为含水饱和度对毛细管压力的影响。p_{c1} 为朝阳沟油田渗吸采油实验曲线，p_{c2} 为中性油藏，p_{c3}、p_{c4} 为亲水油藏。实验表明，随着含水饱和度的增加，毛细管压力减小，渗吸作用减弱。即含油饱和度越高，渗吸作用越强。蔡喜东等[3]的渗吸数值模型的模拟结果也印证了这一观点（图 3.11）。

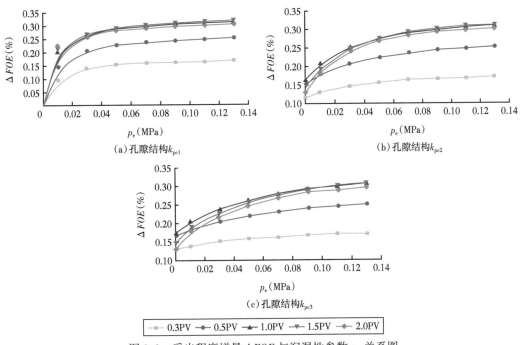

(a) 孔隙结构k_{pc1}　　　　　　　　　(b) 孔隙结构k_{pc2}

(c) 孔隙结构k_{pc3}

— 0.3PV —●— 0.5PV —▲— 1.0PV —▼— 1.5PV —◆— 2.0PV

图 3.9　采出程度增量 ΔFOE 与润湿性参数 p_c 关系图

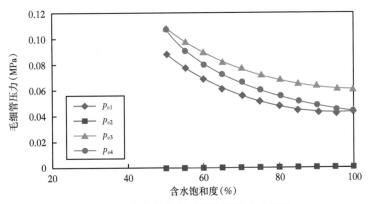

图 3.10　含水饱和度对毛细管压力的影响

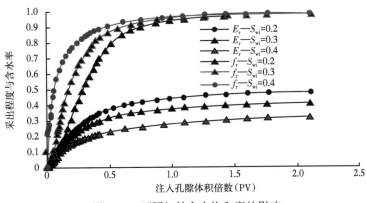

图 3.11　不同初始含水饱和度的影响

3.2.3 油水性质对渗吸作用的影响

朝阳沟油田渗吸法采油实验表明，油水黏度比越大，渗吸作用下的采收率增值越小，渗吸法采油效果逐步变差（图3.12）。原油黏度越高，越不利于渗吸发挥作用（图3.13）。注入孔隙体积倍数越大，渗吸作用越弱（图3.14）。图中当黏度 $\mu < 10\text{mPa} \cdot \text{s}$ 时有些许升高，是注入孔隙体积倍数较大影响的结果。

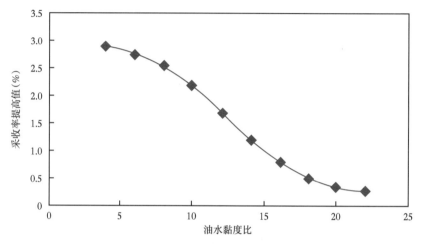

图3.12 油水黏度比对渗吸采收率的影响

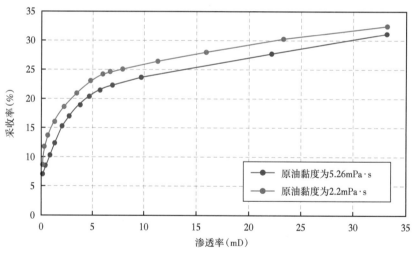

图3.13 原油黏度对渗吸采收率的影响

3.2.4 外在条件对渗吸作用的影响

影响渗吸作用的外在条件主要有温度、边界条件。实验和数值模拟的结果表明，单纯温度对渗吸过程的影响不大，温度是通过影响原油黏度从而影响渗吸作用的[1-2]（图3.15）。故在实际开发过工作，可以通过注入热水的方法来发挥渗吸作用。

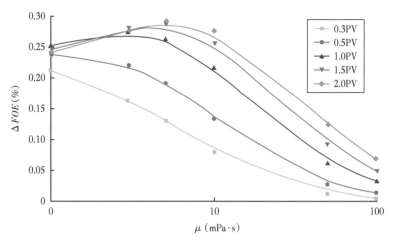

图 3.14 原油黏度对采出程度增量 ΔFOE 的影响

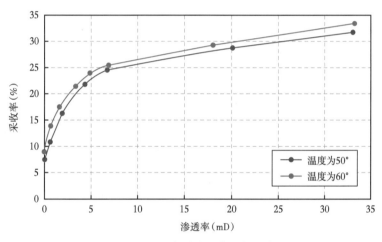

图 3.15 温度对渗吸作用的影响

3.3 渗吸作用数学模型

一般情况下,低渗透油藏成岩后生作用比较严重,常常伴有裂缝发育,构成了基质岩块—裂缝系统[3-4]。基质岩块起储油作用,而裂缝起导油作用,在常规注水开发过程中,基质岩块、裂缝驱替矛盾突出,导致在油井较高含水条件下基质岩块中仍有大量剩余油不能采出,造成储量损失。开发实践表明,低渗透油层多为水湿油层,利用毛细管压力的渗吸作用可成为一种开采这类油层的有效方式。为此,以渗流力学原理为基础,开展了室内油层物理实验,对渗吸作用特征进行了理论研究。

3.3.1 基质岩块—裂缝系统中毛细管压力作用特征

为讨论方便,以裂缝与基质岩块的法线方向为方向 x 建立坐标系。根据达西定律有:

$$v_{\text{w}} = -\frac{KK_{\text{rw}}}{\mu_{\text{w}}} \frac{\partial p_{\text{w}}}{\partial \text{x}} \tag{3.3}$$

$$v_{\text{o}} = -\frac{KK_{\text{ro}}}{\mu_{\text{o}}} \frac{\partial p_{\text{o}}}{\partial x} \tag{3.4}$$

$$p_{\text{c}} = p_{\text{o}} - p_{\text{w}} \tag{3.5}$$

式中 v_{w}, v_{o}——分别为水、油相速度;

K, K_{rw}, K_{ro}——分别为绝对渗透率和水油相相对渗透率;

μ_{w}, μ_{o}——分别为水油相黏度;

p_{w}, p_{o}, p_{c}——分别为水相、油相压力和毛细管压力。

以上 3 式联立,有:

$$v_{\text{t}} = v_{\text{w}} + v_{\text{o}} = -K(\lambda_{\text{o}} + \lambda_{\text{w}}) \frac{\partial p_{\text{w}}}{\partial x} - K\lambda_{\text{o}} \frac{\partial p_{\text{c}}}{\partial x} \tag{3.6}$$

$$\frac{\partial p_{\text{w}}}{\partial x} = -\frac{v_{\text{t}} + K\lambda_{\text{o}} \dfrac{\partial p_{\text{c}}}{\partial x}}{K(\lambda_{\text{o}} + \lambda_{\text{w}})} \tag{3.7}$$

其中

$$\lambda_{\text{o}} = \frac{K_{\text{ro}}}{\mu_{\text{o}}}, \quad \lambda_{\text{w}} = \frac{K_{\text{rw}}}{\mu_{\text{w}}}$$

令

$$h_{\text{w}} = -\frac{\lambda_{\text{w}}\lambda_{\text{o}}}{\lambda_{\text{w}} + \lambda_{\text{o}}} \tag{3.8}$$

$$f_{\text{w}} = \frac{\lambda_{\text{w}}}{\lambda_{\text{w}} + \lambda_{\text{o}}} \tag{3.9}$$

则有:

$$v_{\text{w}} = f_{\text{w}}v_{\text{t}} - Kh_{\text{w}} \frac{\partial p_{\text{c}}}{\partial x} \tag{3.10}$$

根据物质平衡原理,可以导出基质岩块含水饱和度变化方程:

$$v_{\text{o}} = f_{\text{o}}v_{\text{t}} + h_{\text{w}} \frac{\partial p_{\text{c}}}{\partial x} \tag{3.11}$$

$$\phi \frac{\partial S_{\text{w}}}{\partial t} = -\frac{\partial}{\partial x}(f_{\text{w}}v_{\text{t}}) + \frac{\partial}{\partial x}(Kh_{\text{w}} \frac{\partial p_{\text{c}}}{\partial x}) \tag{3.12}$$

可以看出,式(3.12)等号右边第 1 项为水力压差驱动作用部分,第 2 项为毛细管压力作用部分。如不考虑毛细管压力作用,即 $p_{\text{c}} = 0$ 时,由式(3.12)即可导出 Buckley-Leverett 方程。而当 $v_{\text{t}} = 0$ 时,即不考虑水力压差作用情况下,式(3.12)仅描述毛细管压力渗吸作用过程,即基质岩块与裂缝之间的交换过程。

研究表明, p_{c} 为饱和度 S_{w}、渗透率 K 与润湿角余弦 $\cos\theta$ 的函数,因此有:

54

$$\frac{\partial p_c}{\partial x} = \frac{\partial p_c}{\partial S_w}\frac{\partial S_w}{\partial x} + \frac{\partial p_c}{\partial K}\frac{\partial K}{\partial x} + \frac{\partial p_c}{\partial \cos\theta}\frac{\partial \cos\theta}{\partial x} \tag{3.13}$$

由此可见，对应于式（3.13）右边 3 项，毛细管压力所引起的油水流动可以分解为 3 个部分。

第一部分为含水饱和度空间变化所引起的窜流，第二部分为渗透率变化引起的窜流，第三部分为润湿性变化引起的窜流。

分析油水相对渗透率曲线特征表明，不论对油湿油层还是水湿油层，均有 $\frac{\partial p_c}{\partial S_w} < 0$，说明水的流动方向与饱和度梯度方向相反，即在毛细管压力作用下，水从高饱和度方向流向低饱和度方向，或者说水从裂缝流向基质岩块，油从基质岩块流向裂缝，起到改善开发效果的作用。

$$\frac{\partial p_c}{\partial K} = -\frac{1}{2}\sigma\phi^{1/2}K^{-3/2}\cos\theta \cdot J(S_w) \tag{3.14}$$

其中

$$J(S_w) = \frac{p_c}{\sigma\cos\theta}\sqrt{\frac{K}{\phi}} \tag{3.15}$$

式中 ϕ——孔隙度。

可以看出，对于水湿油层，$\cos\theta > 0$，$\frac{\partial p_c}{\partial K} < 0$，水从高渗透裂缝流向低渗透基质岩块，有利于低渗透油层的开采。

相反，对于油湿油层，$\cos\theta < 0$，$\frac{\partial p_c}{\partial K} > 0$，水则从低渗透基质岩块流向高渗透裂缝，不利于低渗透单元的开采。

综上所述，毛细管压力对水湿裂缝性非均质油层，起到有利于基质岩块开采的作用，对油湿油层，取决于三种毛细管压力窜流的相对大小。

3.3.2   渗吸作用数学模型与动态变化特征

3.3.2.1   数学模型

仅考虑渗吸作用情况下，由（10）式有

$$\frac{\partial S_w}{\partial t} = -\frac{K}{\phi}\left[\frac{\partial}{\partial x}\left(\frac{\lambda_o\lambda_w}{\lambda_o+\lambda_w}\frac{\partial p_c}{\partial x}\right)\right] = -\frac{K}{\phi}\left[\frac{\partial}{\partial x}\left(\frac{\lambda_o\lambda}{\lambda_o+\lambda_w}\frac{\partial p_c}{\partial S_w}\right)\cdot\frac{\partial S_w}{\partial x} + \left(\frac{\lambda_o\lambda_w}{\lambda_o+\lambda_w}\frac{\partial p_c}{\partial S_w}\right)\cdot\frac{\partial^2 S_w}{\partial x^2}\right] \tag{3.16}$$

令

$$F(S_w) = -\frac{\lambda_o\lambda_w}{\lambda_o+\lambda_w}\frac{\partial p_c}{\partial S_w}$$

$$F'(S_w) = \frac{\partial F(S_w)}{\partial S_w} \tag{3.17}$$

则有

$$\frac{\partial S_w}{\partial t} = \frac{K}{\phi}\left[F'(S_w) \cdot \left(\frac{\partial S_w}{\partial x}\right)^2 + F(S_w) \cdot \frac{\partial^2 S_w}{\partial x^2}\right] \tag{3.18}$$

式(3.18)即为在毛细管压力作用下基质岩块饱和度变化微分方程。分别以岩块中心线和左边界裂缝为边界条件:

$$\left[\frac{\partial S_w}{\partial x}\right]_{x=D} = 0 \tag{3.19}$$

$$[S_w]_{x=0} = S_{wf} \tag{3.20}$$

$$S_{wf} = 1 - \frac{\sum q}{V_{\phi f}} \tag{3.21}$$

式中 $V_{\phi f}$——裂缝系统孔隙体积;

$\sum q$——累计产油量;

D——基质岩块半宽。

初始条件为:

$$[S_w]_{t=0} = S_{w0}(x) \tag{3.22}$$

由上述微分方程求出 S_w 分布后,可用下式求出渗吸采油量:

$$q = S \cdot K \cdot F(S_w) \cdot \left[\frac{\partial S_w}{\partial x}\right]_{x=D} \tag{3.23}$$

3.3.2.2 模型参数的确定

毛细管压力曲线统计资料表明,对 Leverett 定义的 J 函数有:

$$J(S_w) = aS_w^b \tag{3.24}$$

例如大庆油区的头台油田 26 条压汞曲线做出 J 函数,回归出 $a=0.0586$,$b=-2.6235$。朝阳沟油田 4 条压汞曲线回归出 $a=0.0344$,$b=-4.7243$。

式(3.24)代入 J 函数表达式(3.15)有:

$$p_c = a\sigma\cos\theta \cdot S_w^b / \left(\frac{K}{\phi}\right)^{1/2} \tag{3.25}$$

式(3.25)对 S_w 求偏导数,得:

$$\frac{\partial p_c}{\partial S_w} = ab\sigma\cos\theta \cdot S_w^{b-1} / \left(\frac{K}{\phi}\right)^{1/2} \tag{3.26}$$

相对渗透率曲线统计资料表明:

$$K_{ro}(S_w) = \left(\frac{1-S_{or}-S_w}{1-S_{or}-S_{wi}}\right)^n \tag{3.27}$$

$$K_{rw}(S_w) = \left(\frac{S_w-S_{wi}}{1-S_{wi}}\right)^m \tag{3.28}$$

56

大庆油区的朝阳沟油田：$S_{or}=0.375$，$S_{wi}=0.4$，$n=1.98$，$m=1.65$。大庆油区的头台油田：$S_{or}=0.353$，$S_{wi}=0.473$，$n=1.89$，$m=1.65$。为方便起见，令：

$$A = a\sigma\cos\theta \cdot b\left(\frac{K}{\phi}\right)^{-1/2} \tag{3.29}$$

$$B(S_w) = \left(\frac{1-S_{or}-S_w}{1-S_{or}-S_{wi}}\right)^n /\mu_w + \left(\frac{S_w-S_{wi}}{1-S_{wi}}\right)^m /\mu_o \tag{3.30}$$

$$C(S_w) = \left(\frac{1-S_{or}-S_w}{1-S_{or}-S_{wi}}\right)^n /\mu_w \cdot \left(\frac{S_w-S_{wi}}{1-S_{wi}}\right)^m /\mu_o \tag{3.31}$$

$$D(S_w) = AS_w^{b-1} \tag{3.32}$$

$$B'(S_w) = -\frac{n}{\mu_o}\left[\frac{1-S_{or}-S_w}{1-S_{or}-S_{wi}}\right]^{n-1} \cdot \frac{1}{1-S_{or}-S_{wi}} + \frac{m}{\mu_w}\left[\frac{S_w-S_{wi}}{1-S_{wi}}\right]^{m-1} \cdot \frac{1}{1-S_{wi}} \tag{3.33}$$

$$C'(S_w) = \frac{1}{\mu_o\mu_w}\left\{\left(\frac{1-S_{or}-S_w}{1-S_{or}-S_{wi}}\right)^n\left(\frac{S_w-S_{wi}}{1-S_{wi}}\right)^{m-1} \cdot \frac{m}{1-S_{wi}} - \left(\frac{S_w-S_{wi}}{1-S_{wi}}\right)^m\left(\frac{1-S_{or}-S_w}{1-S_{or}-S_{wi}}\right)^{n-1} \cdot \frac{1}{1-S_{or}-S_{wi}}\right\} \tag{3.34}$$

$$D'(S_w) = A(b-1)S_w^{b-2} \tag{3.35}$$

则有

$$F(S_w) = \frac{C(S_w)D(S_w)}{B(S_w)} \tag{3.36}$$

$$F'(S_w) = \left\{B(S_w)\left[C'(S_w)D(S_w)+C(S_w)D'(S_w)\right] - \left[C(S_w)D(S_w)\right]B'(S_w)\right\}/\left[B(S_w)\right]^2 \tag{3.37}$$

3.3.3 渗吸采油的适用条件与开发指标变化特征

运用上述模型，研究了渗吸采油适合的地质条件、做法以及开发指标变化特征。

3.3.3.1 适用的地质条件

（1）渗吸产油量和注采压差驱动采油量比值与$\sqrt{K}$成反比，说明渗透率越低，越有利于发挥渗吸作用。

（2）主要适合于水湿裂缝性储层，裂缝越发育，基质岩块与裂缝接触面积越大，渗吸效果越好。

（3）在断层附近或靠近砂体尖灭部位，由于饱和度梯度较高，渗吸作用较强，适合水井转油井发挥渗吸作用。

3.3.3.2 渗吸采油的做法

前已论述，对于水湿裂缝性储层，毛细管压力渗吸作用可以把原油从低渗透的基质岩块置换到高渗透裂缝之中。因此，在开发过程中应充分发挥这种作用，改善开发效果。

数值计算与分析表明，有两种做法。

一是，对于注采系统比较完善，基质岩块与裂缝渗透率级差较小，基质岩块具有一定渗透能力的情况，采用降低驱替速度或周期注水方法来更大地发挥毛细管压力渗吸作用。

二是，对于注采系统不完善，基质岩块与裂缝渗透率级差较大，基质岩块渗透能力更低的情况，可以采用将注水井转变为油井，采用吞吐等方式依靠渗吸作用实现基质岩块中原油的开采。

3.3.3.3　注水井转抽后开发指标变化特征

（1）含水率变化。

计算表明，与常规水驱明显不同，由于基质中原油在渗吸作用下不断流向裂缝，使裂缝中含油饱和度不断上升，含水饱和度不断下降，从而使井中产出液中的含水随时间呈不断下降趋势（图 3.16）。

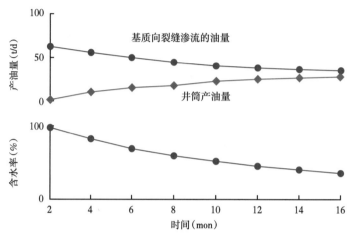

图 3.16　渗吸采油开发指标变化特征

（2）产油量变化。

在渗吸作用下，只要满足一定的液量，由于含水的下降，产油量将随时间呈不断上升趋势。

大庆油区头台油田开发实践表明了上述结论的正确性，如图 3.17 所示。

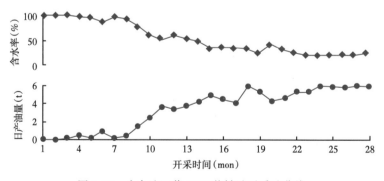

图 3.17　头台油田茂 6592 井转油后采油曲线

对于常规注水开发难以动用的水湿特低渗透裂缝性储层，毛细管压力渗吸作用可以将基质岩块中的原油置换到裂缝之中并被开采出来。因此，对于这类储层可以采用周期注水或注水井转油井或者注水吞吐等方式，充分发挥毛细管压力的渗吸作用。

3.4 矿场应用

渗吸法采油主要是应用油层毛细管压力的渗吸作用，使水从裂缝进入基质，从而使基质中的油被驱替出来，排出的油将随裂缝通道被水驱到井底而采出。矿场上常用的两种做法：一是注水井转油井采油法；二是周期注水。

3.4.1 注水井转油井采油

朝阳沟油田朝 5 断块的朝 82-74 井，1989 年 4 月注水，1996 年 9 月累计注水 13.9×$10^4 m^3$。同年 10 月 1 日因该井组钻更新井，关井放溢时发现出油，之后将其转抽，初期日产液 30.1t，日产油 25t，含水率 16.9%。目前日产液 3.2t，日产油 3t，含水率 4%。头台油田茂 64-91 井 1997 年 4 月转油井，含水率由初期的 81.7% 下降到 1998 年 11 月的41.8%，下降了 39.9 个百分点，日产油 8.7t。在这两口注水井转油井取得初步效果后，从1996 年到 1998 年转抽井逐年增加，分别转抽 1、8、15 口，两油田共转 24 口。其中朝阳沟油田 17 口，头台油田 7 口（表 3.1），累计采油 13966t，取得了一定的效果。综合分析主要有以下认识。

表 3.1　注水井转油井开采综合数据表

油田	转抽井 （口）	转注前平均 单井产油 （t）	平均单井注水 （$10^4 m^3$）	平均单井抽油 （t）	有效井 （口）	已转回 注水井 （口）	断层附近井 （口）
朝阳沟	17	4999	5.113	683	13	4	13
头台	7	677	3.657	735	6		3
合计	24	4175	4.649	700	19	4	16

（1）注水井转油井开采效果好。

分析 24 口转抽井，有 19 口井有效，有效率为 79%。其中朝阳沟油田 13 口，有效率为 76%；头台油田 6 口，有效率为 86%。在 5 口无效井中，朝阳沟油田 4 口、头台油田 1口。分析无效的主要原因：一是转抽时间短，5 口无效井都是在 1998 年 6 月和 8 月转抽，到 9 月仅两三个月。若转抽时间增加也有可能产生效果。如茂 65-92 井抽油初期几乎产纯水，之后含水逐渐减少，日产油量逐渐增加，到转抽 9 个月时日产油为 1.6t，含水率78.0%。1998 年 9 月日产油已上升到 5.9t，含水率下降到 31.4%。二是由于转抽井未压裂，无裂缝沟通，渗吸效果差。如头台油田转抽 7 口井中，茂 66—斜 94 井未压裂无效。此外，由于工程原因也影响了转抽效果，如朝 108-78 井转抽的第二个月卡泵无法生产。也就是说，有的无效井因其客观因素制约影响了转抽效果，若条件适宜也可能有效。总之，裂缝性低渗透油藏注水井转油井采油是可行的。

（2）靠近断层、砂体尖灭或物性变差地区的注水井转抽效果好。

在 24 口注水井转油井中有 16 口位于断层附近，占总转井数的 66.7%；有效 13 口，占总转抽油井的 76.0%。其中，朝阳沟油田在 13 口有效井中有 10 口位于断层附近，其转抽油量占朝阳沟总转抽油量的 84.2%。如朝 74-80 井，有效厚度 8m，转注前累计采油

22297.6t，累计注水18381m³。1997年12月转抽，初期日产油4.5t，含水率51.3%。1998年9月日产油2.7t，累计产油665.2t，含水率50.0%。

在实施线状注水的砂体尖灭或物性变差部位，其注水井附近存在高含油饱和度和高地层压力区，转抽有效率高。在统计的24口井中，有15口井位于线状注水区，其中13口井有效（朝阳沟油田7口井，头台油田6口井）。如朝90-76井转抽初期日产液29.5t/d，日产油10.9t/d，含水率63.0%。随着开采时间的延长该井含水下降，目前日产液5.6t/d，日产油2.5t/d，含水率56.0%，转抽后累计产油1879.1t，是朝阳沟油田转抽井中累计产量最高的井。头台油田的茂10-17、茂9-19和茂8-21井在同一注水井排上，于1998年5月到7月转油井，尽管转油井生产时间不长，也获得了一定效果。如位于线状注水井排上的茂9-19井（不靠近断层），该井有效厚度8.7m，压开厚度8.1m，1993年3月投产，累计生产原油1824t，累计注水16632m³，1998年6月转抽，累计抽油78d，产油228t，平均日产油2.9t。由此说明，线状注水井排的注水井附近油层驱油效率和波及效率仍然很低，孔隙介质中仍存在大量的原油。

（3）注水井转油井开采具有一定的经济效益。

注水井转油井费用主要有压裂、井口装置、抽油机及作业费用。如头台油田压裂抽油的单井费用为39.4×10⁴元，未压裂转抽井14×10⁴元，拉油转抽井（拉油车费用均摊）10×10⁴元；朝阳沟油田转抽井（转抽时均未再压裂）为11.7×10⁴元。按油价1200元/t评价，头台油田转抽时压裂的抽油井、未压裂抽油井及未压裂拉油的井，收回投资的累计产油量下限分别为1000t、350t、250t，朝阳沟油田则为390t。统计两油田注水井转抽油井表明，头台油田两口压裂转抽井和茂8-21拉油井及朝阳沟9口转抽井，累计抽油量已分别超过其下限，均已收回投资，这些井共获利230×10⁴元。其中头台油田72×10⁴元、朝阳沟油田158×10⁴元。由于外围油田抽油成本较高，测算单井日产量经济极限，朝阳沟油田抽油为2.0t，头台油田抽油为2.2t。若连续提捞每天0.5t以上、间隙提捞每次能抽油0.5t以上都有效。目前共有14口井有效，占注水井转油井正在生产的78%（除朝阳沟4口转回注水井）。

3.4.2 周期注水采油

周期性注水分升压、降压两个阶段。升压阶段，注水是为了提高油层压力，驱替裂缝中的油和水，使裂缝中压力比基质块内部还高，最终水从裂缝进入基质；降压阶段，裂缝中压力低于基质压力，于是基质中一部分流体流入裂缝，再流向生产井。由此可见，裂缝性低渗透油藏周期注水与常规砂岩油藏相比，除毛细管压力及附加阻力的有利因素外，还利用了裂缝渗透率远大于基质渗透率，以及裂缝中升压快、基质降压较慢的特点。因此，从机理分析，裂缝性低渗透油藏周期注水效果好于常规砂岩油藏。朝阳沟油田1997年在朝5断块线状注水试验区南块实施周期注水，日产液由周期注水前的240t上升到周期注水后的249.2t，日产油由148.8t上升到下半周期后的173.8t，上升了16.8%，综合含水率由38%下降到30.3%，下降7.7%（表3.2）。可见线状注水区实施周期注水，取得了好效果。

又如头台油田茂901井区有油水井24口，其中油井20口（包括5口高含水井），注水井4口。采用上半周期10天，下半周期20天的不等周期注水。单纯受周期注水影响的4口中心井，产液、产油稳定（表3.3）。结果表明，周期注水在一定程度上控制了含水上升速度，延缓了自然递减。

表 3.2　朝阳沟油田朝 5 断块周期注水效果表

区块	井数（口）	间注前			停注期			复注期			1997 年底		
		日产液（t）	日产油（t）	含水率（%）	日产液（t）	日产油（t）	含水率（%）	日产液（t）	日产油（t）	含水率（%）	日产液（t）	日产油（t）	含水率（%）
朝 5	20	180.5	121.6	32.6	197.0	146.7	25.5	183.9	136.4	25.8	176.2	130.1	26.2
试验区	18	59.6	27.2	54.2	52.2	27.1	48.1	52.5	24.0	51.2	46.9	22.7	51.6
合　计	38	240.1	148.8	38.0	249.2	173.8	30.3	236.4	160.4	32.1	223.1	152.8	31.5

表 3.3　头台油田周期注水试验区与茂 111 井区产量递减幅度对比表

时间	茂 111 井区				周期注水试验区			
	平均单井日产液（t）	平均单井日产油（t）	含水率（%）	动液面（m）	平均单井日产液（t）	平均单井日产油（t）	含水率（%）	动液面（m）
1995.3	5.92	4.23	28.6	1099	2.75	2.25	18.2	1193
1995.12	4.59	3.03	34.0	1117	2.60	2.18	16.3	1127
差值	−1.33	−1.20	5.4	−18	−0.15	−0.07	−1.9	+66
递减幅度（%）	22.5	28.4			5.5	3.1		

上述两油田周期注水效果表明：周期注水有一定效果，但与其他裂缝性油藏周期注水相比提高幅度较小，如新疆火烧山油田初期增加产油量 20%。国外资料也表明裂缝性油藏周期注水效果显著。但必须适应周期注水的条件，如周期注水区块应是一个封闭或相对封闭系统，或注水时受影响区能充分升压，而降压时又不受外边界的影响，使其在周期注水机理下生产，以及采用合理的周期等。

扶余油田 5 口密闭取心井资料表明：在采出程度 22.5%、综合含水率 70.4% 时，仍有 54.6% 的厚度未水淹，52% 的体积未波及。大庆外围的朝阳沟和头台油田目前采出程度仅为 9.39% 和 5.01%，显然，油层中还存在大量的油没有充分动用，加上累计注采比比较高，分别为 2.52、4.06，地层中存水量比较高，具备渗吸的物质基础和条件。因此，采用渗吸法采油，可作为朝阳沟和头台等低渗透油藏开发的一项主要增产措施。

参 考 文 献

[1] 朱维耀，鞠岩，赵明，等．低渗透裂缝性砂岩油藏多孔介质渗吸机理研究［J］.石油学报，2002（06）：56−59.

[2] 计秉玉，陈剑，周锡生，等．裂缝性低渗透油层渗吸作用的数学模型［J］.清华大学学报（自然科学版），2002(06)：711−713.

[3] 蔡喜东，姚约东，刘同敬，等．低渗透裂缝性油藏渗吸过程影响因素研究［J］.中国科技论文在线，2009，4(11)：806−812.

[4] 孙庆和，何玺，李长禄．特低渗透储层微缝特征及对注水开发效果的影响［J］.石油学报，2000，21（04）：52−57.

[5] 黎洪，彭苏萍，张德志．裂缝性油藏主渗透率及主裂缝方向识别方法［J］.石油大学学报（自然科学版），2002(02)：44−46.

[6] 李莉．大庆外围油田注水开发综合调整技术研究［D］.北京：中国科学院研究生院，2006.

4 低渗透油藏井网优化设计方法

井网部署是油田开发设计研究的主要内容，不仅直接影响油田的最终开发效果，而且影响到整个开发过程的主动性和灵活性，因此低渗透油藏合理井网研究尤为重要。提出了窄条带砂体随机模拟井网优化部署方法，提高了河道砂体扶杨油层井网控制程度及水驱控制程度。完善了裂缝性油藏井网优化设计方法，提高了裂缝发育扶杨油层油井压裂井网的适应性和有效性。研究了基于非达西渗流与整体压裂的井网优化设计方法，为裂缝不发育特低渗透整体储层改造井网优化提供了技术支持，并通过油藏数值模拟和经济评价相结合，优化了裂缝不发育特低渗透整体储层井网和压裂井参数最佳组合方案。

4.1 窄条带砂体随机模拟井网优化部署方法

针对特殊的窄条带砂体低渗透油藏，常规油层预测技术不能在开发井钻前预测每个含油砂体的具体位置及规模，井网部署受限。因此，根据井网与砂体之间的随机分布特性，采用混合同余法研究影响水驱控制程度的油层参数，综合判断各组油层厚度是否为连通厚度，累计算出连通厚度与总厚度，从而求出水驱控制程度，实现水驱控制程度的最佳模拟逼近，从而精准部署井网。

4.1.1 井网部署随机因素

油砂体是地下储存油气的最小单元，合理井网部署就是尽可能多地控制住含油砂体，并且使更多含油砂体在水驱控制范围之内。但目前的油层预测技术，尚不能在开发井钻前预测出每个含油砂体的具体位置及规模，只能从两方面对油层发育状况进行认识，一是通过探井和评价井资料分析沉积相；二是通过地震资料预测含油砂体发育层段和区带。

井网部署时，把两者结合起来，能认识多个含油砂体叠合发育带的分布趋势。但是发育带中含油砂体宽度、分布范围、井点在砂体上的位置、单砂体可能的连通井数及注采关系完善程度等，在井网部署时都是无法预知的。因而注采井网中每一个井点与地下每个含油砂体之间的关系是随机的，在多个注采井点、多个含油砂体情况下，一个区块开发井对含油砂体的控制程度是一大样本随机系统，完全符合概率统计规律，即井网系统优化设计过程中水驱控制程度的计算具有随机性。

4.1.2 井网部署的基本思路

合理开发井位设计的核心是提高水驱控制程度，而水驱控制程度的大小取决于注采井网与油层发育的匹配关系，即增加油水井钻遇同一砂体的概率，且钻遇同一砂体的井有注有采。

在一定的井网系统(井距、井排方向和注水方式等)条件下，影响水驱控制程度的油层基本参数只有 4 个，即油层厚度、砂体宽度、砂体延伸方向及井点所处位置参数[1]。这

4 个参数均具有统计性，对一定区块其概率分布是一定的。固定井距、井排方向、注水方式等井网系统参数，用随机抽样来模拟开发井钻遇油层的情况，对于每一次抽样都根据油层参数与井网参数的匹配关系来判断所抽取（模拟钻遇）的厚度是否为油、水井连通厚度，当抽样次数足够大（2000~3000 次）时，即可求出一个区块在一定井网系统条件下的水驱控制程度，其数值等于连通的抽取厚度占总抽取厚度的百分数。若给定步长，逐级改变井网系统参数，在一定油层条件下，则可求出不同井网水驱控制程度的变化规律，由此即可得出适合该油层特点的合理井网参数组合[2]。

4.1.3 随机模拟方法的步骤

4.1.3.1 依据地质规律及实际资料确定油层参数的分布

对井网资料进行解剖，运用沉积规律，可以给出油层各项参数的分布。

（1）油层厚度。

该参数服从正态分布，均值取河道砂体沉积单元的最大厚度，一般为 6m 左右。变化范围从河间砂体的最小厚度（0.1~0.2m）至河道砂体叠合层的最大厚度，以此可以确定出分布的方差。

（2）砂体宽度。

依据密井网条件下砂体宽度规模统计结果，该参数分布函数属对数正态分布，峰值在 300~600m 之间。

（3）砂体延伸方向。

由于扶杨油层含油砂体多呈条带状，方向性较强，对于每个特定区块，含油砂体都有其优势方向。因此该参数也服从正态分布，均值取 1 或 $\pi/2$，变化范围为 $\pi/4~3\pi/4$ 或 $-\pi/4~\pi/4$。

（4）井点位置与砂体中心距离。

该参数反映了井点在砂体上所处的位置，因而该参数是在［0，井距之半］区间内均匀分布随机量。

4.1.3.2 混合同余法产生伪随机数，随机抽样模拟井钻遇油层的情况

利用产生的随机数对影响水驱控制程度的油层参数进行随机抽样，抽样 2000~3000 次，即可达到模拟井点钻遇油层情况的目的。

4.1.3.3 油、水井钻遇油层连通状况的模拟判断

在井网系统参数一定的条件下，利用每一组参数的随机抽样结果，综合分析油、水井连通状况。任何一个厚度抽样点若判断为连通厚度，必须同时满足两个条件：一是同一含油砂体必须有 2 口以上相邻开发井钻遇；二是钻遇同一含油砂体的若干口开发井中，必须既有水井又有油井。

设定参数如图 4.1 所示，则有

$$W' = W/\sin \theta \tag{4.1}$$

同一排（列）相邻 2 口井钻遇同一砂体的概率 P_1 是

$$P_1 = P \times [(W/2+X)/\sin \theta > S] \tag{4.2}$$

（1）五点法面积井网。

五点法面积井网任一井排（列）的注采井点都是相间分布的，因此同一井排（列）相邻

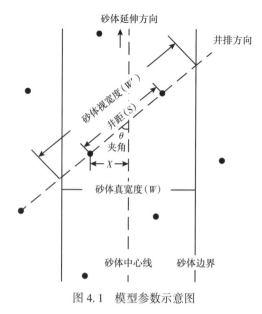

砂体延伸方向
井排方向
砂体视宽度(W')
井距(S)
夹角 θ
X
砂体真宽度(W)
砂体中心线 砂体边界

图 4.1 模型参数示意图

2 口井钻遇同一砂体的概率 P_1，为五点法注采井网中油、水井连通概率 P_F：

$$P_F = P_1 = P \times \left[(W/2+X)/\sin \theta > \sqrt{2} S \right]$$

(4.3)

（2）反九点法面积井网。

由于反九点法面积井网水、油井数比低，注采井点相间井排（列）与采油井排（列）间互出现，因而同一井排（列）相邻 2 口井钻遇同一砂体的概率 P_1，并不代表反九点法注采井网中油、水井连通概率 P_N。只有当 $(W/2+X)/\sin\theta > \sqrt{2} S$ 时，相邻 2 口井钻遇同一砂体的概率，才能真正代表油、水井连通概率 P_{N1}，即

$$P_{N1} = P \times \left[(W/2+X)/\sin(\theta) > \sqrt{2} S \right]$$

(4.4)

而当 $\sqrt{2} S > (W/2+x)/\sin\theta > S$ 时，油、水井连通概率 P_{N2} 为 P_1 的条件概率：

$$P_{N2} = P \times \left[P_1 \sqrt{2} S > (W/2+X)/\sin(\theta) > S \right]$$

(4.5)

当 $(W/2+X)/\sin\theta < S$ 时，油、水井不会连通，因为此时相邻 2 口开发井钻遇同一砂体的条件都不能满足。由此得出反九点注采井网油、水井连通概率 $P_N = P_{N1} + P_{N2}$，即

$$P_N = P \left[(W/2+X)/\sin\theta > \sqrt{2} S \right] + P \left[P_1 \sqrt{2} S > (W/2+X)/\sin\theta > S \right]$$

(4.6)

有了以上准则，即可在井网系统参数一定的条件下，通过大量随机抽样，每抽样一次，根据其他参数综合判断油层厚度是否为连通厚度，累计算出连通的厚度与总厚度，从而求出水驱控制程度，即通过随机抽样实现水驱控制程度的最佳模拟逼近。

4.1.4 随机模拟方法检验

4.1.4.1 榆树林油田基本特点

榆树林油田是典型的低渗透油藏，该油田从 1988 年以来，经历了油藏评价、开发试验和全面开发三大阶段。通过油藏描述和开发井网地质解剖等大量工作，对榆树林油田的地质特征有了比较清楚的认识，基本特点有以下几点。

（1）含油砂体规模小，平面变化大。

榆树林油田地处物源交汇区，含油砂体在不同区块、不同层位都有一定差异。在油藏描述过程中，利用探、评井岩心和测井资料，从沉积相角度对含油砂体的规模、厚度贡献等方面进行了分类评价；在此基础上，设计了东区和北区的开发井。开发井实施结果，油层厚度、含油面积、地质储量与原设计相比（表 4.1）分别减少了 35%、25%、38%，说明以河道为主的砂体，油层发育很不稳定，横向变化较大，探、评井难以控制。

表 4.1 榆树林油田各开发区块储量变化情况

区块	III类石油探明储量			I类石油探明储量			I类—III类		
	设计含油面积（km²）	布井范围内探井平均有效厚度（m）	地质储量（10⁴t）	实施含油面积（km²）	开发井平均有效厚度（m）	地质储量（10⁴t）	含油面积（km²）	有效厚度（m）	地质储量（10⁴t）
树32	11.3	30.2	1502	9.8	14.2	836	−1.5	−16.0	−666
东16	12.2	17.6	934	9.6	14.4	746	−2.6	−3.2	−188
东14	8.0	16.6	578	5.3	13.3	377	−2.7	−3.3	−201
树162	4.0	18.3	395	2.1	13.4	152	−1.9	−4.9	−243
合计	35.5	21.5	3409	26.8	14.0	2111	−8.7	−7.5	−1298

从单砂体分析看，东区110口井（不包括树162区块）共钻遇492个砂体，其中64.4%为孤立砂体，钻遇1~3个井点的占84.5%，最小砂体覆盖面积仅0.045km²。能控制住边界的395个砂体中，长度和宽度都小于600m的占78%。因此，该区砂体宽度以小于600m为主。

（2）与非主力油层相比，主力油层具有明显的方向性，物性、砂体形态相差较大。

主力油层发育是榆树林油田扶杨油层的突出特点。主力油层层数虽少，但在各区块油层分布上起到了决定性作用，且方向性强、厚度大、分布范围广。东区395个砂体中，除透镜状砂体307个无明显方向性外，其余88个砂体为条带状和连片状，据其中79个有确定方向的砂体统计，50%为近南北向，32%为近东西向，且都是主力油层所在砂体，即东区主力砂体以近南北向延伸为主。

从全油田范围看，不同区块主力油层层位不同，对厚度层贡献也不一样，东区主力油层为杨I₅、杨II₂、杨III₃，主力油层有效厚度占总有效厚度的2/3。北区东14区块发育杨一组，东16区块发育扶一组，主力油层有效厚度占总厚度的1/2，主力油层有效厚度钻遇率均在30%以上，渗透率相对较高，为2~5mD。

非主力油层层数多，单层厚度小，仅在1~2m间变化，物性差，一般空气渗透率小于1mD。

榆树林油田砂体平面及纵向上的变化，对开发设计方法提出了较高的要求，因此在油田开发设计时，对井位设计和开发指标预测进行了新的尝试。

4.1.4.2 随机模拟方法应用

以大庆榆树林油田东区密井网为例，利用统计规律分别计算出油层厚度、砂体延伸方向与井排（列）方向的夹角、砂体宽度的分布。通过随机模拟模型，定步长改变井网系统参数，注水方式仅考虑规则的五点法和反九点法面积，井距变化范围为100~600m，依次计算出每个井网参数步长区间的水驱控制程度差值或变化幅度（图4.2）。250m井距五点法和反九点法水驱控制程度分别为91.8%和78.4%，300m井距则分别为81.6%和67.7%，根据目前东区实际300m井距、规则的五点法和反九点法井网统计，其水驱控制程度分别为79.8%和65.9%，相对误差均为1.8%。由此可见，该方法可行且精度较高。

4.1.4.3 水驱控制程度影响因素分析

（1）井距优化模拟。

预测了开发井实际井排方向（北东向77.5°），结果说明如下（图4.3）。

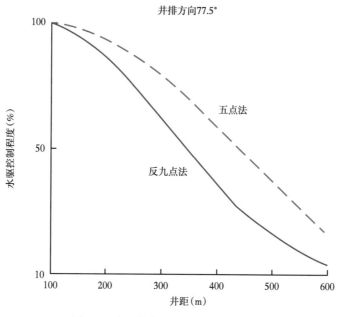

图 4.2　水驱控制程度随井距变化曲线

①反九点法井网对井距变化非常敏感。从井距变化 50m 时水驱控制程度变化测算结果看出：反九点法井网的水驱控制程度变化大，最大可达 12.4%；而五点法相对较小，最大10%。

②井距越小，五点法与反九点法水驱控制程度差别越小，井距小于 220m 时，五点法与反九点法井网的水驱控制程度差距减少到 10% 以下；井距大于 220m，水驱控制程度变化幅度较大，最高可达 20%。

③预测东区目前的 300m×300m 井网，若从反九点法转化为五点法，水驱控制程度可提高 14% 左右。

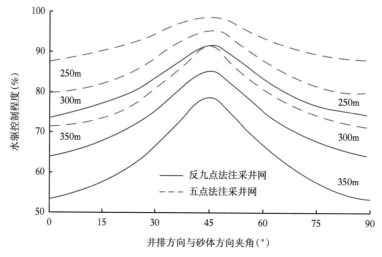

图 4.3　水驱控制程度随井排方向与砂体走向夹角关系曲线

66

（2）井排方向优化模拟。

比较井距为250m、300m、350m时井排方向对五点法与反九点法井网水驱控制程度的影响，结果表明如下（图4.3）。

①井排方向与砂体延伸方向夹角45°最优，无论反九点法还是五点法井网水驱控制程度都最高。

②井距越大，水驱控制程度受井排方向的影响越大。45°角时250m井距五点法与反九点法井网水驱控制程度差值为6.2%；井距为300m时，差值增加到10%。

③反九点法较五点法受井排方向的影响大。同是300m井距，五点法布井，井排方向与砂体方向夹角为77.5°的水驱控制程度比其夹角为45°的水驱控制程度低14%；而反九点法布井，井排方向与砂体方向夹角为77.5°的水驱控制程度比其夹角为45°的水驱控制程度低20%。由此可见，井排方向对水驱控制程度的影响是不容忽视的。以往井网设计时对井排方向的考虑，只是定性地分析裂缝方向及裂缝发育程度对开发效果的影响，并未从砂体延伸方向的角度考虑。

根据模拟结果，东区的开发井要达到设计要求，即水驱控制程度达到70%，如采用反九点法注水方式，井距不得大于280m；而采用五点法注水方式，井距不得大于350m，最佳井排方向为北东向45°。

4.1.4.4　井网参数的经济效益评价

由于砂体规模小，平面变化大，井距过大，难以控制砂体；井距小，开发效果好，但经济上又不合算。因此，井网是否合理不仅取决于油层的地质条件，还受到经济效益的制约。研究井网必须把二者结合起来，从而选择出最合理的井网系统。

应用树32井组模型预测了不同井距条件下的开发指标，并对此进行了经济效益分析。从净收益、采收率与井距关系看，300m井距五点法的水驱采收率比反九点高2%左右，净收益增加9%。

根据上述井网系统对水驱控制程度影响和经济效益评价，综合衡量，东区在目前井排方向条件下，最佳井距五点法为300m，反九点法为275m。

榆树林油田南区在开发井位设计时，应用了随机模拟和经济效益分析的设计方法。采取了变井距布井。全区部署开发井397口，其中在储量丰度较高的树2井主体区块和树113断块部署了219口开发井，井距为250m，在储量丰度较低的其他区部署了开发井178口，井距为300m，全区井排方向均为北东向45°。

通过研究主要得出以下3点结论。

（1）在榆树林油田的地质条件下，井排方向是影响水驱控制程度的重要因素。对于正方形井网，与砂体延伸方向夹角45°为最优井排方向。

（2）反九点法与五点法注水方式比较，其水驱控制程度受井距、井排方向的影响更大。

（3）东区在目前井排方向条件下，反九点法最佳井距是275m，五点法为300m。

该方法具有较强的逻辑性和客观性，并实现了程序化和定量化，不仅适合榆树林油田，也可应用到其他低渗透岩性油藏，相信该项研究成果在以后的低渗透岩性油藏开发设计中会发挥重要作用。

4.2 裂缝性油藏井网优化设计方法

裂缝性油藏由于储层存在裂缝，其油水渗流特征较常规砂岩油藏有本质的区别，主要表现在储层油水运动不均匀性。油水运动的这种不均匀对注水开发井网适应性及注水开发技术界限要求高。因此，为提高裂缝性油藏注水开发效果，本节应用多种方法对裂缝性油藏合理井网进行了优化设计[3]。

4.2.1 井网适应性分析

国内裂缝性低渗透砂岩油藏在井网部署时，几乎都采用了常规砂岩油藏广泛采用的正方形井网和反九点注水方式。一些裂缝性油藏在部署井网时为避免裂缝对开发的不利影响，将井排方向与裂缝走向部署成一定的角度，如扶余油田为 0°；朝阳沟油田主体为 11.5°，翼部为 22.5°；而头台油田为 45.0°（表 4.2、图 4.4）。由于有油水井处在裂缝系统上，所以注水开发后都表现出：平行及接近平行裂缝走向的油井（水井排油井），见水早、含水上升快甚至暴性水淹；而垂直或接近垂直水井排的油井注水受效差。由于这种油水运动的不均匀性，特别是暴性水淹井的产生，不但极大地影响了油田稳产，而且给油田开发带来许多"严重后果"。即使转线状注水，只能在一定程度上降低含水、增加产量，不能从根本上消除不合理井网带来的危害。

表 4.2　性油藏井网参数表

油田	井网 （m×m）	井排方向与裂缝走向夹角 （°）	主裂缝方向 （°）	水淹井位置
扶余	150×150	0	东西	边井
	200×200			
朝阳沟	300×200	11.5（主体区块） 22.5（朝 1-55 区块）	北东 85	隔三排油井 隔排油井
新立	300×300	22.5	东西	隔排油井
头台	300×300	45	东西	角井

扶余油田在部署井网时，由于未搞清裂缝走向，井排方向与裂缝走向相同。注水开发后，造成东西向采油井大量水淹，同时由于超破裂压力注水，引起油水井套管大量损坏，不得不通过打加密井和线状注水来扭转油田产量年年下降的被动局面。

朝阳沟油田部署井网时，尽管吸取了扶余油田的教训，使井排方向与裂缝走向成 11.5°（主体区块）和 22.5°（朝 1-55 区块），由于隔三排井和隔排井处在裂缝走向上，且水井排接近平行裂缝，注水开发后油、水井排油井含水上升率差异大。即使转线状注水，由于主力油层渗透率较高、连通性好，高基质吸水率与高裂缝传导率相互作用，随着线状注水时间延长，其含水上升速度加快。如主体区块含水率从 1997 年底的 10.8% 上升到 1998 年 9 月的 37.9%，月含水率上升 3%，日产油量由 442.3t 下降到 306.7t，月递减 3.4%。造成少注水油井产能下降，多注水含水上升率加快，无效注水增加，产量也随之下降。因此，使油田处于被动的局面。

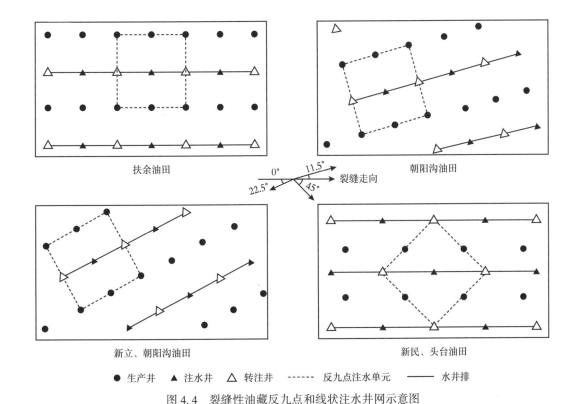

图例说明：
● 生产井　▲ 注水井　△ 转注井　------ 反九点注水单元　—— 水井排

图 4.4　裂缝性油藏反九点和线状注水井网示意图

新立油田井排方向与裂缝走向错开 22.5°，注水开发后，油井含水率迅速上升，并造成隔排油井大量暴性水淹。截至 1990 年，全油田含水大于 60% 的高含水井共 42 口，其中注水井排油井 26 口，生产井排油井 16 口。一年时间内，注水井排 26 口油井平均含水从 70% 上升到 78.8%，增加了 8.8%，而生产井排 16 口油井含水从 62.6% 猛升到 82%，增加 19.4%。加密并实施线状注水后含水上升较快、产量下降也快。

头台油田部署开发井时，将井排按顺时针方向旋转 45°。储层物性很差，裂缝渗透率较基质渗透率高，油水井排距离大。注水开发后由于注入水在水井排循环，一方面造成东西向油井大量暴性水淹，如 1994 年注水到 1996 年水淹井 55 口，占总油井的 23.8%；另一方面油井地层压力低，油田产量下降快，转线状注水后，由于地层压力恢复程度不高，油井产能低，开发效果差。

显然，裂缝性低渗透油藏在注水开发中裂缝表现出明显的方向性，几乎有天然裂缝、人工缝和地应力方向一致的特点。因此，正方形、反九点注水井网整体上难以适应裂缝性低渗透油藏有效注水开发。

4.2.2　储层特点及渗流特征

4.2.2.1　裂缝基本特点

研究表明，裂缝性油藏储层裂缝主要有以下 3 个特点。

（1）低渗透砂岩油藏天然裂缝比较发育，其方位受构造控制呈多向性。

不同裂缝性油藏由于所经历的构造运动不同，其裂缝发育程度存在差异，如扶余、朝阳沟和头台油田裂缝视线密度分别为 0.48 条/m、0.13 条/m 和 0.054 条/m（表 4.3）。同一油田不同部位因所处构造位置不同，裂缝发育程度也不尽相同，储层埋藏较浅的区域或者构造轴部裂缝比较发育。头台油田埋藏深度从南到北由浅变深，其裂缝南部较北部发育。

表 4.3　裂缝性油藏井网参数表

油田	裂缝密度（条/m）	孔隙度（%）		渗透率（mD）		裂缝方位（°）		最大主应力方向（°）	人工裂缝方向（°）
		裂缝	基质	裂缝	基质	剪裂缝	张裂缝		
扶余	0.48	096	25.0	70~348	180.0	北东 60	南东	北东 90	
新立	0.211	0.09	16.3	10~85	20.0	北东 60	南东		
朝阳沟	0.13		15.0		15.0	北东 77.5	南东 130	北东 74~96	北东 85
新民	0.056		15.2		5.4	北东 60	南东	北东 100	北东 83~南东 100
头台	0.054	1.07	10.06	43.8	0.48	北东 120	北东 60北东 30	北东 107	南东 100~110

天然裂缝方向受古应力场的制约，不同油田的天然裂缝方位不尽相同。如扶余油田剪裂缝方向为北东 60°、张裂缝方向为南东，头台油田剪裂缝方向为北东 120°和北东、张裂缝为北东 60°、北东 30°。

（2）储层裂缝孔隙度较基质孔隙度低、渗透率高、导流能力强。

采用 X-CT 成像技术，对头台油田岩心进行成像观察，统计 7 块裂缝岩心的裂缝孔隙度在 0.625%~1.81%之间，平均为 1.07%；基质孔隙度在 4.97%~13.51%之间，平均为 10.06%（表 4.4）。裂缝孔隙度仅是基质孔隙度的 1/10。应用稳定渗流法，在控制注入压力低于基质启动压力的条件下，测得了裂缝平均渗透率为 43.8mD，基质渗透率为 0.48mD，裂缝渗透率为基质渗透率的 91 倍，裂缝较基质导流能力强。

表 4.4　头台油田 X-CT 孔隙度测量结果表　　　　　　（单位：%）

岩心号	9#	13#	17#	18#	19#	22#	24#	平均
裂缝孔隙度	0.995	0.625	1.12	1.05	1.8	0.89	0.98	1.07
基质孔隙度	12.37	4.97	8.72	12.95	13.51	8.88	8.99	10.06

（3）人工裂缝与天然裂缝在油田开发中构成了储层的主要渗流通道。

头台油田现代应力场最大水平主应力方向平均为北东 98°，与人工压裂缝方向北东 107°基本一致。但裂缝性低渗透砂岩油藏又有其自身的特殊性，主要表现在：一方面，油井或注水井在产生人工裂缝的同时，天然裂缝张开；另一方面，当注水井注水压力达到其储层破裂压力时，油层也产生事实上的人工裂缝，其天然裂缝也可能张开，这两种情况产生的人工缝都与天然裂缝形成一个统一体，只是人工裂缝由于支撑剂作用，在压力降低后，其渗流能力更强。因此，裂缝性低渗透砂岩油藏在注水开发过程中，天然裂缝和人工裂缝构成了储层的主要渗流通道。

4.2.2.2 裂缝基质系统渗流特征

（1）裂缝向基质渗流过程。

应用一维均质控制方程：

$$K \frac{\partial^2 p}{\partial x^2} = \phi \mu C_t \frac{\partial p}{\partial t} \tag{4.7}$$

可以推导出沿岩心长度的压力分布式：

$$p_D = \frac{1}{S\sqrt{S}} \frac{\sinh\left[(L_D - X_D)\sqrt{S}\right]}{\cosh(L_D\sqrt{S})} \tag{4.8}$$

由一维裂缝—基质控制方程：

$$K_f \frac{\partial^2 p_f}{\partial x^2} + \alpha K_m (p_m - p_f) = (\phi \mu C_t)_f \frac{\partial p_f}{\partial t} \tag{4.9}$$

$$\alpha K_m (p_f - p_m) = (\phi \mu C_t)_m \frac{\partial p_m}{\partial t} \tag{4.10}$$

经数学推导可得到下式：

$$p_{fD} = \frac{1}{S\sqrt{Sf(s)}} \frac{\sinh\left[(L_D - X_D)\sqrt{Sf(s)}\right]}{\cosh\left[L_D\sqrt{Sf(s)}\right]} \tag{4.11}$$

式中　p——压力，10^{-1}MPa；

　　　K——渗透率，mD；

　　　L——岩心长度，cm；

　　　μ——黏度，mPa·s。

用 Stehfest 数值反演方法对方程进行求解。由裂缝向基岩渗流过程中，由于裂缝和基岩的渗流能力差别较大，由不稳定流向稳定流过渡过程中存在着流平台。平台前主要反映的是裂缝中压力的上升规律，平台后主要反映的是基质中压力的上升过程，而中间的变化过程反映了裂缝与基质之间的越流情况（图 4.5）。

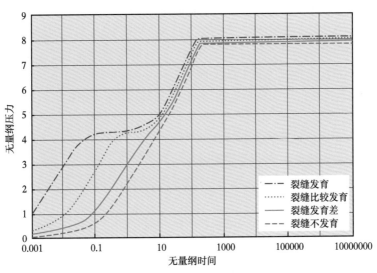

图 4.5　不同岩心裂缝发育程度的渗流曲线

（2）水驱油特点。

应用稳定渗流法，控制注入水速度，使裂缝的流动压力不高于基岩的启动压力，保证注入水仅在裂缝中流动，测得了裂缝和基质的油水相对渗透率（图4.6）。裂缝的残余水和残余油饱和度低，说明裂缝中一旦见水，水就迅速流动，而油相渗透率迅速下降。因此，若油水井布在裂缝系统上，油井一旦见水，很快就会被水淹；若注水井布在裂缝系统上，拉成水线，然后向裂缝两侧的基质驱油，驱油效率高，开发效果好。

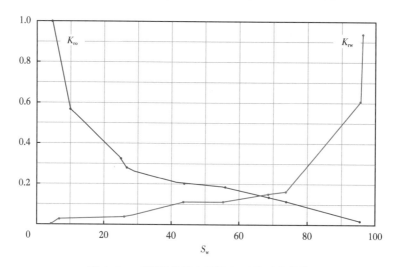

图4.6 17#裂缝性岩心裂缝相对渗透率曲线

4.2.3 数值模拟方法

4.2.3.1 建模方法

由于裂缝性油藏储层存在裂缝和基质两个系统，其数值模拟模型描述、模型建立、历史拟合方法与常规砂岩油藏数值模拟有较大的不同。

（1）地质模型将裂缝和基质假想成两套模拟系统。

常规砂岩油藏地质模型为均质岩石的单一体系，而裂缝性砂岩油藏为裂缝和基质组成的复合体系，其渗流特征与均质体系完全不同。它是将裂缝和基质假想成用代表裂缝的高传导薄层和与之相互交替地代表基质的低传导高储集能力的厚层组成两套体系来模拟。

（2）应用适合裂缝性砂岩油藏特点的 SimBest Ⅱ 数值模拟模型。

现有的数值模拟软件很多，考虑到裂缝性低渗透砂岩油藏裂缝发育状况，选用了美国 SSI 公司的 SimBest Ⅱ 油藏数值模拟软件，该软件不仅可以处理双孔双渗的油藏模拟，也能模拟基质为连续介质系统的油藏数值模拟模型。

4.2.3.2 模型建立

（1）选择具有代表性的地质体。

根据裂缝性低渗透油藏开发的实际和井网优化设计的需要，选择了裂缝相对发育、开发时间较长的头台油田茂505试验区为模拟的地质体。考虑到东西向裂缝的影响，使模拟网络方向与裂缝方向一致（图4.7）。纵向上将21个小层合成8个模拟层（表4.5），组成网格数为24×39×8的模拟网格系统。

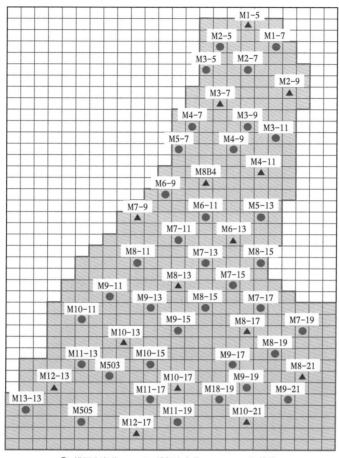

● 模拟生产井 ▲ 模拟注水井 —— 网格线

图 4.7 头台油田试验区数值模拟网络图

表 4.5 头台油田试验区数值模拟合层表

模拟合层	1	2	3	4	5	6	7	8
层位	F I $_{1-5}$	F I $_{6-9}$	F II $_1$	F II $_1$	F II $_3$	F II $_{4-5}$	F III $_{1-3}$	F III $_{4-7}$
有效厚度（m）	1.08	2.46	2.43	2.64	2.26	0.94	0.65	2.49
渗透率（mD）	0.75	1.09	0.95	0.98	0.94	0.69	0.70	0.78

（2）描述裂缝与基质系统的渗流特征。

由图 4.8 可见，裂缝系统残余水和残余油饱和度低，说明裂缝一旦见水，水就迅速流动，油相渗透率迅速下降。而基岩系统油水相对渗透率曲线与常规低渗透砂岩油藏储层油水相对渗透率曲线相似，其束缚水饱和度较高，水相相对渗透率较低。因此，裂缝与基质系统油水渗流规律存在较大差异。在数值模型中分别用描述裂缝系统和基质系统的油水相对渗透率曲线，使数值模拟模型更为接近裂缝性砂岩油藏的渗流特征。

4.2.3.3 历史拟合

SimBest II 模型可调参数比较多，历史拟合比较困难。因此，采用了筛选法，对影响较大的参数进行敏感性分析，结果发现基质和裂缝系统的渗透率、油水相对渗透率、毛细管压力以及裂缝密度影响较大。再通过综合调整这些参数，使产量、含水率的拟合值与实际

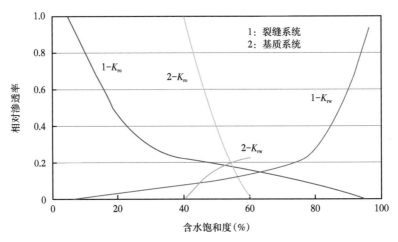

图4.8　头台油田裂缝、基质系统油水相渗透率曲线

数据变化趋势接近，如通过调整典型水淹井和注水井间网格的基质和裂缝孔隙度、渗透率，使暴性水淹井含水拟合达到比较满意的结果（图4.9和图4.10）。建立的模型与实际地质体比较贴近，能够满足方案指标的计算精度。

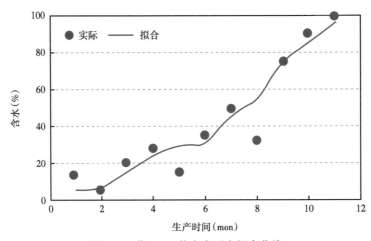

图4.9　茂7-15井含水历史拟合曲线

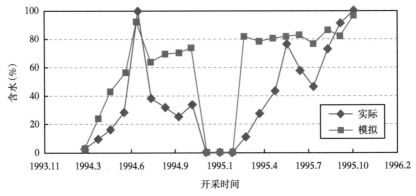

图4.10　茂9-11井含水历史拟合曲线

4.2.4 裂缝性油藏井网优化

4.2.4.1 模拟方案设计

裂缝性油藏渗流特征及开发实践表明：影响裂缝性油田开发效果的因素主要有两个方面，一是储层裂缝参数，另一个是井网参数。

（1）裂缝参数。

裂缝参数包括裂缝方向、裂缝渗透率与基质渗透率比值（以下简称渗透率比值）及裂缝发育程度（如视线密度）。

裂缝方向：设计了单向缝；

渗透率比值：设计了渗透率比值分别为 10、100、200、300 共 4 种方案；

裂缝发育程度：设计了视线密度为 0.1 条/m、0.05 条/m、0.01 条/m、0.002 条/m 共 4 种方案。

（2）井网因素。

井网因素包括两排水井夹油井排数和注采井方向（注水井与相距最近油井的连线方向）与裂缝走向的夹角（以下简称夹角）：

两排水井夹油井排的排数：设计了两排水井夹一排油井和两排水井夹两排油井；

注采井方向与裂缝走向夹角：设计了注采井方向与裂缝走向夹角分别为 0°、22.5°、45°、67.5°和 90°。不同的油井排数和夹角组成了不同的井网，如两排水井夹一排油井井网，当夹角为 0°和 90°时，井网为通常所说的直线排状，当夹角为 45°时为正方形井网，其他夹角则为菱形井网（图 4.11）；对于两排水井夹两排油井井网，当夹角为 0°和 90°时为行列井网，其他夹角为菱形井网（图 4.12）。

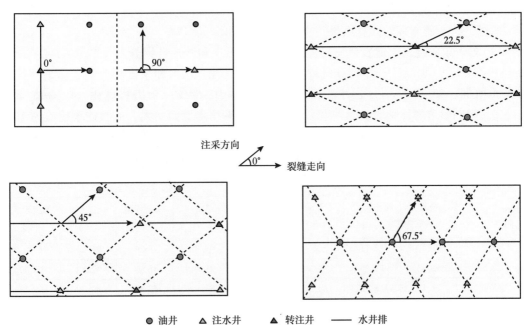

● 油井　△ 注水井　▲ 转注井　—— 水井排

图 4.11　注采井方向与裂缝走向不同夹角菱形井网示意图

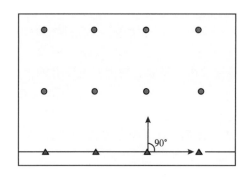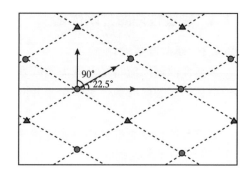

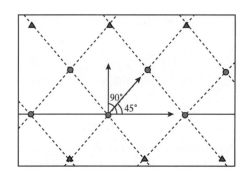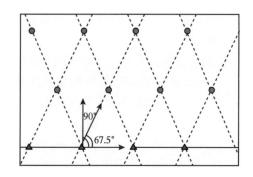

● 油井 ▲ 注井 —— 水井

图 4.12　注采井方向与裂缝走向不同夹角井网示意图

4.2.4.2　模拟方案分析

通过分析上述方案的计算结果,有如下主要认识。

(1)对于单向缝,裂缝较基质导流能力越强,低夹角菱形井网开发效果越好。

由表 4.6 可以看出,相同夹角(除夹角为 0°外)时,含水和采出程度随着渗透率比值增大而增加,如 22.5°时,含水由 82.93%上升到 92.87%;采出程度由 14.2%提高到 15.5%。相同渗透率比值时,含水和采出程度随着夹角降低而增大,如渗透率比值为 100,夹角由 90°降到 22.5°,含水由 69.47%升到 87.3%;采出程度由 12.2%提高到 14.81%。

表 4.6　单向裂缝、两排水井夹一排油井与渗透率比值方案指标

K_r/K_m[①] 夹角 (°)	10		100		200		300	
	含水 (%)	采出程度 (%)	含水 (%)	采出程度 (%)	含水 (%)	采出程度 (%)	含水 (%)	采出程度 (%)
0	91.30	10.11	93.7	8.82	95.30	7.76	96.13	6.81
22.5	82.93	14.20	87.30	14.81	91.01	15.24	92.87	15.50
45.0	77.15	13.53	80.16	13.88	83.97	13.99	84.70	14.28
67.5	70.34	12.04	70.28	12.36	72.31	12.39	75.50	12.88
90.0	65.55	11.75	69.47	12.20	70.83	12.30	72.03	12.60
平均[②]	68.99	12.87	77.20	13.31	79.28	13.49	81.28	13.81

①裂缝渗透率/基质渗透率;

②不包括夹角为 0°的指标。

（2）裂缝越发育，只要井网适应，越能取得较好的开发效果。

由图4.13可见裂缝密度越大，即裂缝越发育，注采方向与裂缝走向夹角越小含水越高，反之亦低；注采方向与裂缝走向夹角在22.5°时，裂缝密度越大，采出程度越大（图4.14）。一般夹角选择10°~45°较为合理。因夹角过小，含水高，采出程度低，而夹角过大时，井排距离大，油井受效差，采出程度也低。而实际开发中常采用低夹角菱形井网，主要是其井排距离较小，注水受效好，采出程度最高。

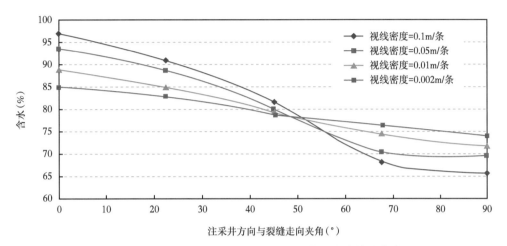

图4.13　注采井方向与裂缝走向不同夹角和含水关系曲线
（单向缝，两排水井夹一排油井）

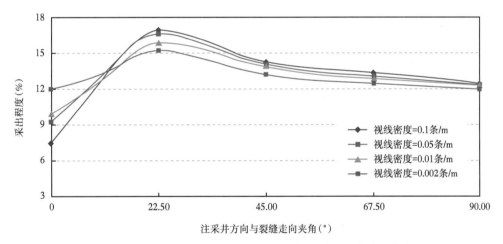

图4.14　注采井方向与裂缝走向不同夹角和采出程度关系曲线
（单向缝、两排水井夹两排油井）

（3）单向缝、两排水井夹两排油井井网开发效果最好。

单向缝、两排水井夹两排油井与渗透率比值方案指标变化趋势与单向缝、两排水井夹一排油井基本一致，但总体指标较好（表4.7），如相同渗透率比值，且随渗透率比值增加（除夹角为0°的外），其采出程度平均高0.3%~0.38%，夹角为22.5°其采出程度较单向缝、两排水井夹一排油井渗透率比值方案高1.04%~1.41%；单向缝、两排水井夹两排油井与裂缝密度方案指标，较单向缝、两排水井夹一排油井裂缝密度方案（随裂缝密度增加)采出程度高 0.53%～1.36%，含水低 2.12%～3.03%，特别是夹角 22.5°采出程度 14.81%～17.25%，较单向缝、两排水井夹两排油井与裂缝密度方案高 1.01%～1.365%（图 4.15）。

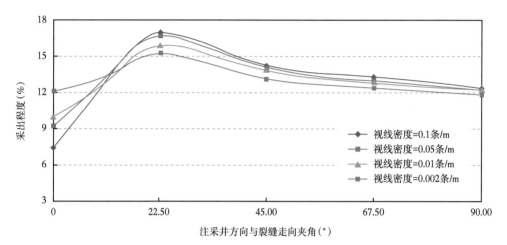

图 4.15　注采井方向与裂缝走向不同夹角和采出程度关系曲线

（单向缝、两排水井夹两排油井）

表 4.7　单向裂缝、两排水井夹两排油井与渗透率比值方案计算结果

K_r/K_m 夹角(°)	10		100		200		300	
	含水 (%)	采出程度 (%)	含水 (%)	采出程度 (%)	含水 (%)	采出程度 (%)	含水 (%)	采出程度 (%)
0	87.05	12.11	90.63	10.0	92.74	9.22	94.43	7.49
22.5	80.47	15.24	84.24	15.90	88.0	16.66	89.80	16.91
45.0	73.27	13.17	81.86	13.85	82.4	14.07	84.01	14.20
67.5	67.67	12.4	72.45	12.825	74.6	13.01	76.20	13.31
90.0	64.78	11.88	71.29	12.20	73.92	12.25	74.03	12.35
平均	71.55	13.17	77.46	13.69	79.73	14.00	81.01	14.19

注：＊裂缝渗透率/基质渗透率

（4）对于两垂直裂缝、夹角为 45°的两排水井夹两排油井井网最适应。

对于两垂直裂缝、裂缝传导率相同且夹角为 45°时，其随渗透率增加采出程度在 16.83%～18.99%之间，较夹角为 0°的高 5.34～4.22 个百分点（图 4.16），比单向缝同井网的方案采出程度高 3.66%～4.79%。

4.2.4.3　井网优化结果

（1）最佳井网形式。

上述各方案计算表明，两排水井夹两排油井菱形井网为开发裂缝性油藏的最优井网（图 4.17），主要有以下优点。

①由于注采井同处在主裂缝走向上，注采井与裂缝走向成一定夹角，无裂缝沟通，虽然注水井排与最近的采油井垂直距离较短，但由于极大地减小了水淹井，因此能有效避免了因油井水淹而出现的严重后果。注采井与裂缝走向成一定夹角，虽然注水井排与最近的

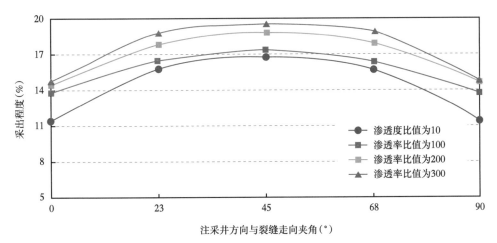

图 4.16　注采井与裂缝和采出程度关系曲线
（垂直裂缝、两排水井夹两排油井）

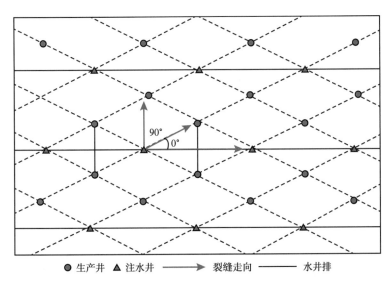

● 生产井　▲ 注水井　→ 裂缝走向　—— 水井排

图 4.17　注采井方向与裂缝走向成 0°、90° 菱形井网图

采油井垂直距离较短，但因无裂缝沟通，所以开发效果较好。如玉门老君庙油田 M 油藏 d–15 注水井组，位于裂缝方向的生产井，最快 18h 遭水淹，而裂缝两侧的油井，注水 10 年未见水，油井含水较低、产油能力高。

②缩小排距，有利于油井受效，可以使油井保持较高的地层压力水平和旺盛的生产能力，如头台油田茂 505 井、茂 9 井、茂 65—斜 94 井这 3 口油井与最近水井排距离为 120~170m，与另一排水井相距 304~250m，注水开发后油井产量稳中有升，油层供液能力强、注水效果明显，图 4.18 是茂 505 井开采曲线，注水开发后产油量稳定在 2.0~5.0t/d 之间，一直在低含水的状况下生产（含水在 10% 左右）。

③油井多、水井少，符合裂缝性油藏注水井吸水能力强的特点。

④若加密油井可以最大限度减少死油区，如在油井排间加密一排油井，加密后注采井数比为 1:3。对于裂缝性油藏这一注采井数比能满足注水要求。

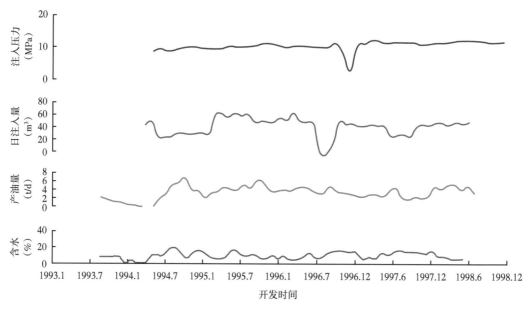

图 4.18　茂 505 井开采曲线

（2）最优井网的夹角。

①对于单向缝，裂缝渗透率与基质渗透率比值越大其夹角越小，但最小不能低于22.5°，因为夹角越小，在相同井距时所需的井数越多，尤其是夹角从 22.5°降至 11.5°，井数增加的幅度较大。如井距为 600m、夹角分别为 45°、22.5°、11.25°时，对应的单位面积井数分别为 5.6 口、13.4 口、27.8 口，显然由于井数增加的幅度大（图 4.19），投资增加也多，所以从开发效果和经济效益综合考虑，其夹角（θ）在 22.5°$\leq\theta<$45°之间比较合理。

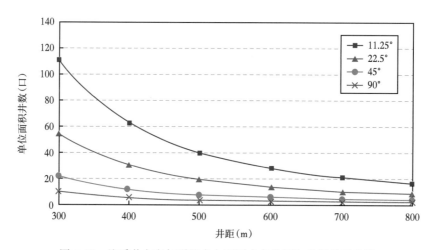

图 4.19　注采井方向与裂缝走向不同夹角井距与井数关系曲线

②对于两垂直裂缝，其注采井方向与裂缝走向夹角为 45°开发效果最好。

（3）最优井网井距。

在夹角一定时，井距越大所需井数越少，因投资小、单井产量高，获利的可能性大，但采油速度低，即相同时间采出程度低，开发效果差；井距越小，则所需井数越多，虽然采出程度高，开发效果较好，但投资大，亏本的可能性也大，显然对于特定的油藏存在一个既有一定的开发效果，又能获得最佳经济效果的井距。如头台油田试验区在现井网条件下，开发 20 年采出程度为 11.74%，累计净现值为 -2280×10⁴ 元，无经济效益。若采用 22.5°井网，假设井距由 800m 缩小到 300m，其采出程度由 10.01% 上升到 20.25%，累计净现值在井距为 600m 时（油水井排距离为 124m）为 8242×10⁴ 元（图 4.20），具有一定的经济效益。因此，根据开发效果和经济效益，确定头台油田试验区合理井网：注采井方向与裂缝走向夹角为 22.5°，两排水井夹两排油井 600m×124m 的菱形井网。

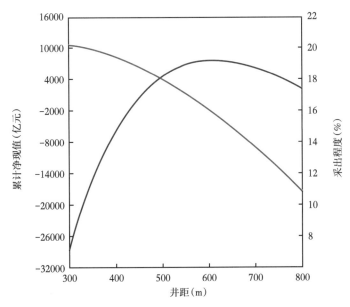

图 4.20　注采井方向与裂缝走向夹角为 22.5° 合理井距优化示意图

4.3　线性水驱井网优化设计方法

低渗透油藏开发的关键在于油层改造。低渗透油藏由于储层致密、渗透性差，没有裂缝原油在储层中无法流动。因此，对天然缝发育差和不发育的低渗透油藏，必须造缝，实施人工水力压裂。将压裂设计作为开发设计的一部分，研究开发井网系统和水力裂缝系统的优化组合。由于人工裂缝和天然裂缝并存，油藏平面非均质性强。一方面，天然裂缝和人工裂缝延伸的方向受最大水平主应力方向控制，对油田注水开发有影响的天然裂缝和人工裂缝的方向基本趋于一致[3]。另一方面，潜在天然裂缝在地层条件下是闭合的，其渗透率比较低，而人工裂缝的渗透率可达数个达西。对储层渗流能力起控制作用的主要是人工裂缝，天然闭合裂缝在注水过程中起到了补偿作用。因此，低渗透油藏的井网优化主要是研究人工压裂裂缝与井网的合理配置关系。

4.3.1　井排方向优化

4.3.1.1　油井压裂后渗透率特征的描述

在一般情况下，油井压裂后的产能公式可表征为：

$$Q_f = \frac{2\pi Kh}{\mu \ln (R_e / r_w')} \ (p_i - p_{wf}) \qquad (4.12)$$

油井压裂前的产能公式为：

$$Q_0 = \frac{2\pi Kh}{\mu \ln (R_e / r_w)} \ (p_i - p_{wf}) \qquad (4.13)$$

$Q_f / Q_0 = \dfrac{\ln (R_e / r_w)}{\ln (R_e / r_w')}$ 为增产倍数。

其中 K、h、R_e、r_w、r_w' 分别为储层基质渗透率、油层厚度、供油半径、井筒半径及等效井筒半径。

等效井筒半径 r_w' 取值如下：

当 $F_{CD} < 0.1$ 时，$r_w' = 0.2807 C_f / K$

当 $F_{CD} > 0.1$ 时，$r_w' \approx 0.0752 \ln (F_{CD}) X_f + 0.2 X_f$

无量纲裂缝导流能力 $F_{CD} = C_f / (K X_f)$

式中 C_f——裂缝导流能力；

X_f——裂缝半长；

R_e——供油半径。

当不考虑压裂井的等效井筒半径时，油井压裂后的产能公式为

$$Q_f = \frac{2\pi \overline{K} h}{\mu \ln (R_e / r_w)} \ (p_i - p_{wf}) \qquad (4.14)$$

式中 $\overline{K}$ 为压后储层平均渗透率，对于方向性各向异性储层

$$\overline{K} = \sqrt{K_x \cdot K_y} \qquad (4.15)$$

当将 K_x 作为裂缝系统方向渗透率时，K_y 可近似为孔隙基质渗透率。对于特定低渗透油藏，当确定压前和压后增产倍数或压裂施工参数时，就可以确定 K_x / K_y 比值。

$$\frac{K_x}{K_y} = \frac{Q_f^2}{Q_0^2} = \left\{ \frac{\ln\left(\dfrac{R_e}{r_w}\right)}{\ln\left(\dfrac{R_e}{r_w'}\right)} \right\}^2 \qquad (4.16)$$

从公式(4.16)可知，裂缝导流能力越高、孔隙基质渗透率越低，K_x / K_y 越大，储层渗流非均质性越严重。

采用油藏工程基本方法，分析理想状况下含有裂缝特征油藏的动态情况。对于低渗透油藏，一方面油井压裂后储层往往处于超完善状况，另一方面油井压裂后 K_y 一般也大于孔隙基质渗透率，因此应用公式(4.16)测算 K_x / K_y 的值偏高，在实际应用时要根据试井方法及其他油藏动态资料校正。

4.3.1.2　井排方向与裂缝方向夹角的确定

依据公式(4.1)及其假设条件，与裂缝主方向成 α 角方向的渗流速度可描述为：

$$v_\alpha = (K_x \cos^2\alpha + K_y \sin^2\alpha) \ \dfrac{\dfrac{\Delta p}{\mu}}{\dfrac{l}{\sin(\alpha+\theta)}} \tag{4.17}$$

根据 Buckley-Leverett 方程，得到注入水突破时间为：

$$t_\alpha = \dfrac{\dfrac{l}{\sin(\alpha+\theta)}}{v_\alpha \dfrac{\partial f_w}{\partial s_w}} \tag{4.18}$$

由上式可以定义相对突破时间，并令

$$m = \dfrac{K_x}{K_y} \tag{4.19}$$

井排方向优选的实质就是确定 θ 角。使各方向驱替更为均匀，尽量使不同方向油井见水时间一致，这可写成如下两层优化数学模型：

$$\max_\theta f(\theta) \tag{4.20}$$

$$0 \leqslant \theta \leqslant \dfrac{\pi}{2} \tag{4.21}$$

其中

$$f(\theta) = \dfrac{\min T_\alpha(\alpha, \ \theta)}{\max T_\alpha(\alpha, \ \theta)} 0 \leqslant \alpha \leqslant \dfrac{\pi}{2} \tag{4.22}$$

运用上述模型计算表明，如果 $K_x \gg K_y$，即裂缝渗透率远远大于基质，或 m 较大情况下，应该沿裂缝方向布置注水井排。

计算出不同 m 值下的最佳井排与裂缝夹角，计算结果见表4.8。

表 4.8　不同裂缝与基质渗透率比值条件下井排与裂缝间夹角计算表

裂缝与基质渗透率比值	井排与裂缝间夹角（°）	裂缝基质渗透率比值	井排与裂缝间夹角（°）
1	45	10	17
2	35	15	14
3	29	20	12
4	26	25	11
5	23	30	10

可以看出，油藏非均质性越严重，要求井排方向与裂缝方位夹角越小。在裂缝与基质渗透率比值大于10以后，井排与裂缝间夹角较小。针对低渗透油藏，裂缝与基质渗透率比值一般较大，考虑到注水后裂缝可能进一步开启和裂缝发育方向难以精确确定的情况，可以沿裂缝方向布井。

井网系统与裂缝方位的不同配置关系对油藏面积波及系数影响较大。对三种常见面积井网在不同平面渗透率比值 K_x/K_y 及井排与裂缝方向不同夹角情况下的面积波及系数做了计算分析(表4.9)。

表4.9　不同井网形式、井排方向及渗透率比值情况下面积波及系数统计表

裂缝与井排夹角(°) 注水方式	K_x/K_y	1	1.5	2	3	4	5	6
0°	五点法	0.72	0.79	0.72	0.629	0.57	0.53	0.499
	七点法	0.74	0.711	0.646	0.564	0.513	0.476	0.448
	反九点	0.582	0.508	0.462	0.404	0.367	0.34	0.32
22.5°	五点法		0.66	0.603	0.526	0.478	0.444	0.48
	七点法		0.65	0.59	0.516	0.469	0.385	0.409
	反九点		0.535	0.486	0.425	0.386	0.359	0.337
45°	五点法		0.629	0.57	0.499	0.453	0.421	0.396
	七点法		0.66	0.60	0.525	0.477	0.443	0.414
	反九点		0.64	0.582	0.508	0.461	0.428	0.404

由表4.9可知,反九点井网井排方向与裂缝方位夹角45°,五点和七点法井网夹角0°时,面积波及系数最大,驱油效率最高。因此,为使井网系统面积波及系数越大,驱替效率越高,井排方向应平行于渗透率优势方向。

4.3.2　合理井排距比

低渗透油藏平面渗透率分布的方向性与储层沉积背景和成岩作用无关,仅是由裂缝造成的。对于人工裂缝低渗透油藏,人工裂缝对储层的改善仅限于沿裂缝形成一个过井的高渗透条带,并没有整体提高裂缝方向的渗透率。K_y/K_x 可以当作基质渗透率与裂缝渗透率的比值。人工压裂缝的导流能力是人工控制的,与储层特性无关,而且变化范围不大,因此 K_y/K_x 的值主要取决于储层基质渗透率的大小。储层渗透率越低,K_y/K_x 的比值越大,即沿裂缝方向和垂直裂缝方向的渗透率级差越大。基质渗透率的大小决定井网排距,人工裂缝的导流能力和压裂规模决定井距。通过数学推导和数值模拟计算,研究井网的合理井排距。

当将 K_x 作为裂缝渗透率时,K_y 可近似为孔隙基质渗透率。

4.3.2.1　井排距比

为使平面波及系数最大,要求 $t_\alpha = t_0$,则有:

$$K_y = (K_x\cos^2\alpha + K_y\sin^2\alpha)\sin^2\alpha \tag{4.23}$$

设排距为 l,井距之半为 a,井排距之比 $R = \dfrac{2a}{l} = 2\operatorname{ctg}\alpha$,令 $m = \dfrac{K_x}{K_y} = \dfrac{Q_f^2}{Q_0^2} = \left\{\dfrac{\ln\left(\dfrac{R_e}{r_w}\right)}{\ln\left(\dfrac{R_e}{r_w'}\right)}\right\}^2$,

则有:

$$\sin^4\alpha + m\cos^2\alpha\sin^2\alpha = 1 \tag{4.24}$$

以上两式结合有：

$$R = 2\sqrt{m-2} \tag{4.25}$$

公式(4.25)表明，渗透率方向性差异越大，要求开发井网的井距越大，排距越小。这也说明为保证油井不同方向均匀见水，对于储层渗透率方向性差异比较明显的油藏，要求采用不等距井网，并根据经济界限井网密度范围和储层砂体发育特征选择矩形井网。

对于低渗透储层，当渗透率各向异性差异很大时，按上式测算要求井距很大、排距很小。在油藏实际开发中考虑到裂缝系统发育方向并非完全均一，过小的排距容易造成油水井沿裂缝方向贯通。因此，井网系统设计的主要目标是选择合理的注采井排距，建立合理的压力驱替体系，再根据井距优化结果，参考储层砂体发育规模，在经济界限之上选择合适井距。

4.3.2.2 合理井距

低渗透储层的井距是受压裂改造规模限制的，人工裂缝的裂缝长度和导流能力决定了井距的大小。大庆低渗透储层压裂裂缝延伸长度一般在100～200m之间，其中开发井为100～150m，探评井一般在200m左右，导流能力在30～100D·cm之间。应用油藏数值模拟方法分析了在上述压裂规模范围内不同井距对开发效果的影响，裂缝与井排方向夹角按不利和有利方向分别测算。

计算结果表明，当油水井同处裂缝方位时，为避免过早见水，人工压裂改造规模受到限制。当人工裂缝半缝长度小于30%时增油效果较差；人工裂缝半缝长度大于40%时又容易产生水窜，降低油田开发效果，因此人工裂缝合理半缝长度的长度范围为井距的30%～40%。当油水井平行裂缝方向，采用线性注水采油时，由于油水避免了在同一裂缝系统上，采出程度随油水井压裂改造规模增大而增加，但增加幅度逐步减小。

为使开发井网达到较高驱替效果，不论裂缝系统处于不利或有利方向，人工裂缝半缝长都必须大于井距的30%以上(裂缝贯通时为50%)，对于不利方位井距应为人工裂缝半缝长的2.5～3.3倍，有利方位时井距是人工裂缝半缝长的2.0～3.3倍，按此计算合理井距范围应在400～650m之间。

4.3.2.3 合理排距

大庆低渗透油藏经济界限井网密度一般在18～20口/km^{2}以下，以此界限为基础，按计算合理井距范围400～650m之间测算，最小排距为80m。大量低渗透油藏开发实践和室内实验表明，储层渗流规律不符合线性达西定律，是具有启动压力梯度的拟线性流动，而以往的渗流理论均未考虑启动压力梯度对两相渗流的影响。研究表明，流体在低渗透孔隙介质的流动符合以下规律：

$$q = \frac{2\pi Kh}{\ln(r_e/r_w')}\left(\frac{K_{ro}}{\mu_o} + \frac{K_{rw}}{\mu_w}\right)(\Delta p - p_{启}) \tag{4.26}$$

式中　Δp——注采井间生产压差；

　　　$p_{启}$——启动压差，$p_{启} = \lambda \times d$，为启动压力梯度 λ 与注采井距 d 的乘积。

其中启动压力梯度 λ 是储层性质、流体性质及流体流速的函数，与储层渗透率具有反比关系。式(4.26)的物理意义是：对于低渗透孔隙介质，注采井间产生渗流的必要条件是要求注采井间生产压差必须大于启动压差。与达西流定律对比，低渗透油藏由于存在启动压力梯度，为得到相同的产量，需要更大的生产压差或缩小注采井距来减小启动压差，增加了开采难度。

利用理想模型，在矩形线状井网条件下，分析了不同渗透率级别下不同井排距比值的累积增产倍数关系。当储层渗透率小于 1mD 时，合理井排距比值为 4 左右；当储层渗透率介于 1~10mD 时，合理井排距比值为 3 左右；当储层渗透率大于 10mD 时，合理井排距比值应小于 2.5（表 4.10）。储层渗透率各向异性差异较大时，可参考以上界限确定低渗透油藏井距和排距。

表 4.10　低渗透油藏矩形井网合理井排距

油藏类型	渗透率 （mD）	合理排距 （m）	合理井距 （m）	井距/排距	理论计算 井距/排距
超低渗透油藏	<1	100	400	4	>7
特低渗透油藏	1~5	150	450	3	4~7
较低渗透油藏	5~10	200	500	2.5	3.5~4.5
一般低渗透油藏	>10	250	600	2.5	2~4

综合分析认为，由于储层流体渗流存在各向异性差异，选择矩形井网可有效提高开发效果。矩形井网的井距和排距比值可由公式确定，当各向异性差异较大，井距排距比值大于 4 时，按此计算，井距过大，排距过小，裂缝方向与井排方向夹角过小，在实际油藏中油水井容易处于同一裂缝上，反而容易降低开发效果，R 值可取 4。

4.3.3　井网形式优化

影响井网形式和注水方式的因素较多，油藏数值模拟分析可以进行有效的优化设计。研究低渗透油藏压裂对开发效果的影响，建立适合油藏特点的数值模拟模型，设计出多个计算方案。通过对模拟结果的分析，优化出不同渗透性油藏适宜的压裂缝规模、井网形式和注水方式。

4.3.3.1　地质模型的建立

（1）模拟区块选择。

根据专题研究的需要，并结合低渗透油田产能建设实际，依据如下原则进行模拟区块选择。

①模拟区块储层要与区域地质特征基本吻合，模拟结果具有代表性。

②模拟区块砂体规模基本确定，注采关系相对完整不受相邻区块影响。

选取了朝阳沟油田朝 503 区块已开发区作为模拟地质体。该区为 300m 正方形井网，井网井排方向主要有北东 73.5°（朝 45—朝 5 断块）和北东 62.5°（朝 1—55 断块），共有油水井 37 口。注水开发后，东西向油井先见效、先高产、先水淹。由于井排方向与裂缝走向存在一定夹角，给后期调整带来一定困难。

（2）网络的划分。

网络划分依据如下原则：

①模拟小层合层后不增加水驱控制程度；

②模拟区块储量要与实际开发区块基本一致。

将朝 503 区块已开发区的三个油层组 17 个小层合成 4 个模拟层（表 4.11），并组成为

88×44×4 的模拟网络。

表 4.11　朝阳沟油田朝 503 区块模拟合层表

模拟层	层位	备注
1	扶 I_2	主力层
2	扶 I_{4-7}	非主力层
3	扶 II_1	主力层
4	扶 II_2	非主力层

（3）假设条件。

大庆低渗透油藏人工裂缝形态为垂直裂缝，以该类裂缝的压后动态分析为主。裂缝系统相当于在地层中形成一条高渗流能力的条带，因此在建立数学模型时可把裂缝系统和基质系统作为一个流动系统。根据扶杨油层压裂特征，在数值模拟时做以下假设：

①油层均质、各向同性；

②裂缝系统为垂直裂缝，并完全穿透油层，导流能力为有限值；

③多井压裂时裂缝几何相似，各项参数不随时间变化；

④地层和流体均为微可压缩，压缩系数不变；

⑤忽略重力和毛细管压力的作用。

按照以上假设条件，数学模型的渗流方程如下：

$$\frac{\partial}{\partial x}\left[\alpha(S_w)\frac{\partial p}{\partial x}\right]+\frac{\partial}{\partial y}\left[\alpha(S_w)\frac{\partial p}{\partial y}\right]+q=C_e\frac{\partial p}{\partial t} \tag{4.27}$$

$$\frac{\partial}{\partial x}\left[f(S_w)\alpha(S_w)\frac{\partial p}{\partial x}\right]+\frac{\partial}{\partial y}\left[f(S_w)\alpha(S_w)\frac{\partial p}{\partial y}\right]+q_w=\phi\frac{\partial S_w}{\partial t} \tag{4.28}$$

其中

$$\alpha(S_w)=K\left[\frac{K_{ro}(S_w)}{\mu_o}+\frac{K_{rw}(S_w)}{\mu_w}\right] \tag{4.29}$$

$$f(S_w)=\frac{K_{rw}(S_w)}{K_{rw}(S_w)+\frac{\mu_w}{\mu_o}K_{ro}(S_w)} \tag{4.30}$$

式中　p——地层压力；

　　　S_w——含水饱和度；

　　　K——地层渗透率；

　　　$K_{ro}(S_w)$，$K_{rw}(S_w)$——油、水相对渗透率；

　　　ϕ——孔隙度；

　　　μ_o、μ_w——地层条件下油、水黏度；

　　　q、q_w——单元内总液流量和水流量。

（4）裂缝渗透率描述。

将裂缝作为一条单独网格划分，这一网格为适应裂缝系统的渗流特征，渗流能力高、网格较细（图 4.7）。考虑到实际裂缝系统在地层中宽度较小，为不影响计算精度，根据差异放大原理进行等效处理，对裂缝网格虚拟放大。有关放大参数按下列公式计算：

$$K_f' = \frac{W_{f1}}{w_{f2}} K_f \qquad (4.31)$$

式中的 K_f、K_f' 分别为裂缝渗透率和裂缝网格放大后的渗透率，W_{f1}、W_{f2} 分别是裂缝原始宽度和放大虚拟宽度（裂缝网格宽度）。

（5）模型的验证。

油藏数值模型的验证主要根据：一是模拟区块地质储量要与实际基本吻合；二是模拟区块开发动态变化情况要与其实际基本一致。根据以上两项原则对所建的油藏模型进行了校正，朝 503 区块模型地质储量 $91.1×10^4$ t，实际地质储量 $96.4×10^4$ t，基本吻合；由于朝 503 区块已开发井投产时间不同，而且还有部分井未投注，准确拟合区块开采动态具有一定难度。为适应机理分析要求，应用了弹性开采阶段的产量、压力递减和采出程度关系曲线，结合实际开发时间对所建模型进行了校正，并进行了机理研究和开发指标预测。

4.3.3.2 模拟方案设计

根据特低渗透油藏油水井压裂的实际情况，在模拟方案设计中主要考虑三个因素：储层参数，井网参数和注水方式。

（1）储层参数。

包括裂缝渗透率与基质渗透率比值（以下简称渗透率比值）及半缝长。

①渗透率比值：设计了渗透率比值分别为 $1 \sim 10$；

②半缝长：70m、100m、130m、160m、190m、220m；

③裂缝导流能力：无量纲裂缝导流能力 F_{CD} 范围从 0.1 到 10。

（2）井网参数。

包括井网形式、井排方向、井距、排距。

井网形式：正方形、矩形、菱形。

井网方向：取有利方位和不利方位两种情况测算。

井距：井距取值范围 $300 \sim 600$m。

排距：排距取值范围 $100 \sim 250$m。

（3）注水方式。

注采井数比分别取 1:1、1:2 和 1:3；按照井网形式分别为正方形井网五点法、反九点法，矩形井网线状注水方式，三角形井网七点法，菱形井网反九点法。

4.3.3.3 模拟计算结果

（1）压裂参数对油井初期增产效果的影响分析。

①裂缝半缝长对增产效果的影响。

在同等条件下渗透率越低压后增产倍数越高。对于低渗透油藏，渗透率越低，裂缝半缝长越长（导流能力不变），压后增产效果越好，当渗透率高于一定界限后，裂缝半缝长越长（导流能力不变）反而降低了压裂增产效果。

②裂缝导流能力对增产效果的影响。

当人工裂缝长度不变时，对于低渗透油藏，导流能力的增加能够起到明显的增产效果，但相对而言渗透率越高增产效果越好。

（2）压裂参数对注水开发效果的影响分析。

①油水井同处裂缝方位(不利方位)。

结合大庆低渗透油田开发现状,研究分析了正方形反九点开发方式下注水井排油水井压裂规模,选用了榆树林油田平均值作为油藏地质参数,建立了一注一采理想模型,研究了不同压裂规模下(裂缝长度、导流能力)的开发效果。当沿裂缝方向注水采油时,为避免过早见水,人工压裂改造规模应限制。当人工裂缝半缝长小于井距的30%时增油效果较差,大于井距的40%时又容易产生水窜,降低油田开发效果。因此人工裂缝合理半缝长的范围为井距的30%~40%,在此范围内随着裂缝导流能力增加,采出程度增加,但采出程度增加幅度减缓。

②油水井平行裂缝方向线性注水采油(有利方位)。

当沿裂缝平行方向一排水井一排油井布井,采用线性注水采油时,由于油水避免了在同一裂缝系统上,油水井压裂改造规模可适当提高。采出程度随油水井压裂改造规模增大而增加,但增加幅度逐步减小。

4.3.3.4 井网形式优化

以朝阳沟油田朝503区块原井网(正方形井网300m井距)为基础,在井网密度为11.11口/km²条件下,模拟计算了不同井网形式开发效果(表4.12)。

表4.12 井网密度为11.11口/km²条件下不同井网形式开发方案对比表

井网 (m×m)	注水方式	前4年平均采油速度 (%)	前20年采出程度 (%)
600×150	矩形线状	1.74	27.03
558×161	矩形线状	1.65	25.14
322×280	三角形井网七点法	1.56	23.57
558×161	菱形井网反九点法	1.57	23.28
300×300	正方形五点法(井排方向45)	1.54	22.31
300×300	基础井网—正方形反九点法(井排方向62.5)	1.34	19.43

(1)正方形面积井网排距较大,注水受效慢,影响了低渗透油田的开发效果。

正方形面积井网是油田开发应用最广泛的井网形式。国内许多低渗透油藏在开发初期都采用了正方形面积井网中的反九点注水方式,主要优点是灵活、机动性大,既便于注采系统调整,需要加密调整时井网密度提高幅度又不是很大。

开发初期采用反九点注水方式或以此为基础的灵活注水方式,在开发过程中逐步调整并过渡到较强化的五点法系统。从井网特点分析,在储层非均质性差异不大的情况下,该井网形式具有调整灵活的特点。初期油井比例较大,采油速度较高,在井网密度适中的情况下,对砂体的控制程度也较高,当需要加密调整时,在技术和经济上容易实现。然而,大量低渗透油藏的开发实践表明,由于具有明显的渗流优势方向,当井排方向设置不当时,靠近裂缝方向油井注水见效后含水上升较快。而且油水井距较小,为避免油水井沿裂缝方向贯通,油水井压裂规模受到限制,注水井注水压力也不能太高。另一方面低渗透储层物性差,流体渗流具有非达西流特征,渗流阻力较大,对于垂直于水线方向的油井,需要缩小排距,而正方形井网排距较大,注水受效慢,严重影响了低渗透油田的开发效果。不同方位油井开发效果的明显差异表明该井网系统不适应低渗透油藏开发要求。

（2）矩形井网延缓了注水井排见水时间，但存在沿裂缝方向性见水问题。

在总结低渗透油藏开发经验教训和理论研究的基础上，国内一些新投入开发的油田采用了矩（菱）形井网。在井网密度相同情况下，矩形井网反九点注水方式拉大了沿裂缝方向油水井井距，相应缩小了排距。该井网系统改进了正方形面积井网反九点注水方式开发过程中出现的问题，适当提高了压裂改造规模，注水开发后延缓了注水井排油井的见水时间，降低渗流阻力，提高了油井排油井供液能力。但由于油水井同时处于裂缝方位上，仍存在沿裂缝方向性见水问题，而且水井排油井仍受限制，不能实施大型压裂措施。

（3）七点法注水井网，存在死油区，驱油效果明显较差。

三角形七点法井网形式是应用广泛的井网形式之一，适用于均质油藏和断层较严重的油藏。该井网的缺点是注采系统一旦确定，便很难调整，而且也不利于加密调整。

七点法注水井网的特点是井距与排距的比值为3.46，注水井与相邻的6口油井是等距的。对于均质油藏，水线比较均匀，驱替效率高，但后期调整较难；对于低渗透油藏，该井网形式可以实现线性注水，缩小了油水井间排距，但由于两排注水井排间夹两排油井，两排油井之间存在死油区，驱油效果较差。

（4）矩形井网线状注水井网最适合低渗透油藏的开发。

矩形井网线状注水方式避免了上述三种井网形式在开发中出现的问题，该井网形式由于井排方向与裂缝方位一致，注水井沿裂缝线状注水，可有效提高注水波及程度，而且为最大限度实现线状注水，提高油井产能和注水井注水能力，油水井均可实施压裂措施。研究认为，矩形井网线状注水方式可以减缓、避免低渗透油藏开发存在的问题，是开发好低渗透油藏的有效井网形式。如朝503区块600m×300m矩形线状注水方式效果最好，各种井网优劣次序为：矩形线状注水井网（其中600m×300m好于558m×322m）、558m×322m七点法（井距322m）、558m×322m斜反九点法、正方形井网300m五点法（井排方向45°）、正方形井网300m反九点法（井排方向45°）、基础井网、正方形井网300m五点法（井排方向90°）。

4.3.4　井网部署实例

4.3.4.1　基本地质概况

朝503区块为朝阳沟油田边部区块，为已开发的朝1-55区块的扩边部位。目的层位为扶余油层，平均单井有效厚度6.7m，断层走向为南北向，裂缝方位为东西向，砂体延伸方向为南西—北东向。主力油层砂体宽度一般为300~900m，孔隙度为16%~17%，空气渗透率为9~10mD，饱和压力为6.44~7.04MPa，平均为6.74MPa。地层油密度为0.794~0.814t/m³，平均为0.804t/m³；地层油黏度为4.0~9.5mPa·s，平均为6.75mPa·s；体积系数为1.083~1.108，平均为1.096；一次脱气油气比为26.2~26.8t/m³，平均为27.9t/m³。地层压力为12.2MPa，含油饱和度为51%~58%，K_x/K_y为5~7倍（增产倍数关系计算为6.5）。

4.3.4.2　井网部署

根据朝503已开发区模型，结合布井区地质特点，应用数值模拟差异放大方法，通过多套方案的模拟计算结果，分析认为600m×150m矩形线状注水方式效果最好。井网优劣程度次序为：矩形线状注水井网（其中600m×150m好于558m×161m）、三角形井网七点法（井距322m）、558m×161m菱形井网反九点法、正方形井网300m五点法（井排方向45°）、正方形井网300m反九点法（井排方向45°）、基础井网正方形井网300m反九点法（井排方向 62.5°)、正方形井网 300m 五点法 (井排方向 90°)。

油藏数值模拟计算最优方案为 600m×150m 矩形线状注水井网, 井排距比值为 4, 与公式计算结果 (计算数值为 4.2) 基本吻合, 表明理论公式可用于开发方案设计分析。

4.3.4.3 压裂缝参数优化

根据朝 503 区块井网形式优选结果, 对人工裂缝参数进行了优化。分析认为, 采用矩形井网线性注水方式开发, 从技术效果分析人工裂缝延伸越长, 导流能力越大, 最终采收率越高, 但提高幅度随压裂参数的增加越来越小。从油藏整体开发效果、压裂成本投入和设备能力综合考虑, 根据优化结果并结合经济评价分析, 优化该区人工裂缝半长为 160m, 导流能力为 35D·cm。

4.3.4.4 经济评价

朝 503 外扩布井区块断层比较发育, 砂体延伸方向为南西—北东向, 主力油层砂体宽度一般为 300~900m。井距大于 500m 不利于有效控制砂体, 考虑到布井区块地质特征及已开发区块注水见水情况, 采用 11.11 口/km² 井网密度和 600m×150m、558m×161m 矩形井网时, 砂体控制程度低, 排距小, 油水井角度小、容易与裂缝发育方向沟通, 而 13.9 口/km² 和 16 口/km² 井网密度矩形井网形式可缓解上述矛盾。因此, 考虑到布井区块砂体发育规模, 在兼顾经济效益的前提条件下, 应采用较小井距的矩形井网形式。分析测算了不同井网密度条件下的矩形井网的开发效果和经济效益, 结果表明采用 450m×160m (井网密度 13.9 口/km²) 技术、经济效果均较佳 (表 4.13)。

表 4.13 朝 503 区块不同井网经济指标对比表

井网 (m×m)	所得税前			所得税后		
	内部收益率 (%)	财务净现值 (万元)	投资回收期 (a)	内部收益率 (%)	财务净现值 (10^4 元)	投资回收期 (a)
558×161	24.31	3487.5	4.32	16.97	1047.8	5.16
450×160	20.96	2501.6	4.55	14.39	654.8	5.42
400×155	19.17	2249.5	4.74	13.12	343.5	5.63

4.3.4.5 推荐方案

开发方案推荐采用矩形井网线状注水方式, 并根据储层发育状况, 方案设计采用了 450m×160m 矩形线状注水方式, 井距排距比为 3 (数模计算为 4, 理论公式为 4.2 左右)。共部署开发井 76 口。其中, 朝 503 井区 48 口, 已完钻 2 口 (朝 36-126、朝 48-134 井), 缓钻井 13 口, 首钻井 5 口, 正常井 28 口。朝 521 井区共部署 28 口开发井, 已完钻 1 口 (朝 51-164), 缓钻井 9 口, 首钻井 4 口, 正常井 14 口。注采井数比 1:1, 抽油井生产时率 300 天, 年产油分别为 3.2×10⁴t、1.75×10⁴t, 两区块共建成产能 4.95×10⁴t (表 4.14)。

表 4.14 朝 503-521 区块井位部署及年产能规模结果表

区块	首钻井 (口)	缓钻井 (口)	完钻井 (口)	正常井 (口)	总井数 (口)	建成产能 (10^4t)
朝 503	5	13	2	28	48	3.2
朝 521	4	9	1	14	28	1.75
合计	9	22	3	42	76	4.95

较相同井网密度的300m正方形井网相比，预计矩形井网线性注水方式可提高采油速度0.2%~0.3%，提高最终采收率3%~5%。因此，低渗透油藏部署井网时应根据油藏的地质特点，应用油藏工程理论和数值模拟方法，结合经济评价，优化设计出合理的压裂规模以及井距、排距和注水方式，以实现开发效果与经济效益的最优化。

参 考 文 献

［1］王玉普，计秉玉，郭万奎．大庆外围特低渗透特低丰度油田开发技术研究［J］．石油学报，2006（06）：70-74.

［2］李莉，曹瑞成．窄条带砂体随机模拟井网优化部署方法［J］．大庆石油地质与开发，2000（05）：15-19.

［3］王俊魁，孟宪君，鲁建中．裂缝性油藏水驱油机理与注水开发方法［J］．大庆石油地质与开发，1997（01）：35-38.

［4］王伯军，张士诚，李莉．基于地应力场的井网优化设计方法研究［J］．大庆石油地质与开发，2007（03）：55-59.

［5］甘云雁，张士诚，刘书杰，等．整体压裂井网与裂缝优化设计新方法［J］．石油学报，2011，32（02）：290-294.

［6］王志群．低渗透油藏缝内多分支裂缝压裂技术研究与应用［J］．化学工程与装备，2016（12）：102-104.

5 超薄油层水平井开发技术

随着大庆低渗透油田的开发，丰度较高的储量已经基本得到动用。剩余未动用储量丰度均较低（$10 \times 10^4 \sim 20 \times 10^4 t/km^2$）、单井厚度薄（$1 \sim 2m$），平均单层砂岩厚度只有 $0.4 \sim 0.8m$，采用直井开发无效益。尤其是东部葡萄花油层，储层为三角洲前缘相沉积，主要发育 PI2、PI3 和 PI4 三个小层，单层以有效厚度小于 1m 的薄层为主，占总有效厚度的 53.2%，占总层数的 73.3%，平均储量丰度只有 $16.7 \times 10^4 t/km^2$，采用常规技术无法大规模投入开发[1-2]。为此，开展了低渗透油藏水平井开发技术研究。

5.1 储层精细描述技术

葡萄花油层是北部大型三角洲沉积体系向湖盆延伸部分，主要发育 PI2、PI3、PI4 三个小层。根据周围探井的取心和试油成果，并结合已完钻直井电测曲线分析，三个小层平均钻遇砂岩厚度分别为 1.6m、2.3m 和 1.8m，平均有效厚度为 0.8m、1.0m 和 0.7m，储层分布较稳定。主力油层 PI2、PI3 层为纯油层，小层之间夹层厚度小，被选作水平段钻井目的层。

5.1.1 储层描述方法

5.1.1.1 相带描述方法

葡萄花油层砂体窄而薄，这类油藏尚未形成水平井储层描述技术。利用地震、岩心、测井、录井等资料，在水平井轨迹、岩心系统校正归位基础上，应用水平井—直井小层对比方法对水平井小层进行划分，应用岩心实验建立水平井储层分类标准，以及水平井—直井联合判相方法，形成了直井控相、水平井控砂的相带描述技术。该方法能精细刻画水平井储层发育状况，加深低丰度薄油层非均质性认识，在水平井随钻控制、完井方式优化及开发调整等方面得到了较好应用[3]。

（1）直井—水平井分层对比。

将测深校直为垂深的水平井测井曲线，根据所处的构造倾角大小分段进行投影，转化成类直井的曲线形式。和周围相邻的直井测井曲线进行对比，精细对比水平井分层，得到水平井的分层数据及水平井钻遇砂岩段的小层归属。

（2）直井控相—水平井控砂相带描述。

应用传统的直井储层精细描述方法，根据直井岩心、测井等资料进行单砂层细分对比，研究沉积相类型，建立测井相模式及沉积模式，对微相进行识别及沉积相带图绘制。根据水平井储层分类标准及测井相模式，应用水平井测井曲线对水平井进行微相识别，确定水平井钻遇砂岩的沉积微相类型及砂体发育规模大小，结合周围直井完善沉积相带图，认识水平井砂体展布特征。

5.1.1.2 井间地震描述方法

井间地震资料的分辨率介于测井资料和三维地震资料的分辨率之间，且横向上覆盖范围较广，能直接提供深度域的数据，从而在地面三维（四维）高分辨率地震与测井、地质资料之间搭起一座桥梁，因此可成为储层精细描述的理想方法。

由于具有高分辨率和高信噪比的特征，井间地震资料被用于井间油气储层的精细研究。与常规方法相比，它更有利于进行连通性、流体含量、气体前缘和残余油分布等方面的研究，能够解决薄互层序列、储层连通性、流体分布、注气效果和压裂效果等复杂的地质问题，能更精细地揭示井间微小的构造和岩性细节，与地面地震互补，大幅度地提高了复杂陆相储层的描述精度，从而建立更为精确的三维非均质油藏模型。

将井间地震数据用于储层分析和研究，必须综合钻井、测井和地面地震等数据，才能充分发挥其作用并有效地降低开发风险。同时在研究中需要对井间数据进行综合研究，通过反演地震参数提供油藏和岩石的物性特征[4]。

基于井间地震资料的储层分析方法的主要思路是：在对目标储层进行标定、识别、追踪解释的基础上，对井间数据进行测井资料的预处理，建立井间初始模型；提取子波，利用宽带约束反演得到波阻抗剖面，据此估算出电阻率、自然伽马和孔隙度等岩石物性参数。主要方法技术如下。

(1)测井资料的预处理及分析。

测井资料预处理主要包括深度校正、环境校正、多井数据标准化等处理。其目的是通过这些预处理，有效地排除非地质因素的影响，保证储层参数的可靠性；在此基础上，分析测井资料，优选出用于计算砂泥岩参数的敏感测井曲线。

(2)井间地震资料的预处理。

井间地震数据的处理需要遵循高保真度、高信噪比和高分辨率的要求，使地震数据的反演结果更为可靠，使其分辨率比地面地震数据高出数倍。目前井间地震资料的主要处理内容是层析速度反演和反射波成像。

(3)子波提取与层位标定。

由于井间地震资料的采集是在深度域进行的，因此很方便与测井、钻井等资料综合应用。但由于地面地震反演信息是在时间域进行的，于是准确建立深度域的井间地震、测井、地质、钻井等资料与时间域的地震资料之间的关系成为地震反演的关键所在。层位标定及子波提取是联系地面地震与井间地震及测井数据的桥梁，在地震反演中占有重要地位。

地震子波更是联系地震记录与初始模型的纽带，模型反演结果与地震记录、初始模型、地震子波密切相关。在地震记录为已知参数，初始模型难以更精确时，如何求取更合适的地震子波是反演成败的关键因素。此时地震子波的含义已远远超出了它在常规地震资料处理中的含义，将其定义为地震记录与初始模型之间的匹配因子则更合理。因此只有在子波提取及层位标定做得足够准确的前提下，才有可能获得高精度预测结果。

(4)井间地震资料的精细构造解释。

地震层位及构造的精细解释也是地震反演中不可缺少的重要环节，其精度直接影响初始模型的建立及反演结果。解释的地震层位、断层要合理，能反映研究区域的构造、沉积特征。将在纵、横向上均具有高分辨率和高精度的井间地震资料作为理论观测值，把井间初始模型作为初始模型，从井间地震资料提取子波，并利用井间层析得到的速度场与测井数据进行波阻抗反演,得到分辨率更高的井间波阻抗剖面,然后在井间波阻抗剖面及井间反射波剖面上进行构造解释。

由于井间地震资料只提供了二维信息,要了解一定面积内的地下情况,形成空间整体概念,必须充分利用三维地震资料,以提供剖面、平面和立体的地下构造图像,提高地震勘探的精度,尤其是在地下地质构造复杂多变的地区。

(5)多参数反演及分析。

把测井信息转换为储层参数,并以构造解释层位数据建立的地质框架模型为主要约束条件,在测井储层参数(孔隙度、渗透率、饱和度等)与波阻抗体之间采用多变量统计回归法寻找某种对应关系,即可从地震波阻抗与测井特性的对应关系中统计出它们的函数关系,再根据储层参数与波阻抗的函数关系进行横向外推,得到由井间地震剖面转换的储层参数剖面。对此反演剖面进行综合分析,便可推断出储层的连通性、非均质性和厚度。

5.1.2 精细地质模型

为了最大限度地降低水平井风险,州603区块采取水平井与直井联合开发的方式。在优选区块的基础上,经过精细油藏描述,确定直井井位和水平井的初步井位。直井实施后,做进一步的油藏精细描述,确定水平井方案。

(1)利用三维地震和新完钻井资料,准确落实油层顶面构造和断层。

充分利用完钻井深度和地震反射时间,采用变速成图方法进一步修正构造图,突出构造的细微变化,提高构造图的精度(图5.1)。一方面通过地震数据方差体、沿层时间切片、波阻抗反演剖面等多种处理方式精细识别断层,并结合钻井资料进行断层对比,落实小断层的发育状况。对比州603区块直井钻井前后的葡萄花油层顶面构造,发现在州60-62井附近的断层位置发生了一定变化;同时,在反演处理剖面上发现原设计的州62—平61井和州66—平61井水平段的中部存在可疑小断层,设计中将水平井井位相应进行了调整。另一方面,精细描述主要目的层的顶面构造形态。针对州603区块主要目的层PI2、

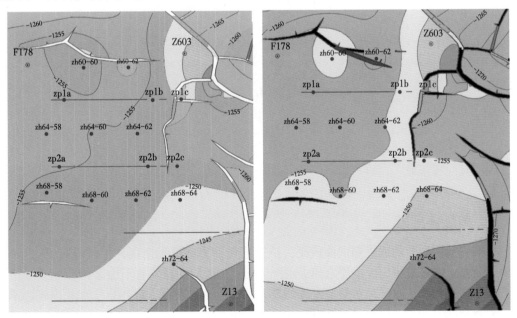

图5.1 校正前、后葡萄花油层对比图

95

PI3 号层，以葡萄花油层顶面构造为标准，根据小层顶面数据将 PI2 号小层和 PI3 号小层顶面的深度作校正，得到相应的小层顶面构造图。

（2）开展细分层对比，预测砂体分布趋势。

州 603 区块葡萄花油层为一套三角洲前缘亚相沉积，地层厚度 15m。垂向上划分为四个小层，其中，PI2 和 PI3 号层为主力油层。PI2 层为水下分流河道，砂体呈南北条带分布，平均单层砂岩厚度为 1.03m（图 5.2）；PI3 层为前缘席状砂，可细分为上下两个砂体，上部砂体全区发育稳定，下部砂体发育在北部，向南逐渐尖灭（图 5.3）。

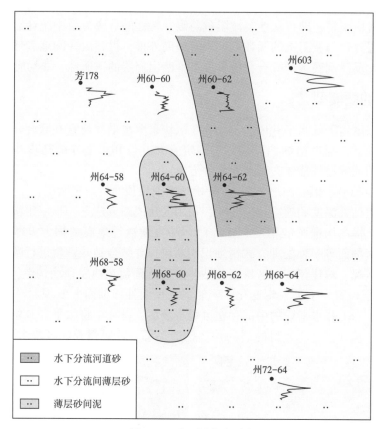

图 5.2　PI2 小层平面图

在细分对比的基础上，应用地震资料井约束反演方法预测主力油层的横向变化。预测结果表明，州 62—平 61 井主要目的层砂岩比较发育；同时，对葡萄花油层地震反射层拉平处理的时间切片显示，研究区内的反射振幅变化不大，说明葡萄花油层主力层横向变化较为稳定。

5.1.3　单砂体刻画

根据周围探测井的取心和试油成果，结合已完钻直井电测曲线，主力油层 PI2、PI3 层为纯油层，发育较稳定，小层之间夹层厚度小；PI4 层油层发育不稳定，且与 PI3 层之间夹层厚度较大。从水平井对储量资源的最大利用、储层发育稳定性及与直井注采协调关系等方面考虑，选择 PI2、PI3 层作为水平段钻井目的层。针对拟布水平井地区的 PI2、PI3 层砂体剖面逐一进行研究。平面上分析小层厚度变化趋势、连通状况、发育程度、距

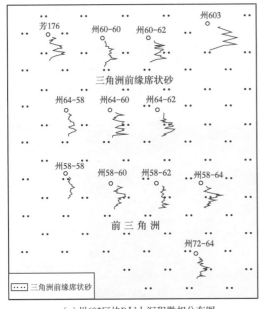
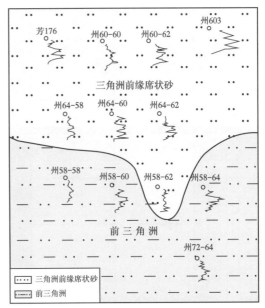

(a)州603区块PⅠ³上沉积微相分布图   (b)州603区块PⅠ³下沉积微相分布图

图5.3 PⅠ3砂体平面分布图

离拟布水平井的距离远近，纵向上分析层间泥岩夹层厚度大小、砂岩层物性好坏等，清楚地了解拟布水平井区的储层特征。

如肇66—平61井钻井前，对64、68排以及58、60、62列砂体剖面研究认为：拟布水平井区PⅠ2、PⅠ3层砂地比分别是51.6%、28.8%，地层厚度最大16m，最小12m，平均15.2m。PⅠ2、PⅠ3层砂岩较发育，根据水平井两侧64与68排砂体发育状况分析，两排PⅠ2层下部砂层与PⅠ3层上部砂层间的距离最大为2m。

为合理部署水平井井网及水平井走向，研究布井区应力方向和储层裂缝发育状况，2003年在肇州油田州19区块拟布水平井井区，选择肇58-55井加测了低频交互式偶极子声波（XMAC）和电阻率成像（EMT）测井。由该井各向异性分析成果图分析，最大水平地应力方位多在90°左右，地应力27.5～32.0MPa；由成像成果资料分析该井葡萄花层段裂缝不发育（图5.4）。

5.1.4 构造精细解释

利用Landmark地震解释系统的SeisWorks模块，应用波形变面积和彩色变密度两种显示方式，逐条剖面精细解释葡萄花油层和穿过葡萄花油层的断层，解释密度为1×1，解释网格为25m×25m，每条断层分别命名。

在地震剖面主测线和联络测线上解释的层位和断层做到完全闭合，同时考虑到满足地质建模的需要，精确解释断层间的切割关系，保证断层在建立模型和时深转换时空间位置准确。

虽然地震解释做了非常精细的工作，钻井落实误差也在允许范围之内，对于钻直井不会有影响，但在水平井地质导向中却影响较大，分析误差原因，有以下两个方面因素。一是地震解释手段进一步精细。在第一口应用地质建模软件进行地质导向的州66—平61井

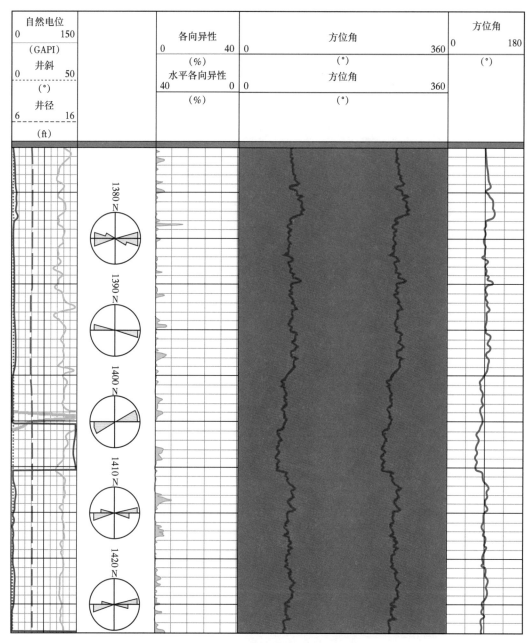

自然电位			各向异性		方位角		方位角	
0	150		0	40	0	360	0	180
(GAPI)			(%)		(°)		(°)	
井斜			水平各向异性		方位角			
0	50		40	0	0	360		
(°)			(%)		(°)			
井径								
6	16							
(ft)								

图5.4 肇58-55井测井成像成果图

钻井跟踪过程中，地震采用自动追踪手段完成同相轴的追踪解释。由于是咬波峰，局部会出现微小的跳动，在常规解释中可以忽略不计，但在水平井地质导向中局部会出现误差，在后期的地震解释中全部采用人机交互，逐线层面断面闭合地精细解释。共解释剖面600多条，命名解释断层110条，完成了布井区精细构造解释。采用V_0、β方法进行时深转换，误差在0.35%以内，再用井点深度做进一步校正。同时，将深度构造图、等t_0图和地震解释剖面进行相互验证，特别是对断层两侧的等值线的分布趋势、搭接关系、疏密程度和层位的倾向及构造高低相对位置进行反复验证和修改，最终采用1m等高线成图，保证了构造图较高的精度（图5.5和图5.6）。

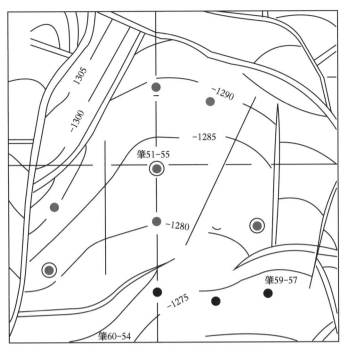

图 5.5　肇 57—平 55 区块原构造图

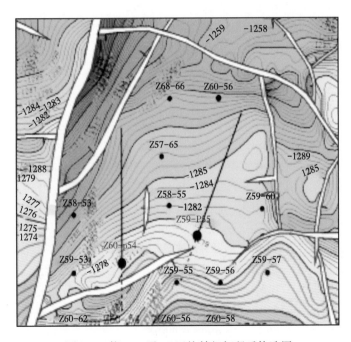

图 5.6　肇 57—平 55 区块精细解释后构造图

　　二是地面海拔精度进一步提高。水平井肇 60—平 33 井单井设计过程中，在绘制 59 排油藏剖面时发现葡萄花油层顶面深度有些异常，落实各项参数结果表明地面海拔存在误差，经复测核实州 19 西部地面海拔平均误差 1.18m。针对这种情况，在其他井设计中，结合军用地图对 GPS 高程进行了静校正，减小地面海拔误差（表 5.1）。

表 5.1　地面海拔测量误差统计表

序号	井号	地面海拔高度（m）		绝对误差（m）	序号	井号	地面海拔高度（m）		绝对误差（m）
		第一次测量	第二次测量				第一次测量	第二次测量	
1	肇 52-36	146.76	148.08	+1.32	9	肇 56-36	147.70	148.40	+0.70
2	肇 54-33	146.19	147.95	+1.76	10	肇 57-32	145.79	147.73	+1.94
3	肇 54-34	146.40	147.90	+1.50	11	肇 59-33	151.76	152.3	+0.54
4	肇 54-36	146.49	148.23	+1.74	12	肇 59-34	151.8	153.78	+1.98
5	肇 55-32	146.58	147.66	+1.08	13	肇 59-35	151.41	151.74	+0.33
6	肇 55-36	147.05	148.20	+1.15	14	肇 59-36	153.35	153.18	-0.17
7	肇 56-32	145.52	147.70	+2.18	15	肇 61-34	150.5	150.78	0.28
8	肇 56-34	146.58	147.98	+1.40	平　均		148.26	149.44	+1.18

5.2　水平井井网优化

设计的预选井网形式包括以下 5 种：一是改进的反九点法井网，在常规的反九点法井网的基础上，井网中的边井分别由水平井取代；二是五点法井网，每口水平井四周有 4 口直井注水，每口注水井四周有 4 口水平井采油；三是直井注水行列井网，即所有的井成行排列，水平井全部为油井，直井全部为注水井；四是直井注采行列井网，即所有的井成行排列，水平井全部为油井，直井分注水和采油井并相间排列；五是水平井注采井网，即所有的井都是水平井，注入井与采出井平行排列。

5.2.1　水平井开发井网数值模拟

以肇州油田储层参数为基础，建立均质地质模型，模拟区面积为 12.96km^2，地质储量为 155×10^{4}t，节点数为 14400 个，油层厚度为 1.2m，孔隙度为 19%，渗透率为 50mD。

数值模拟结果表明，采用水平井开发最终采收率要比直井提高 1.8%～10.35%，其中水平井注水、水平井采油井网采收率最高。采用水平井注采行列井网开发含水达到 98% 的时间与全部采用直井采油基本相同。从综合含水曲线看，水平井注采井网无水采油期最长（表 5.2）。

表 5.2　各种井网方案开发效果对比表

井网 项目	直井	五点	水平井注采	行列		改进反九点
				直井注水	直井注采	
采收率（%）	24.35	30.51	34.7	26.15	29.5	33.32
与直井采收率差（%）		+6.16	+10.35	+1.8	+5.15	+8.97
开采时间（a）	28	26	30	23	28	23
总投资（万元）	37540	31402	25661	25254	25254	35770
内部收益率（%）	—	11.57	21.12	15.43	14.25	10.74
财务净现值（万元）	—	2545	7135	3832	3949	2364
动态回收期（a）	—	6.96	4.68	5.55	7.03	7.03

5.2.2 水平段长度及注采排距优化

确定井网后,对排距、水平段长度进行了模拟,其中排距选择了 250m、300m、350m,含油砂岩钻遇率取 50% 计算,水平段长度选择了 400m、500m、600m、700m。水平井单井钻井成本分别考虑为 300 万元、350 万元、400 万元、450 万元,油价为 25 美元/bbl,进行了经济评价。

模拟结果表明:在井距不变的情况下,水平段长度对最终采收率影响不大,排距 250m、300m、350m 井网最终采收率分别为 38.5%、29.5%、23.65%;钻井费用对效益影响较大,300m、350m 排距各套方案均有效益,250m 排距没有效益,其中 300m 和 350m 排距水平段长度 600m、700m 效益最好。因此,优选结果是排距 300~350m,水平段长 600~700m(表 5.3)。

表 5.3 行列井网不同排距经济评价结果对比表

水平段长度井距 \ 项目	300m				350m			
	400	500	600	700	400	500	600	700
内部收益率(%)	10.18	10.86	15.35	15.71	6.14	8.15	11.15	13.45
财务净现值(万元)	1271	1332	3333	3427	831	1205	1980	2944
动态回收期(a)	6.65	6.42	4.62	4.48	9.15	7.95	6.05	4.52

5.2.3 水平井开发油层下限厚度评价

影响油层下限厚度的主要因素是钻井费用和油价。在水平井钻井费用 400 万元/口、直井钻井费用 700 元/m、油价 25 美元/bbl 情况下,水平井开发的下限厚度为 1.0m。

若油价下降到 20 美元/bbl,下限厚度将上升到 1.4m。在此基础上,若水平井费用下降 20%,下限厚度为 1.3m;直井费用下降 20%,下限厚度为 1.3m;水平井与直井钻井费用均下降 20%,下限厚度为 1.2m(表 5.4)。

表 5.4 水平井开发下限厚度评价表

直井 700 元/m 油价 20 美元/bbl		直井 700 元/m 水平井 400 万元/口		水平井 400 万元/口 油价 20 美元/bbl	
下限厚度(m)	水平井钻井费(万元/口)	下限厚度(m)	油价(美元/bbl)	下限厚度(m)	直井钻井费(元/m)
1.4	400	1.0	25	1.4	700
1.3	降 20%	1.4	20	1.4	降 10%
1.2	降 40%	1.8	17	1.3	降 20%

5.2.4 水平井开发方案设计

原则上设计水平井采油,直井对所有层注水。注采直井与水平井要相互兼顾,水平井未钻穿的砂体采用直井开采,保证区块各层储量得到有效动用。开采到一定阶段后,注采直井可以转换,以进一步提高开发效果。水平段钻井为阶梯式,考虑钻井设备承受能力,设计水平段长度 $600 \sim 700m$,单井控制储量下限不低于 $6 \times 10^4 t$。对设计方案进行开发指标预测、经济评价和优选。

如州 11 区块,设计了 4 套水平井布井方案,并对各方案进行了开发指标预测和经济评价。通过方案对比可以看出,在相同开发条件及相同经济参数下方案二采收率、采油速度、财务净现值及动态回收期均好于其他各方案,且水平井控制储量较大,直井采油井平面分布较均匀。因此,选择方案二为水平井布井方案(表 5.5)。

表 5.5　肇州油田州 11 区块各方案经济效益对比表

项目	方案一	方案二	方案三	方案四
财务内部收益率(%)	11.07	12.44	8.96	—
税后财务净现值(万元)	207.64	212.07	82.86	−138.83
税后静态回收期(a)	4.97	4.85	5.07	5.94
税后动态回收期(a)	6.84	6.62	8.72	—

根据上述原则,在肇州油田州 19 区块、州 603 和州 11 区块共设计水平井 17 口(表 5.6)。

表 5.6　肇州油田水平井设计情况统计表

区块	直井		水平井		
	油井数(口)	水井数(口)	井数(口)	单井平均水平段设计长度(m)	单井平均设计井深(m)
州 19	55	16	3	707	2249
州 603	6	8	10	702	2254
州 11	16	12	4	731	2243
合计/平均	77	36	17	710	2250

5.3　水平井钻井实时跟踪技术

5.3.1　钻井地质导向

将三维建模技术与数据库访问技术(Active Data Object)结合,编制了建模软件与随钻测试软件 LWD 的接口软件,实现了随钻测试数据和曲线的实时显示及地质模型的及时修正,为水平井地质导向提供可靠依据(图 5.7)。

钻井过程中,采用 LWD 随钻电测系统进行实时数据采集、监测,通过钻头上的传感器设备采集各项数据,并把数据存储到监控主机的 SQL Server 数据库系统中。通过网络与该主机相连,应用 ADO 数据访问技术远程读取已经放入 SQL Server 中的数据,经过本系统的显示、处理,形成伽马、电阻率曲线和三维地质模型需要的各种接口文件,及时将轨

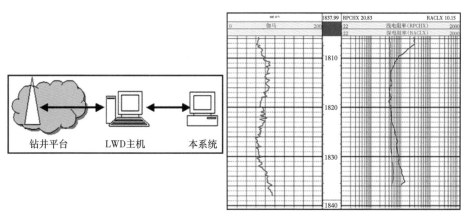

图 5.7　随钻测试数据实时屏幕显示流程图

迹加入模型中，实现模型中井轨迹的实时更新。决策人员可以随时掌握钻井运行情况，进行直观、有效的分析和决策。

钻井过程中，每钻进一根钻杆（10m 左右），钻头信息刷新一次，每口水平井 700m 水平段，需要更新 70 次。在更新井轨迹的同时，时刻观察自然伽马、电阻率曲线的动态变化，分析钻头钻遇的砂泥岩情况。结合岩屑录井，将钻遇结果加入模型中，更新模型，为钻井运行提供直观且有效的分析依据（图 5.8）。

图 5.8　肇 60—平 33 井实钻轨迹剖面图

肇 60-平 33 井钻井过程中，设计靶点 A 垂深 1376.3m，实钻入靶点垂深 1377.0m，与设计垂深相差 0.7m，说明该地质模型比较可靠。加入最新钻遇油层数据点，现场重新修改模型。在后期地质导向中，从入靶点 A 进入油层，在砂岩中穿行 52m 后，GR 值从 75API 升到 97API，深电阻率从 10Ω·m 降到 9Ω·m，说明已从 PI2 号层穿出，根据地层倾角分析从底部穿出的可能性较大，决定增井斜、降垂深。当垂深降到与入靶点同等深度时，还未进入油层，推测 PI2 号层砂岩尖灭，因此决定降井斜、增垂深，寻找 PI3 号层。当测深 1720m、垂深 1392m 时，又进入油层，与模型中 PI3 号层吻合较好，现场导向增井斜、降垂深，但由于工程原因，增井斜太快，钻进 36m 后，再度钻出油层，地质导向再次降井斜、增垂深，在测深 1802m、垂深 1382.6m，再次进入油层，吸取上次经验，缓慢增井斜、降垂深，后期在油层内穿行 255m，全井砂岩钻遇率 65.1%。

葡萄花油层顶底部无标志层用于判断进出油层情况，现场跟井难度较大。总结现场跟井情况认为，深、浅电阻率曲线出现第一次交汇的地方可作为 PI2 层进入 PI3 层的标志。

5.3.2 储层含油性识别

水平井钻井过程中，开展了录井试验。在油层顶以上 50m（斜深）开始岩屑录井，每 1m 取样一次。到达油层后加密，每 0.5m 取样一次；进入油层稳定后每 1m 取样一次。目的层见泥岩后加密到每 0.5m 取样一次（图 5.9）。

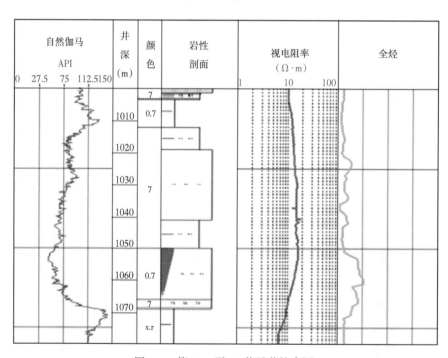

图 5.9　肇 59—平 55 井录井综合图

水平井在地层钻进中录井资料表现特征基本与 LWD 测井有较好对应性。具体表现在以下几点。

（1）在泥岩中钻进，钻时持续高值；岩性为单一泥岩；气测值表现为低值平台曲线，组分为低值；LWD（或 MWD）自然伽马曲线持续高值，电阻曲线持续低值。

104

（2）由泥岩层进入砂岩层，钻时下降；岩性中泥岩的百分含量减少，砂岩增加，含油砂岩岩屑比例增加；气测值表现为全烃、组分由低值快速上升（或伴有少量非烃组分）；LWD自然伽马曲线由高值变为低值，电阻曲线由低值变为高值。

（3）从砂岩层进入泥岩层，钻时上升；岩性中百分含量泥岩增加，砂岩减少，含油砂岩岩屑比例减少；气测值表现为全烃、组分由高值缓慢下降；LWD自然伽马曲线由低值变为高值，电阻曲线由高值变为低值。

（4）在砂岩层中钻进，钻时持续低值；岩性为单一砂岩，含油砂岩岩屑比例高；气测值表现为全烃为高值平台曲线，组分达到高值（可能伴有少量非烃组分）；LWD自然伽马曲线持续低值，电阻曲线持续高值。如油层存在物性差异，气测全烃曲线表现为锯齿形，组分时高时低，自然伽马曲线呈低值锯齿形，电阻曲线呈高值锯齿形。

在州66—平61井实钻中，钻至井深1511.6m，气测录井全烃基值由0.1878%上升到1.2596%；岩屑录井岩样中见到10%含油砂岩，此时，伽马值自120API降到60API，浅电阻率由7Ω·m升到12Ω·m，说明已进入油层；1511.6～1519.5m，气测全烃值保持在1.2%～3.4%之间，含油砂岩含量保持在5%～70%，伽马值在60～70API，浅电阻率在15Ω·m左右；至井深1519.5m以后气测全烃明显下降，含油砂岩由70%下降到5%，伽马值升到110API，浅电阻率降到10Ω·m以下，说明钻头于井深1519.5m已经离开油层。

通过试验有以下几点初步认识。

一是气测显示及岩屑录井在时间上先于LWD。通过资料对比分析，岩屑录井和气测录井资料能够比LWD实测提前4m左右发现钻头位置岩性的变化。能尽早知道钻头钻遇储层情况，为地质导向提供信息（表5.7）。

表5.7　州66—平61井气测录井与LWD发现靶点位置对比情况表

各靶点深度位置（m）	A点 1510.5	B点 1655.0	1739	1900	1950	C点 2006	平均迟后靶点位置
气测发现靶点位置时井深（m）	1515	1660	1745	1902	1961	2007.6	
迟后实际靶点（m）	4.5	5.0	6.0	2.0	4.0	1.6	3.85
LWD发现靶点位置时井深（m）	1518.5	1663.0	1747	1908	1965	2014	
迟后实际靶点（m）	8.0	8.0	8.0	8.0	8.0	8.0	8.00

二是应用综合录井仪及岩屑录井资料，能对钻遇的砂岩含油性进行准确的判断。如肇59—平55井测深1919～1941m，GR值在70～90API，深电阻率值在13～15Ω·m，从电性值显示看为含油砂岩；而砂样显示无荧光，气测显示全烃为1%～2%之间，因此判断为干砂岩。

三是有些井可利用特殊岩性特征为标志，为现场地质导向提供依据。如州66—平61井在钻至1920.0～1925.0m，岩屑录井岩样中见到紫红色泥岩，根据周边探井岩心得知，紫红色泥岩是PI3层底部的岩性特征。说明已钻出目的层，现场根据岩性变化及时调整螺杆方向，于1957m重新回到油层。

2002年以来共设计了17口水平井，目前已完钻14口，投产10口，取得了较好效果（表5.8）。

表5.8　水平井含油砂岩钻遇情况统计表

序号	井号	水平段长 （m）	钻遇含油砂岩长度 （m）	含油砂岩钻遇率 （%）
1	肇55—平46	620.0	426.2	68.7
2	州62—平61	578.2	462.2	79.9
3	州66—平61	685.0	482.5	70.4
4	肇60—平33	680.0	443.0	65.1
5	肇52—平37	707.7	103.0	14.6
6	肇57—平33	698.0	346.0	49.6
7	肇60—平54	698.5	318.0	45.5
8	肇57—平35	702.0	526.0	74.9
9	肇59—平55	714.2	296.0	41.4
10	州70—平61	705.7	357.0	50.6
11	州64—平72	630.5	289.8	46.0
12	肇46—平34	776.4	549.0	70.7
13	肇48—平33	784.6	421.0	53.6
14	肇50—平31	739.8	440.0	59.5
	平均	694.3	390.0	56.2

5.4　水平井开发规律

　　截至2006年5月，共完钻水平井30口，平均水平段长度530.8m，平均单井含油砂岩长度308.3m，含油砂岩钻遇率58.1%（表5.9）；已投产24口水平井，投产初期平均单井日产油量为15.5t，5月份平均单井日产油量为7.6t，是周围直井产量的3~5倍，平均单井累计产油3631t，在低渗透油田属高产井（表5.10）。

表5.9　葡萄花油层水平井含油砂岩钻遇情况统计表

水平井井数 （口）	平均水平段长 （m）	含油砂岩长度 （m）	含油砂岩钻遇率 （%）
30	530.8	308.3	58.1

表5.10　低渗透葡萄花油层水平井生产情况表

项目	投产水平井井数（口）	初期日产油（t）	日产液（t）	日产油（t）	含水（%）	液面（m）	累计产油（t）
合计	30		214.8	183.2	14.7		87139
平均		15.5	9.0	7.6		1021	3631

　　23口水平井共连通51口注水井，配注注采比为1.0，能分层的尽量分层；做到平稳注水，适当控制根端、加强指端注水，确保水线均匀推进。51口水井单井日注水量7~

$30m^3$，平均 $17m^3$（表 5.11）。

表 5.11　水平井区注水情况表

连通水井数（口）	单井最小注水量（m^3/d）	单井最大注水量（m^3/d）	单井平均注水量（m^3/d）	分 层 井					
				井数（口）	层段数（个）	分注率（%）	层段最大注水强度 $[m^3/(d \cdot m)]$	层段最小注水强度 $[m^3/(d \cdot m)]$	层段平均注水强度 $[m^3/(d \cdot m)]$
51	7	30	17	31	71	61	5.88	1.05	2.28

5.4.1　产能影响因素分析

水平井产能受多种因素共同作用、共同影响。根据已投产水平井实际生产资料和数值模拟结果，水平段长度和储层渗透率是水平井产能最为敏感的两个因素，储层岩性与水平井产能也密切相关[5]。

(1)渗透率越大，水平井初期产能越大。

肇55—平46井位于州19区块，初期产能为48t/d，该井周围各直井的有效渗透率在65~105mD之间，其他各水平井周围直井有效渗透率均在30mD以下，初期产能在8.5~25.4t/d之间，均小于肇55—平46井。

(2)水平段含油砂岩长度大，水平井初期产能高。

肇52—平37井砂岩钻遇率只有14.6%，含油砂岩段长度103m，因此产量最低。

(3)储层含油性饱满，水平井初期产能高。

岩屑录井资料表明：含油饱满段越长，产能越高(表5.12)。

表 5.12　水平井生产数据表

序号	井号	水平段长度（m）	含油砂岩长度（m）	初期日产油（t）	泵径（mm）	冲程（m）	冲次（r/min）	泵挂深度（m）
1	州66—平61	685.0	482.5	24.4	56	5	5	1274
2	肇60—平33	680.0	443.0	14.5	56	3.6	5	1230
3	州70—平61	705.7	357.0	8.5	32	3	3	1160
4	肇60—平54	698.5	318.0	8.2	44	2.7	4	1200

肇57—平33和肇57—平35两口井均为压裂投产井，在含油砂岩段长度、含油饱满砂岩段长度上，肇57—平35高于肇57—平33井，但肇57—平35井射孔位置均位于含油性差或含油不饱满段，影响了该井产能的发挥。

(4)油层厚度大，水平井初期产能高。

肇60—平54与肇59—平55相邻，含油砂岩长度相近，但肇59—平55的产能要比肇60—平54高得多。分析认为主要是肇59—平55井厚度上占有较大优势。两口水平井所在井区PI3层发育状况明显好于PI2层。肇60—平54井含油砂岩长度318m，PI2层为162m，占50.9%；肇59—平55井含油砂岩长度296m，PI2层为42m，只占14.2%。肇60—平54井的大部分含油砂岩井段在PI2号层。

5.4.2　水平井注水开发指标

(1)水平井控制储量的计算。

通过分析优选，确定了水平井泄油面积的计算方法，把水平井的泄油面积看作一个椭圆，以 $L/2+R_e$ 为椭圆长半轴，R_e 为短半轴，控制储量的计算公式为：

$$G = 10\pi(L/2+R_e) \times R_e \times h \tag{5.1}$$

（2）水平井注水受效影响因素。

从目前生产情况看，有 7 口井已注水受效。与周围直井相比，具有较为明显的受效产量恢复台阶，受效时间及产量恢复程度受油层物性及水驱长度比例影响。

一是油层渗透性好，水平井注水受效快。肇 55—平 46 井位于州 19 区块，该区块有效渗透率为 65~105mD，受效时间 3~4 个月，其他区块有效渗透率小于 30mD，受效时间 6 个月以上。

二是水驱长度比例大，水平井注水受效快。目前已注水受效的水平井水驱含油砂岩长度比例在 50.70~100%，其他井水驱含油砂岩长度比例较小（表 5.13）。

表 5.13　水平井水驱长度统计表

序号	井　号	水平段长度（m）	含油砂岩长度（m）	水驱含砂岩长度（m）	水驱长度比例（%）	受效差长度（m）	不连通长度（m）	连通水井数（m）	受效时间（mon）
1	肇 55—平 46	580	426.2	289.0	67.81		137.2	1	3
2	州 62—平 61	538.2	462.2	363.0	78.54	99.2		5	6
3	州 66—平 61	645	482.5	482.5	100.00			5	7
4	肇 60—平 33	640	443	310.0	69.98		133.0	3	8
5	肇 59—平 55	674.2	296	158.0	53.38		138.0	2	9
6	州 70—平 61	645.7	357	181.0	50.70		176.0	2	19
7	肇 52—平 37	667.7	103	52.0	50.49	51.0		3	未受效
8	肇 60—平 54	658.5	318	156.0	49.06	32.0	130.0	2	未受效
9	肇 57—平 35	662	526	93.0	17.68	228	205.0	4	未受效
	平　均	634.6	379.3	231.6	61.10	45.5	102.2	3	

三是受微裂缝走向影响，近南北走向的水平井虽然水驱长度比例小，但受效时间相对较短，含水上升较快。

肇州油田发育近东西向裂缝，统计 2005 年以前投产的 10 口井，水平段走向近东西向的有 5 口，含油砂岩钻遇率为 58.5%，初期日产油 15.1t，目前日产油 6.3t，目前含水 25.8%（表 5.14）；近南北走向的有 5 口，含油砂岩钻遇率为 59.2%，初期日产油 23.9t，目前日产油 8.4t，目前含水 31.5%。

表 5.14　不同走向水平井基本情况表

走向	井数（口）	平均水平段长度（m）	平均含油砂岩长度（m）	含油砂岩钻遇率（%）	初期日产油（t）	目前日产油（t）	初期含水（%）	目前含水（%）	水驱长度比例（%）
近东西	5	631.3	369.5	58.5	15.1	6.3	4.8	25.8	75.1
近南北	5	646.5	382.4	59.2	23.9	8.4	5.1	31.5	54.5

（3）水平井产量递减分析。

水平井产能初期递减幅度较大，在投产后2~3个月递减幅度为30%~60%；投产后一年，无措施情况下日产油水平降到投产初期的1/4~1/3。水平井区直井投产初期递减幅度大，但一般不超过30%，投产后一年，无措施情况下日产油水平仍在投产初期的1/2以上（表5.15）。

表5.15　已投产水平井年含水上升情况统计表

| 序号 | 井号 | 第1年 | | 第2年 | | | 第3年 | | | 第4年 | | |
		含水（%）	年产油（t）	含水（%）	年产油（t）	含水上升率（%）	含水（%）	年产油（t）	含水上升率（%）	含水（%）	年产油（t）	含水上升率（%）
1	肇55—平46	2.7	993	14.2	929	1.56	28.8	980	2.61	36.5	2145	1.92
2	州66—平61	6.5	295	18.1	330	2.14	19.5	202	0.27			
3	州62—平61	5.4	925	12.8	956	1.56	17.1	620	1.10			
4	肇57—平33	4.8	842	25.5	984	1.14	65.4					
5	肇59—平55	2.8	835	16.5	559	2.76						
6	肇60—平54	3.4	710	5.5	041	0.67						
7	肇52—平37	4.1	14	10.5	705	2.39						
8	州70—平61	10.3	137	21	973	6.43						
合计/平均		4.8	6551	14.9	2477	2.11	22.2	802	1.46	36.5	2145	1.92

（4）水平井开发指标变化规律。

一是水平井含水上升率应控制在3%以内。从表5.15中可以看出，8口水平井中有7口井年含水上升率均不超过3%。州70—平61井年度含水上升值仅为10.7%，含水上升率却达到6.43%，主要原因是水平段钻遇油层含油性较差，地质储量大但年产油量较低。

二是水平井注采比应保持在1.0~1.3之间。从采出程度与综合含水关系曲线及注采比变化曲线可以看出，注水受效后，产量恢复程度高且开发效果较好的肇55—平46、肇57—平33、肇59—平55井注采比在0.8~1.3之间，含水缓慢上升。若注采比小于1，地层压力下降，递减幅度将增加。因此，水平井注采比应保持在1.0~1.3之间。

三是水平井初期采油速度应不低于3%（表5.16）。正常工作制度下8口水平井，初期采油速度小于3%的肇52—平37、州70—平61井，经济效益较差。从采出程度与综合含水关系曲线可以看出，初期采油速度大于3%的6口井，目前开发效果差别不大。

表5.16　水平井采油速度分类表

| <3% | | 3%~5% | | 5%~7% | | >7% | |
井数（口）	井号	井数（口）	井号	井数（口）	井号	井数（口）	井号
2	肇52—平37 州70—平61	3	州62—平61 肇60—平54 肇59—平55	1	州66—平61	2	肇55—平46 肇57—平33

参 考 文 献

［1］张福玲．大庆外围葡萄花油层水平井开发适应性评价及调整对策［J］．大庆石油地质与开发，2017，36(05)：81-86.

［2］田彩霞，宋静．水平井钻井技术在低丰度薄油层开发中的应用——以肇州油田葡萄花油层为例［J］．石油天然气学报(江汉石油学院学报)，2005(S5)：782-783.

［3］牛彦良，李莉．特低丰度油藏水平井开发技术研究［J］．大庆石油地质与开发，2006(02)：28-30.

［4］姜洪福，隋军，庞彦明，等．特低丰度油藏水平井开发技术研究与应用［J］．石油勘探与开发，2006，33(3)：364-368.

［5］李莉．大庆外围油田注水开发综合调整技术研究［D］．中国科学院研究生院(渗流流体力学研究所)，2006.

6 零散区块单井滚动开发技术

随着开发的不断深入，剩余未动用储量区块的油藏类型和储层条件越来越复杂，储量丰度、储层渗透率、单井产能越来越低，且大多为零散区块，开采的难度及风险程度越来越大。按照"加快评价、加快试验、加快上产"的要求，油藏评价前跟预探，后延开发，适应地质条件，不断发展具有大庆特色的"种子井""种子区块"评价和滚动开发技术，加快储量动用和上产步伐，突破了 $500 \times 10^4 t$ 的奋斗目标[1]。

6.1 目标探井优选方法

6.1.1 "种子井"百井工程评价模式

大庆外围已探明未动用、待探明地区绝大部分储量分布零散、规模小，按照传统的评价开发模式，即开发地震—开发控制井—试油、试采（开发试验）—部署开发井，投资高、周期长，极大制约了储量的动用。因此，为加速这部分未动用储量开发，降低勘探开发成本，必须突破适用于整装油田的传统做法，探索出一种新的评价技术和布井模式。优选"种子井"，开展单井评价技术研究和油藏描述，先设计"概念井网"，初期不考虑注水系统和集输系统，采用捞油方式开采。随着实施过程中资料的增多和认识的深入，储量较大区块进行滚动外扩，同时再整体考虑地面系统建设。这样灵活机动的"探、采"方式，可以大幅度加快未动用储量的开发，缩短新区从探明到动用的周期，节约了投资，既形成了一定的产能，又可以为进一步部署开发井提供依据[2-3]。将其作为一项工程进行组织规划、设计和实施，这一做法是勘探开发一体化的典型之作。每年力争达到一百口井的建设规模，故称为"百井工程"模式。

6.1.1.1 "种子井"优选方法及标准

种子井一般是指已探明未动用区块或待探明地区的工业油流探井、评价井，在初步评价和筛选的基础上，实施一些"投资少、周期短、效果好"的实用评价技术，加强单井动、静态资料的综合评价研究，建立一体化地质模型，完成单井评价、开发方案设计，达到经济效益开发。根据外围油田油藏地质特征的复杂程度以及"百井工程"的特点，以单井成藏组合因素、储量风险因素、油藏动态因素三大方面对其进行初步优选[4]。

（1）成藏组合因素分析—成藏组合概率法。

成藏组合概率分析主要考虑的地质概率因子：圈闭类型（构造圈闭、岩性圈闭等）；储层发育状况（有效厚度、主力油层发育程度、储层展布特征等）；储渗性能（孔隙度、渗透率）。把地质因子分开考虑可以更全面、更客观地进行成藏组合分析，从而对油藏地质特点以及某些因素存在的不确定性认识更加清楚[5-6]。

"种子井"成藏组合概率（P_e）公式：

111

$$P_e = (P_{\text{共享地质因子}1} \times P_{\text{共享地质因子}2}) \times \{ 1 - [(1 - P_{\text{共享地质因子}1} \times P_{\text{共享地质因子}2}$$
$$\times P_{\text{共享地质因子}3} \times P_{\text{共享地质因子}4})^n] \} \tag{6.1}$$

评价指数 n 的取值要根据评价优选探井、评价井周围井网控制程度和油藏的复杂程度进行综合确定，n 取值一般为 $1 \sim 3$。当井网控制程度高、油藏地质特征认识清楚时，评价指数 $n=3$；当井网控制程度低、油藏地质特征有待进一步认识或评价优选对象处于控制储量阶段时，评价指数 $n=2$；当井网控制程度较低、评价优选的探井或评价井处于预测阶段，评价指数 $n=1$。成藏组合概率在 $0.7 \sim 1.0$ 之间为一类，在 $0.4 \sim 0.7$ 之间为二类，在 $0.1 \sim 0.4$ 之间为三类。

由于葡萄花、扶杨油层在沉积特点、储层物性、油水分布以及油藏类型等方面存在很大的差异，在具体评价"种子井"成藏组合概率时所考虑地质因子的重点有所不同。"种子井"主要含油层位为葡萄花油层时，综合考虑圈闭类型、有效厚度、油层埋藏深度以及储渗性能等各项地质概率因子；以扶杨油层为主要目的层时，重点考虑有效厚度、油层埋藏深度以及储渗性能等地质概率因子。最终可以得到各个参评对象的成藏组合概率，从而依此将参评对象划分出等级及优先顺序[7]。

（2）储量风险性分析—蒙特卡洛法。

储量风险性分析主要采用蒙特卡洛方法求取"种子井"预布井范围内石油地质储量及其可信度分析。蒙特卡洛方法是利用不同分布的随机变量抽样序列，模拟给定问题的概率统计模型，得到渐近计算值的方法。通过构建一个石油地质储量与可信度的半对数坐标图版，预测储量不确定性风险来进行单井储量评价[8]。用蒙特卡洛法计算石油地质储量 Q，就是用统计模拟办法来求出 Q 的一组样本，用样本分布近似代替 Q_i 的概率分布。根据该分布，可以得到不同概率下的取值，构建出一个"储量—不确定度（概率）"的图版。利用该图版来预测单井所控储量的不确定度，即储量所对应的风险，以及不同风险概率下的储量。对各个"种子井"区得到的储量—不确定性分布函数图版，取可信度在 90% 所对应的储量进行统一评价，得到优选结果。在单井所控储量评价分析的基础上，对于储层可按照主力油层与非主力油层、不同渗透率级别储层的储量构成做进一步评价优选（表 6.1）。

表 6.1　特低渗透储层储量构成分类表　　（单位:%）

储量构成		优先级别及系数		
		一类 0.7~1.0	二类 0.4~0.7	三类 0.1~0.4
渗透率级别	≥1mD	≥60	40~60	≤40
	≥0.5mD	≥80	60~80	≤60
主力油层		≥70	50~70	≤50

（3）油藏动态因素分析—模糊综合评判法。

动态因素分析主要是利用模糊综合评判方法进行优选评价。将油藏动态因素划分为好、中、差三个评价范围，利用专家法对各评价参数进行权重分析，建立综合评判矩阵，通过模糊综合评判方法得到评判子集，从而得到优选结果。在油藏动态因素方面，主要考虑自然产能、试油产量、预测稳定产量、地层原油黏度、含水率等参数[9]（表 6.2）。

表 6.2　油藏动态因素级别分类表

参数	优先级别及系数		
	一类 0.7~1.0	二类 0.4~0.7	三类 0.1~0.4
自然产能(t/d)	具有一定的自然产能	少量油流	无
试油产油(t/d)	≥10	5~10	<5
预测稳定产量(t/d)	≥2	1~2	<1
地层原油黏度(mPa·s)	<3	3~5	≥5
含水率(%)	<5	5~40	≥40

根据各单因素的分析研究,得到各因素好、中、差的评语,建立多因素评判矩阵,经归一化处理,得出某"种子井"的综合评判结论。

(4)"种子井"初步确定。

在成藏组合、储量风险以及油藏动态因素分析的基础上,立足于单因素评价分析结果,按照"多因素优先"的原则优选"种子井"。

根据"种子井"评价参数和优选方法,对大庆外围已探明未动用区块以及待探明地区进行了初步筛选和排队,优选出 49 口井。

6.1.1.2 "百井工程"潜力及实施效果

在"种子井"评价优选的基础上,坚持基础理论与生产实际相结合,科研创新与经济效益相结合,按照"百井工程"实施程序,以井—震相模式预测、试井综合解释技术和单井滚动开发方案设计为一体的单井开发评价部署新技术、新方法,在"种子井"评价优选和单井开发评价部署方面取得了较好的效果。

(1)零散区块开发潜力分析。

按照"百井工程"的工作目标和技术路线,开展对已探明未动用区块探井、评价井提捞试验研究,一方面要实现探井、评价井的最大利用;另一方面要通过提捞试验落实产能和井底流压的变化规律,加强未动用区块,特别是界限附近探井的产能综合评价,开展单井开发可行性论证,为未动用区块的开发评价部署和储量复核复算提供可靠的地质依据。

①零散区块目标探井初步优选。

按照目标探井优选方法以及单井开发评价技术,对大庆外围油田单井捞油资料进行初步分类评价,在静态评价的基础上重点加强了累计捞油量、日(月)产油量、捞油时间等因素的变化规律研究。根据已有的资料,对于目前可以进行单井开发评价研究的探井、评价井确定为一类井;对于具有一定潜力且需要继续加强动态资料录取的井定为二类井。初步优选一类井 19 口,二类井 17 口(表 6.3)。

②"百井工程"规划部署。

大庆外围已有零散工业油流井 829 口,预计每年完钻探井约 70 口,每年都有重大发现工业油流井,开展单井目标评价的潜力巨大。按照单井评价目标井优选标准,编制单井目标评价规划,初步优选 25 口目标井具有评价开发潜力。25 口目标井初步预计设计开发井 452 口,建成产能 $18.8×10^1$,动用探明石油地质储量 $1170×10^4$t,含油面积 39.0km^2。此外,每年新钻探井至少有 2~3 口重大发现工业油流井纳入单井综合评价研究及百井工程开发部署。根据零散井评价开发潜力排队分析,2006—2009 年落实 25 口井开展目标井单井评价部署(表6.4),同时,对勘探当年发现的重大工业油流井及时纳入评价范畴。每年度规划安排单井目标评价8~10口井,新建产能 $3.0×10^4t$ 。

表6.3 大庆外围已探明未动用区块目标探井初步优选结果表

一类井				二类井			
厂别	地区	井号	主要目的层	厂别	地区	井号	主要目的层
第八采油厂	徐家围子	徐10	葡萄花	第八采油厂	宋芳屯	芳139	葡萄花
	徐家围子	徐14	葡萄花		宋芳屯	芳118	葡萄花
	永乐	肇292	葡萄花	第九采油厂	他拉哈	塔22	萨尔图
第九采油厂	新站	大133	葡萄花		他拉哈	塔24	扶杨
	新站	大142	葡萄花		英台	英42	葡萄花
	新站	英411	葡萄花		葡西	古156	葡萄花
	新站	大145	黑帝庙、葡萄花		英台	英141	萨尔图、高台子
	新肇	古68	葡萄花	第十采油厂	临江	三4	扶余
	新肇	古624	葡萄花		朝阳沟	朝511	扶余
	新肇	古648	葡萄花	头台公司	永乐	源202	葡萄花、扶余
	新肇	古652	葡萄花		永乐	源205	葡萄花、扶余
	巴彦查干	英205	扶杨		永乐	肇24	葡萄花
	巴彦查干	英64	黑帝庙、萨尔图		永乐	肇26	葡萄花
	他拉哈	大146	黑帝庙、葡萄花	榆树林公司	榆树林	树20	扶杨
	龙南	古44	葡萄花		榆树林	树141	扶杨
榆树林公司	榆树林	树16	扶杨		榆树林	树140	扶杨
	榆树林	树116	扶杨		肇州	州251	扶杨
	榆树林	东142	扶杨	总计		36口	
	榆树林	升381	扶杨				

表6.4 未动用区块"百井工程"开发规划部署及产能安排表

开发时间	井号	主要目的层	预计动用		预计建成产能 (10^4t)	预计布井数 (口)
			含油面积 (km^2)	地质储量 (10^4t)		
2006年	徐25、徐28、葡317、古88、英411、贝10、当年预探2口	葡萄花、潜山	10.2	264	4.9	113
2007年	徐10、徐14、英205、英141、古572、苏15、当年预探2口	葡萄花、高、青一、扶杨、南屯组二段	10.5	328	5.3	126
2008年	升381、东142、古648、大133、古44、苏17、芳331、当年预探2口	葡萄花、扶杨、南屯组二段	9.3	308	4.9	106
2009年	州251、树116、肇292、大142、古624、英42、当年预探2口	萨尔图、葡萄花、扶余	9.0	270	3.7	107
合计	25口		39.0	1170	18.8	452

（2）完钻开发井 357 口，钻井成功率达到 95%以上。

四年来，"百井工程"布井区已经涵盖松辽盆地和海拉尔盆地已探明地区和待探明地区、稀油地区和稠油地区，共设计开发方案 21 个，涉及 54 个井区，部署开发井 768 口，动用含油面积 54.2km²，地质储量 1946×10⁴t，建成产能 50.1×10⁴t。目前已完钻 357 口井，钻井成功率达到 95%以上，年产油 15×10⁴t，成为外围油田增储上产新的增长点。

6.1.2 "种子区"井震结合滚动外扩评价模式

近年来，基于三维地震资料的油藏描述技术不论在研究手段上还是在研究的精度上都得到了迅猛的发展。油藏描述已从单一的储层构造形态描述、储层参数预测发展为井震资料联合建立三维地质模型。

6.1.2.1 井震结合构造解释方法

针对分布比较零散、各区块构造、断裂特征各异的难题，逐步研究出相对成熟的井震结合构造解释技术。

（1）井间地层对比：主要应用测井资料进行单井对比，掌握地层、储层的横向变化。

（2）地震解释：在地层对比的基础上，通过合成地震记录对储层进行标定、地震数据体解释、时深速度转换，落实油藏的三维构造形态、断层展布，解决井间构造形态问题。

（3）构造成图：用井分层资料约束并校正地震解释的油层组（砂岩组）顶面构造数据，用断点资料修正地震解释断层数据，形成构造成果图。

6.1.2.2 井震结合构造建模方法

对于整体构造建模来说，将多井约束地震解释的油层组顶面（砂岩组）构造成果进行数字化处理，并建立粗泛的构造模型。但是，已开发区块经过精细地质研究，垂向上已经细分至沉积单元，精度较高。而在评价区的稀井网区块，由于井控程度较低，完全采用井间插值难以保证整体构造模型精度。因此，整体构造建模的技术关键在于垂向上构造建模单元的合理划分，即如何将已开发区块各沉积单元的界限进行合理的外推。目前，相对成熟的方法有两种。

（1）研究区内构造形态比较平缓或周边探、评井井控程度相对较高的情况下，应用单井分层数据绘制各单砂体厚度平面分布图，将数字化成果输入地质建模软件，以地震解释油层组顶面构造层面数据为基础，垂向插值并建立整体构造模型。

（2）研究区内构造形态复杂或周边探、评井井控程度较低的情况下，计算已开发区块内各沉积单元地层厚度垂向分布区间，在地质建模软件中应用统计结果约束各层，垂向插值并建立整体构造模型。

当然，无论采用哪一种方法建立的整体构造模型，建模结果都需要应用实际钻井数据进行校正。这样，所建立的整体构造模型既满足了已开发区块精细构造研究的要求，也保证了研究区整体的构造形态和特征，为下一步有利外扩区块评价、优选奠定了基础。

6.1.2.3 整体建模方法

外围油田覆盖有丰富的三维地震资料，地震的独特优势在于其密集的、大面积的覆盖资料，可以用其在横向上对油藏做出追踪和预测，增加储层空间分布特征及岩性变化描述的精度。

对于滚动外扩区域，钻井资料虽然精确但稀疏，地震资料虽然粗略但密集，如何将两种分辨率相差悬殊的数据进行整合和运用，建立一个符合地质概念的量化储层模型，该模型既可以保持测井获得的储层变化特征，同时又能反映出在地震数据中观测到的大尺度结构和储层连续性，这一研究极其富有挑战性。

根据近年的研究，确立了确定性整合地震数据和随机模拟整合地震数据的两种方法。

(1)确定性整合地震资料方法。

①克里金回归分析整合方法。

回归分析方法通过测井数据和同位地震数据的交会图，利用回归分析得到关系函数，地震信息自身的估计值则由克里金计算方法来实现。克里金计算方法是根据待估计点周围的若干已知信息，以变差函数为工具，确定估计点周围已知点的参数对待估计点的加权值的大小，然后对待估计点作出最优（即估计方差最小）、无偏（估计方差的数学期望为0）的估计。

$$Z^* (x_0) = \sum_{i=1}^{n} \lambda_i Z (x_i) \tag{6.2}$$

式中 $Z^* (x_0)$ 代表区域化变量在 x_0 处的值，无偏性和估计方差最小被作为 λ_i 选取的标准。

克里金回归分析整合方法是整合地震资料最直接的方法。但是，该方法计算的估计值受地震预测精度影响较大。此外，这种方法只用到相关性的平均值，而不能提供相关函数以外的不确定性。

②协克里金整合地震方法。

协克里金是一种多变量估计技术，通过研究主变量（井点数据）及协变量（地震数据）的空间相关关系，将次级变量的信息整合到估计结果中，以弥补主变量数据不足的缺点。协克里金估计值可表示成地震数据和测井数据的线性组合形式。

$$Z^* (u) = \sum_{i=1}^{n} \lambda_{x_i} X (u_{x_i}) + \sum_{k=1}^{m} \lambda_{y_k} \gamma (u_{y_k}) \tag{6.3}$$

式中 $Z^* (u)$——随机变量估计值；

       u_{x_i} 和 u_{y_k}——空间区域上主变量和次级变量的第 i，k 个观测值；

       $X (u_{x_i})$——主变量（井数据）的 n 个采样点；

       $\gamma (u_{y_k})$——次级变量（地震数据）的 m 个采样数据；

       λ_{x_i} 和 λ_{y_k}——协克里金加权系数。

目前协克里金整合方法主要有两种。一是根据聚类分析结果提取地震参数属性体，以地震参数变量作为体协变量或配置变量，应用协克里金方法计算并建立砂体模型。这种方法的缺点是计算量比较大，因为地震参变量不但具有自身的空间相关性，还与测井数据之间具有协相关性，运行速度较慢。二是直接将地震解释成果图进行数字化处理，导入地质建模软件并转换为平面概率分布模型，以此作为面协变量约束储层砂体建模，而单元内储层砂体厚度分布则由变差函数完成。

在现有的技术条件下，地震资料确定性建模整合方法具有共同的局限性。这是因为克里金估计是一种局部估计方法，克里金估计时搜索的数据一般都是待估点周围有限数量的约束点，这样对数据空间相关性考虑不够，会造成局部估计误差；克里金估计相当于一个低通滤波器，即过高地估计了低值，过低地估计了高值，使得结果变得平滑，这样就不能对储层的不确定性做出准确评估。

(2)随机模拟整合地震资料方法。

随机模拟的基本方法是把任何取样数值看作一个随机变量，产生数据集的多个等概率实现，分析模拟结果的变异性，而多个模拟实现的平均值等于克里金的解值。这样，随机模拟的结果既忠实于样点数据，也可以通过随机变量的概率分布对储层分布的不确定性进行表征。

序贯高斯模拟是最常用随机模拟方法之一，其模拟的步骤如下：

①将原始数据做正态变换；

②应用前述的克里金法以及变差函数模型整合地震数据，建立高斯条件累积分布函数；

③随机模拟数据，直到访问完所有的点；

④进行另一实现。

与上述的确定性整合地震数据方法相比，随机模拟实现中整合地震数据方法的主要差别在于第二步（条件累积分布函数的建立），因此采用不同的随机模拟方法建立节点的累积分布函数，决定了地震数据对模拟点值的影响程度。

6.1.2.4　滚动外扩开发部署

在整体区块滚动外扩开发部署之前，整体油藏建模过程是定性油藏描述与定量储层表征的拟合过程，而阶段性的地质认识是指导和衡量地质模型精度的总体评价标准，全局尺度的把握是整体建模的总体方针。因此，滚动外扩开发部署应是认识—实践—再认识—再实践的过程，而整体建模也应该是一个随钻跟踪、修正完善的过程。整体建模与数值模拟一体化滚动外扩开发部署的总体原则是"总体部署，分步实施，跟踪建模，逐步完善"。

通过两年的探索和实践，先后在外围油田宋芳屯油田祝三试验区和杏西油田开展了整体建模研究，部署滚动外扩开发井 165 口。同时，加大了油藏评价力度，2005 年在宋芳屯、肇州、升平和徐家围子油田累计提交扩边新增探明储量 3001.79×10^{4}t，含油面积 137.09km^2。

6.2　目标探井单井评价技术

按照单井评价滚动开发模式的实施程序，对初步优选出的目标探井，从优化评价部署、单井综合研究和方案设计以及到现场实施，逐步形成了以井—震相模式预测、试井综合解释和单井滚动开发设计为核心的单井综合评价技术。同时，针对目标探井油藏复杂程度和地质认识程度，积极探索了 VSP、大地电磁以及随钻地震等评价技术，为丰富和发展一套适应不同油藏地质特点的单井开发评价技术系列提供技术储备。

6.2.1　井—震相模式预测技术

井—震相模式预测的基本思路：在目标探井初步评价优选的基础上，首先，开展目的层基准面旋回研究，通过对目的层地层结构、相序变化、旋回对称性合理地划分不同级次的旋回，并应用相邻区域钻井资料进一步研究旋回划分的合理性；其次，在基准面旋回划分的基础上，利用堆积样式、自相似性、旋回对称性以及目的层与中期旋回界面的距离等参数，在垂向上确定主力油层或含油富集段发育层位；第三，以单井主要目的层相组合特征、等级界面密度、砂体厚度比例变化的研究为出发点，开展沉积微相研究，确定砂体的成因类型，在短期旋回划分的基础上应用层次构成分析法确定砂体稳定性、方向性和继承性；第四，充分利用已有的地震资料开展井约束反演及地震属性分析研究，综合确定主力含油层位发育规模和分布范围，圈定有利的含油富集区[10]。

6.2.1.1　基准面旋回划分及主力含油层位确定

在目标探井评价方面，以中期旋回界面和湖泛面为等时对比框架，以短期旋回为等时地层对比单元的层序地层格架，利用旋回的结构类型和叠加样式的变化可进一步提高地层分析的精度和储层预测的准确性，特别是在小层砂体对比中的应用，不仅可以提高砂体的追踪对比可信度，同时还可对砂体几何形态、时空展布规律进行高精度的描述，特别是以短期旋回为地层单元编制的高精度等时沉积微相图，为储层横向预测提供了高精度的约束条件。

(1)扶杨油层基准面旋回划分及主力含油层位的确定。

河流相地层的层序划分一直是层序地层学研究中的难点，主要是因为基准面旋回的识别比较困难，很难区分由河流改道等自旋回作用形成的旋回还是以控制层序形成的他旋回作用产生的旋回，或将基准面下降产生的河道界面与河道改道作用形成的界面加以区别。据国内外研究结合我们的研究成果，在河流相地层中基准面旋回的识别如下。

① 较高级次的旋回界面常是呈区域分布的规模较大的河道冲刷界面，或是"最大洪泛面"，前者常是基准面下降向基准面上升的转换界面，而后者常处于基准面上升向基准面下降的转换位置。

② 通过河道类型和河道砂体垂向组合的特征来分析可容纳空间的变化，进而划分基准面旋回。

③ 以最近的较高级次的旋回界面为基准，利用多井资料统计或计算不同层位主体河道出现的频率可以有效分析可容纳空间的变化，进而确定主力油层发育层位。

根据上述方法确定基准面旋回，建立高分辨率的地层对比格架，然后在该格架内进行主力含油层位的确定和预测(图6.1)。

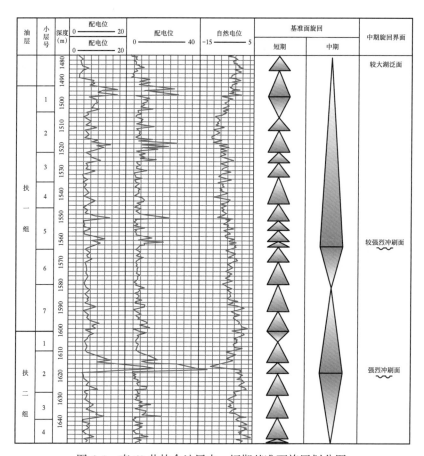

图6.1 杏69井扶余油层中、短期基准面旋回划分图

118

通过杏 69 井区基准面旋回划分，建立了扶余油层地层格架，根据中期基准面旋回叠置在长期基准面旋回中的位置，以及中期基准面旋回中短期基准面旋回的结构和叠加样式，对目标探井杏 69 井区主力油层发育状况进行了预测。研究认为，扶Ⅱ2 号层以发育厚度较大和连续性较好的水下分流河道砂体为主，是该区的主力油层。9 口开发井钻井资料统计，主力油层扶Ⅱ2 号层有效厚度钻遇率 100%，平均单井钻有效厚度 3.8m（表 6.5）。

表 6.5　杏 69 井区扶余油层各小层储层厚度钻遇情况统计表

小层 项目	FⅠ1	FⅠ2	FⅠ3	FⅠ4	FⅠ5	FⅠ6	FⅠ7	FⅡ1	FⅡ2	FⅡ3
砂岩钻遇率（%）	88.9	55.6	55.6	66.7	88.9	44.4	55.6	66.7	100	88.9
平均单井砂岩厚度（m）	2.9	1.8	1.7	2.5	2.0	0.6	2.3	1.2	5.7	1.8
有效钻遇率（%）	44.4	33.3	33.3	44.4	55.6	11.1	44.4	22.2	100	55.6
平均单井有效厚度（m）	0.4	0.3	0.7	0.9	0.9	0.3	0.3	0.3	3.8	0.7

（2）葡萄花油层基准面旋回划分及主力含油层位的确定。

三肇地区葡萄花油层顶底存在两个较高可容纳空间条件下的长期基准面旋回层序界面，葡萄花油层底界以青山口组沉积时期的大段黑色泥岩为代表，顶界以萨葡夹层具叶片状水平层理、富含介形虫和叶肢介化石的灰黑色泥岩为代表。此外，在长垣南部葡萄花油层葡Ⅰ4 号层底部稳定分布灰绿色泥岩，具水平层理，电测曲线显示低值，为一区域性湖泛面。

以徐 21 井为例，开展葡萄花油层基准面旋回划分及其对主力含油层位的控制分析。在葡萄花油层顶、底两个长期基准面旋回层序界面划分的基础上，根据徐 21 井区的实际情况及区域主要河床滞留沉积层位（表 6.6），确定葡Ⅰ3 层底和葡Ⅰ5 层中部为葡萄花油层由基准面下降半旋回向上升半旋回转化形成的两个较强烈的冲刷面，为两个中期基准面旋回界面。根据三个基准面下降到最低点位置所形成的较大湖泛面和两个基准面转换界面，将本区葡萄花油层划分为两个中期基准面旋回层序（图 6.2）。即葡Ⅰ5 层近对称型旋回层序和葡Ⅰ1-4 层向上变"深"的非对称型旋回层序。

表 6.6　葡萄花油层砂岩钻遇率、平均单井砂岩厚度汇总表

项目 小层	宋芳屯油田		模范屯油田		徐 21 井区	
	砂岩 钻遇率 （%）	平均单井 砂岩厚度 （m）	砂岩 钻遇率 （%）	平均单井 砂岩厚度 （m）	砂岩 钻遇率 （%）	平均单井 砂岩厚度 （m）
PⅠ1	51.4	0.47	19.0	0.06	15.8	0.15
PⅠ2	68.6	0.93	76.2	0.96	56.0	0.81
PⅠ3	60.0	0.79	90.5	1.15	100	2.42
PⅠ4	65.7	1.09	61.9	0.42	15.8	0.13
PⅠ5	48.6	0.66	66.7	0.92	95.0	1.86

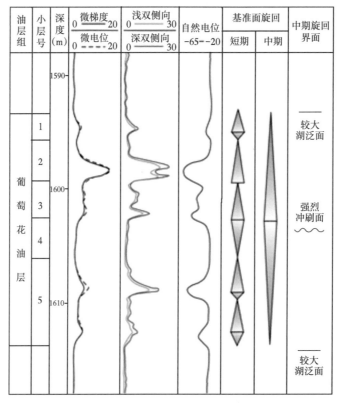

图 6.2　徐 21 井葡萄花油层中期基准面旋回图

近对称型旋回层序反映其处于近河口的有湖浪作用的浅湖区，该旋回的下部和上部因缺乏底流分选和侵蚀作用改造，砂体一般不发育，具有单层厚度薄和泥质含量较高的特点；旋回的中部即基准面转换界面附近处相对低可容纳空间，易于形成较为连片的复合砂体，但由于在徐 21 井该层为水层且处于构造相对高部位，故不作为主要研究对象。向上变"深"的非对称型旋回层序反映其处于水下分流河道的主要活动区，以发育低可容纳空间向上变"深"的非对称型旋回为主，显示有较强的水流冲刷作用和细粒物质的溢出作用，正旋回沉积序列保存程度较为完整。葡 Ⅰ 3 层底部在该区表现为较强烈的冲刷面，属基准面中期旋回转换面，该界面两侧的储层大多由连续或较连续叠置的砂体组成，表现为连通性较好的连片席状砂体，物性也较好，一般具有单层厚度相对较大和粒度相对较粗的特点，是开发评价的主力油层。

6.2.1.2　主力油层相对稳定性分析及井约束反演预测

主力油层相对稳定性分析及井约束反演预测，为综合地震、地质、测井资料进行定量储层预测提供了新途径，能同时在一定程度上保持井的高垂向分辨率和地震的横向层内信息，从而提高预测模型的表征精度。

（1）主力油层相对稳定性分析。

在区域沉积体系分析研究的基础上，根据目标探井所处的相带位置，通过分析主要目的层地质相、测井相以及相组合特征，确定砂体成因类型以及主体河道发育或存在的可能性。在主力油层基准面旋回内应用层次构成分析，开展主力油层等级界面密度、砂体厚度比例变化等参数的精细解剖来确定砂体发育方向性、继承性和稳定性，进一步确定主力含油层位砂体的发育规模和空间展布特征。而低可容纳空间以及主体河道是形成砂岩发育带的先决条件。通过典型区块以及目标探井的解剖，主力油层发育主要有两个特点：一是具有一定的方向性和可追踪性；二是厚度大、覆盖面积广。

（2）井约束反演预测。

井约束反演方法是在层位标定的基础上，以测井曲线为出发点进行外推内插，形成初始波阻抗模型。它是利用共轭梯度法求解基本方程，实现对初始模型的不断更新，使得模型的合成记录最佳逼近实际地震记录。通过合理提取和表征能反映储层特征的地球物理信息进行储层预测。

井约束反演具体步骤：一是层位标定；二是建立反映储层特征的初始模型；三是提取反映储层特征的地震信息并用主分量差数进行表征；四是优化主分量。

井约束反演是以井孔信息为基础，如果没有足够的井孔信息，其反演效果，尤其是分辨率难以达到要求。在无井信息的情况下，通过虚拟井位，加入层序地层学地质预测认识，使曲线特征与实际地质情况吻合，分辨率将会大幅提高。虚拟井位原则如下：

①在清楚了解目标区地质情况下，方可井位虚拟；

②虚拟的井位要在地震资料信噪比较高、频带较宽区域，该位置层位解释可靠、地质分层清楚；

③虚拟的井位与目标探井处于同一沉积微相；

④虚拟的井位距目标探井所在位置不宜太远，一般不超过1km；

⑤虚拟的井位数量应控制在3口井之内。

徐21井区为3D地震资料采集，研究区面积约10km²，采样间隔1ms，主频约40Hz，频带较宽。目的层为葡萄花油层，地层厚度约20m，葡萄花油层顶面埋藏深度约1560～1580m，地震反射特征上表现为一个同相轴，在地震剖面上可连续追踪。通过虚拟井位和徐21井联合反演，分辨率有了较大提高，波阻抗特征与地质研究基本吻合。

通过波阻抗的样点值成图显示，本区河道发育较窄，呈北偏西方向展布，到了布井区中部分为两条分流河道，一条往南，一条偏西（图6.3）。由于在工区北部的徐122-73井以北缺少地震资料，无法利用地震资料向北继续追踪河道延伸方向，但依据地质研究成果，河道应继续向北延伸，从反演结果平面图也能看到该趋势。

（3）反演结果与地震剖面对比。

通过波阻抗、伽马、电阻率反演、地震剖面反射特征及地质相和测井相研究成果，建立了葡萄花油层地质相、测井相与地震相识别特征（表6.7），利用它可以指导该区的井位部署及跟井调整，降低低效井比例。

表6.7　徐21井区葡萄花油层地质相、测井相与地震相特征参数表

地质相			测井相		地震相	
类　型	沉积类型	砂地比（%）	微电极	自然电位	反射特征	反演特征
厚层河道砂	水下分流河道	≥40	箱形	钟形	中强振幅连续性好	波阻抗增大连续性好
薄层席状砂	水下分流河道间	20～40	锯齿状	指状	中弱振幅连续性较好	波阻抗减小连续性差

121

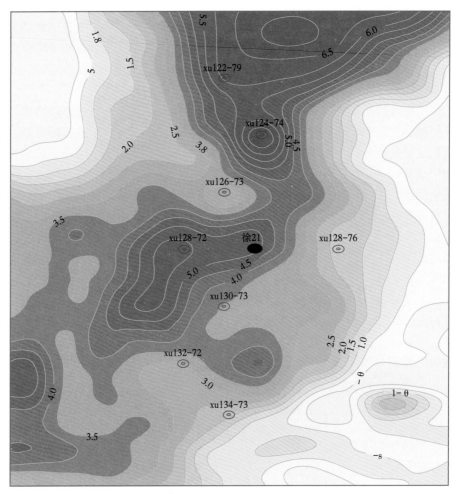

图 6.3　徐 21 井区砂岩预测（反演）平面图

6.2.2　试井综合解释技术

针对不同油藏地质特点以及试油、试采动态资料，采用试井综合解释技术，对储层动态参数进行解释分析。主要流程：根据油藏评价要求，进行试油、试采设计→录取试油、试采过程中的压力、产量数据→对录取到的数据进行分析解释→确定储层物性、介质类型、砂体分布范围等。

6.2.2.1　提捞试采资料分析方法

提捞试采过程中录取的资料主要有提捞液量、捞前捞后液面等，应用渗流力学原理对提捞过程中的油井动态规律及其影响因素进行了深入研究，建立了一套提捞过程中的油井动态预测模型和储量计算方法，从动态角度对储层进行了评价。

根据渗流力学原理，推导得到描述油藏子系统和井筒子系统的常微分方程组：

$$\frac{\mathrm{d}p_{\mathrm{R}}}{\mathrm{d}t} = \frac{J}{V\phi C_{\mathrm{t}}}(p_{\mathrm{R}} - p_{\mathrm{wf}}) \qquad (6.4)$$

$$\frac{\mathrm{d}p_{\mathrm{wf}}}{\mathrm{d}t} = \frac{\gamma_{\mathrm{o}}}{A} \left[J \left(p_{\mathrm{R}} - p_{\mathrm{wf}} \right) - q_{\mathrm{s}} \right] \tag{6.5}$$

方程组的通解为：

$$p_{\mathrm{R}} = C_1 + C_2 \mathrm{e}^{(I_{\mathrm{R}} - I_{\mathrm{W}})Jt} - \frac{I_{\mathrm{R}} I_{\mathrm{W}} q_{\mathrm{s}}}{I_{\mathrm{R}} - I_{\mathrm{W}}} t \tag{6.6}$$

$$p_{\mathrm{wf}} = p_{\mathrm{R}} - C_2 \left(1 - \frac{I_{\mathrm{W}}}{I_{\mathrm{R}}} \right) \mathrm{e}^{(I_{\mathrm{R}} - I_{\mathrm{W}})Jt} - \frac{I_{\mathrm{W}} q_{\mathrm{s}}}{J \left(I_{\mathrm{R}} - I_{\mathrm{W}} \right)} \tag{6.7}$$

式中　A——面积，m^2；

　　　C_{t}——综合压缩系数，$1/\mathrm{Pa}$；

　　　J——采油指数，$\mathrm{m}^3/(\mathrm{s} \cdot \mathrm{Pa})$；

　　　p_{wf}——井底压力，Pa；

　　　p_{R}——地层压力，Pa；

　　　q_{f}——井底产量，m^3/s；

　　　q_{s}——井口产量，m^3/s；

　　　V——油藏表观体积，m^3；

　　　γ_{o}——原油重度，N/m^3；

　　　ϕ——孔隙度；

　　　I_{R}——地层压力变化指数（采出单位体积液量后地层压力变化）；

　　　I_{W}——油井压力变化指数（采出单位体积液量后油井压力变化）；

　　　C_1、C_2——任意常数。

为了验证上述方法的有效性，应用多口抽油试采井资料进行了分析。通过试采过程中录取的井底流压和采后压力恢复资料，进行物质平衡方法的储量计算（表6.8）。

表6.8　提捞资料分析法储量计算结果与物质平衡法对比表

井号	试采层位	累计产液（m^3）	采前静压（MPa）	采后地层压力（MPa）	压缩系数（MPa）	含油饱和度（%）	单井控制储量（10^4t）	
							物质平衡法	捞油资料分析法
徐23	P	90.66	13.438	11.72	0.001507	55	1.68	1.66
古708	F	527.05	23.083	18.56	0.00125	60	4.78	4.20
茂17	P	134.1	18.673	17.93	0.001489	60	6.23	6.48
川3	P	187.17	7.55	5.35	0.00083	60	5.12	4.90
英36	H	353.3	13.42	12.58	0.002	60	14.33	13.27
苏13	N	1012.48	13.924	11.71	0.00159	60	14.69	13.75
苏131	N	1235	14.09	13.05	0.00168	55	32.97	32.62
贝10	B	1526.01	18.219	16.12	0.001093	55	30.62	31.29
贝14	B	466.17	14.45	13.43	0.001507	55	13.95	15.39
贝16	X	2411.6	11.79	10.13	0.001344	55	50.27	52.31
太121	P	1462.6	12.85	10.12	0.0015	60	18.64	19.52
芳32	F	474.06	16.81	11.61	0.001361	60	3.38	4.25

徐家围子油田徐23井试采层位为葡Ⅰ1号层，射开有效厚度1.6m。按3m³定产试采一个月，累计抽出油73.52m³，抽出水17.14m³，平均日产油3.025m³。对每天的流压进行拟合（图6.4），得到储量为$1.66×10^4$t，而利用物质平衡法计算得到的储量为$1.68×10^4$t，二者非常接近。计算了古708等井的储量（表6.8），两种方法的计算结果非常接近，平均相对误差为6.9%，表明提捞试采资料分析方法是可靠的，解决了绝大多数提捞井开采过程中由于地层压力资料较少，而无法用动态资料评价储量的实际问题，为油藏评价提供了一种重要手段。

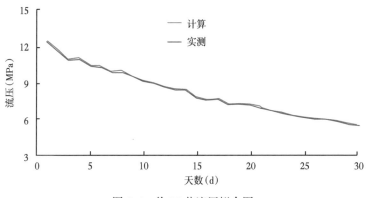

图6.4 徐23井流压拟合图

6.2.2.2 储层物性解释

根据叠加原理，对关井前油井处于稳定流、拟稳定流阶段的特征直线分析方法进行了研究。

稳定流特征直线分析方法公式：

$$p_{ws}=\frac{2.121×10^{-3}q\mu B}{Kh}lg\Delta t+p_i-\frac{2.121×10^{-3}q\mu B}{Kh}lg\frac{r_e^2}{8.085\eta} \qquad (6.8)$$

拟稳定流特征直线分析方法公式：

$$p_{ws}=-\frac{2.121×10^{-3}q\mu B}{Kh}lg\left(\frac{r_e^2·10^{6.26\eta\Delta t/r_e^2}}{8.085\eta\Delta t}\right)+p_i-\frac{2.121×10^{-3}q\mu B}{Kh}\left(\frac{6.26\eta t_p}{r_e^2}-0.652\right) \qquad (6.9)$$

应用特征直线分析、典型曲线拟合和非线性回归分析方法分别对各地区的试油、试采资料进行了分析和解释，除个别井有效渗透率大于10mD以外，其余井渗透率平均仅3.0mD，表明储层物性非常差。

6.2.2.3 储层介质类型判断

试井分析中将储层介质分为均质油藏和非均质油藏，可以根据压力导数曲线形态对储层介质类型做出判断。

英台地区英66井高台子油层压力导数曲线呈现双重孔隙介质油藏特征（图6.5）。裂缝的存在可从英台地区钻井过程中井漏、取心、测井解释垂向裂缝发育得到证实。英66井钻井过程中共发生32次井漏，总漏失量465m³，为英台地区漏失量最大的一口井。英台地区钻井液漏失井段取心资料表明，储层发育高角度纵向或垂直裂缝，裂缝将岩心从中间劈开，为明显的构造成因。如英67井取心井段1634.0～1645.0m共见到34处纵向裂缝，是造成井漏的主要原因。英37井微电阻率扫描成像测井EMI发现井段1547.4～1745.4m发育一条缝面倾角近90°的垂直裂缝，进一步证实了裂缝是造成井漏的原因。

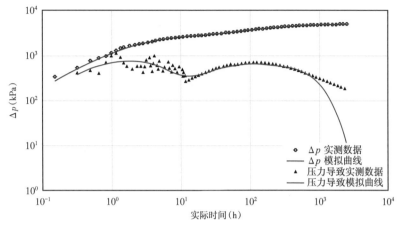

图6.5 英66井高台子油层双对数拟合图

6.2.2.4 井控砂体分布预测

井—震相模式预测技术主要对储层进行宏观预测，试井技术主要对井控砂体分布范围进行预测。

徐21井、徐23井为徐家围子向斜上的两口探井，从试油情况看（表6.9），徐23井要好于徐21井，而试采情况正好相反。

表6.9 徐21井、徐23井葡萄花油层试油、试采情况对比表

井号	有效厚度（m）	试油产量（t/d）	试油采油强度[t/(d·m)]	采前静压（MPa）	采后静压（MPa）	试采天数（d）	累计产油（m³）	平均产量（m³/d）	试采采油强度[t/(d·m)]
徐21	3.6	6.0	1.67	14.28	14.26	96	602.2	6.27	1.74
徐23	1.6	13.3	8.31	13.44	10.72	30	73.5	2.45	1.53

徐21井试采层位为葡I 2-4号层，射开厚度4.0m，有效厚度3.6m。试采96d，累计抽出油602.24m³，平均日产油6.27m³，地层压力仅下降了0.02MPa，反映砂体规模较大。试井解释压力导数曲线出现径向流直线段（图6.6），表明测试时间内未出现边界反映，砂体连通性好，探测半径为310m。徐21井区采用300m井距菱形井网布井，徐21井周围开发井徐126-73、徐126-75、徐128-72、徐128-76、徐130-73、徐130-75井测井解释有效厚度分别为2.0m、2.2m、3.0m、1.9m、1.9m、1.8m，表明试井解释结果是可靠的。

徐23井情况如前所述（表6.9），试采前后地层压力下降2.72MPa，表明砂体规模较小。试井分析压力导数曲线后期上翘（图6.7），表明遇到了边界，解释出边界距离分别为92m和81m。从井位图上看，该井东侧有一条断层，距离在100m左右，与解释出边界92m基本吻合。另一条边界应为岩性边界。从已完钻两口井分析试井解释较为可靠。

应用捞油资料分析方法得到徐23井单井控制储量为$2.1×10^4$t，而徐21井单井控制储量为$18.9×10^4$t，是徐23井的9倍。从另一个侧面反映了徐21井控制范围远远大于徐23井。

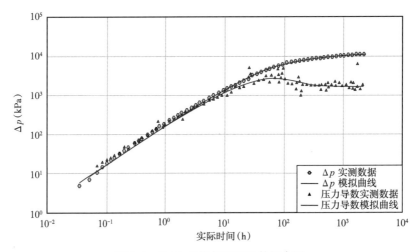

图 6.6　徐 21 井恢复段双对数拟合图

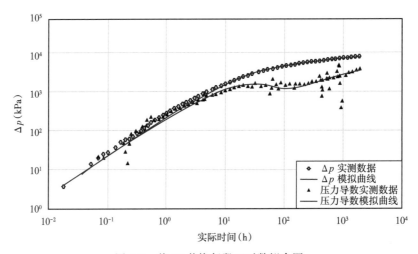

图 6.7　徐 23 井恢复段双对数拟合图

6.2.3　单井评价滚动开发方案设计

在单井评价滚动开发方案部署方面，采用灵活的井网形式，重点加强层系组合、井网密度、开采方式等内容的论证。随着地质认识程度的提高以及外扩潜力的大小，重新开展油藏描述研究，补充和完善如油藏天然能量、油层渗流特征、注水方式、开采方式、压力界限等开发方案设计内容[11]。

6.2.3.1　设计原则

按照"新思路、新模式、新技术、新机制、新体制"的指导思想，加快外围油田开发步伐，实现储量资源的经济有效动用。单井评价滚动开发设计总原则：

(1)加强单井综合评价，重点解剖主要目的层，充分利用成熟技术、多种开采方式评价；

(2)根据圈闭类型、断层展布、主力砂体优势方向，采用规则井网与不规则井网相结合、直井/斜井与水平井相结合的布井方式；

126

（3）探索经济实用的开采方式（提捞采油、活动注水、合采、双泵分抽等），对形成一定规模的目标探井区及时调整开采方式；

（4）对于具有多套含油层系的目标探井，在设计开发主要目的层的同时，要兼顾其他含油层系以及不同层系间储层非均质性对开发的要求；

（5）对于已开发区块发现的新层位或主要目的层上、下的含油层系，结合加密调整对新层位进行开发设计，按照层系追加评价分析进行可行性论证，实现对储量资源的最大利用。

6.2.3.2　含油层系组合优化

以主要目的层研究为重点，在技术经济最优化设计的基础上，最大限度地研究多层位评价和一套井网开发的可行性。主要体现在以下三个方面：一是在具有经济效益的前提下，兼顾特低渗透储层的开发，实现对储量资源的最大利用；二是在开发主要目的层的同时兼顾评价其他含油层系；三是在已开发区块加密调整的基础上实现新层位经济有效动用。

6.2.3.3　井网系统优化

（1）井网密度。

在单井开发方案设计方面，要坚持以主要目的层为主、多层位兼顾的井网设计，技术上充分考虑探测半径、地质条件相似或邻近已开发区块开发动态特征，经济上考虑经济最佳、经济极限井网密度，按照技术经济优化原则确定合理的井网密度。在杏 69 井区，结合上部注聚井井距、扶杨油层的开采特征以及经济极限井距，综合确定井距为 200m。

（2）井网形式与布井方式。

资料少、地质条件复杂是单井开发方案设计的共性，而且探井潜力或开发规模，在方案设计初期尚不十分清楚。因此，井网设计重点参照地质条件相似的已开发油田的井网形式综合确定。对于已开发区块附近的探井，依据已开发区块的井网形式及井排方向，而对于远离已开发区块或待探明地区的探井，重点依据圈闭类型、断层展布特征、主要目的层砂体优势方向等方面，采用灵活的井网形式。井网形式有 4 种：矩形井网（葡南油田、他拉哈油田英 14 井区）、菱形反九点井网（英台地区）、不规则井网（苏德尔特油田）和正方形井网。

在布井方式上，根据各目标探井油藏地质特点，采用直井、斜井、丛式井、水平井等多种布井方式。如针对英 28 井区嫩江流域钻斜井；英 51 井区因地面粮库、村庄等因素实施丛式井；茂 17 井区开展直井与水平井联合开发设计。

（3）开采方式。

为了最大限度地降低开发投资和成本，按照不修路、不架线、不装机等降低开发投资和成本措施，在开采方式上初期全部采用提捞采油，并根据油井动态特征采用必要的活动注水方式。后期根据开发规模和外扩潜力，适时调整开采方式。如在目标探井英 51、徐 21 井区随着开发井的实施和提捞采油的进一步落实，这两个区块具有一定的外扩潜力。因此，在这两个区块的外扩方案设计中，开采方式转变为注水开发、抽油开采。

6.3　单井滚动开发模式

对于具有一定潜力的目标探井，要加强油藏地质特征的认识，补充和完善单井开发方案设计，及时扩大开发规模；对认识程度变化比较大或十分复杂的目标探井要做进一步解剖，根据新的认识及时调整评价对策。

6.3.1 滚动评价部署思路

在目标探井单井评价工作量优化部署方面主要考虑以下 3 个方面。

（1）针对动态资料较少的地区，加强短期试采和试井解释，认识油藏流体性质、产能变化规律，精细研究油藏地质体的几何形态及连通性。

（2）针对高分辨率地震资料覆盖的地区，推广井约束反演储层预测方法，通过多方向井控反演与综合研究，预测井区主力储层分布范围。

（3）针对地震资料测网较稀的边远井区，积极探索经济实用的非地震技术，如随钻地震、垂直地震等，多种方法研究构造特征、主力油层发育趋势等。

6.3.2 滚动开发方案

针对大庆外围零散井区目标探井多具有井网控制程度低、资料少、地质条件复杂等特点，本着控制单井评价风险和降低开发投资的目的，通过对目标探井从优化评价部署、开发方案设计到跟踪调整研究，建立了滚动开发方案实施程序及开发模式，为零散井区目标探井单井评价滚动开发部署提供了技术保障。

6.3.2.1 实施程序

滚动开发方案实施程序主要包括 4 个方面。

（1）目标探井优选及评价对象确定。

在众多的零散井区工业油流井点中，按照目标探井评价优选方法中所考虑的三大因素进行逐因素评价分析，初步确定目标探井。

（2）评价工作量优化部署。

根据油藏地质特征的复杂程度以及解决问题的关键，重点采用经济实用的单井评价技术，如短期试采等。

（3）单井开发设计。

在单井构造解释、储层预测研究的基础上，深化主力油层分布和油藏规模的认识，并依据圈闭类型、断层展布、主力油层砂体发育方向等采用灵活的井网形式将井位设计在目标探井附近最有利的部位。

（4）随钻跟踪研究。

加强方案全过程管理，实现设计、跟踪、调整一体化，同时根据新完钻井的情况，及时调整随钻地质模型，优化钻井运行，提高钻井成功率。

按照上述的实施程序，一方面加强目标探井的跟踪研究，对具有一定潜力的井区迅速扩大其规模；另一方面要继续对已有探井、评价井进行单井综合评价，优选目标探井，并对勘探有重大发现的探井、评价井要及时纳入"百井工程"范围，进一步扩大"百井工程"规模。

6.3.2.2 滚动开发模式

通过几年来的实践，根据不同的油藏类型，探索形成了单井评价滚动开发和地面建设模式。主要包括以下三种模式。

（1）针对油水分布简单及相对整装的油藏，利用井—震相模式预测、试井综合解释、随钻地震等多种技术确定砂体延伸方向及含油富集区，并采用规则井网，同步注水，滚动外扩开发模式。地面建设初期采用简单灵活的方式，后期开发规模扩大采用相对正规的方式。如目标探井徐 21 井和英 51 井均在不到两年的时间，实现了由单井评价向区块开发的转变。

（2）针对油水复杂或小断块油藏，采用灵活的井网形式，初期利用天然能量开采，地面建设采用单井拉油或集中拉油的模式。随着地质认识程度的不断提高以及开发中新资料、新认识的增加，重新开展油藏描述研究，补充完善注水方式等，地面注水系统采用活动式注水工艺。如目标探井英 19 井通过试采和开发证实油藏规模小，天然能量较为充足，利用油藏天然能量的开采方式能够满足目前的开发需要。

（3）针对多层位叠合油藏，加强多套含油层系立体评价，采用以目的层为主、多层位兼顾的开发模式。考虑探测半径、地质条件相似或邻近已开发区块开发动态特征，按照技术经济优化原则确定合理的井网井距。地面建设已开发区块充分依托已建系统。如目标探井杏 69 井区在井距选择时，结合上部注聚井井距、目的层的开采特征以及经济井距，综合确定合理井距为 200m。

6.4 滚动开发效果评价

（1）多层位立体开发，有效提高勘探开发效益。

通过采用多层位立体评价模式，达到提高勘探开发效益、降低开发风险的目的。在他拉哈油田塔 284 井区滚动评价时，主要目的层葡萄花油层于 2003 年提交了探明储量，扶余油层早在 1996 年提交了预测储量。该区块目前完钻 13 口井，平均单井钻遇有效厚度 17.5m，其中葡萄花、扶余油层平均单井钻遇有效厚度分别为 3.1m 和 12.6m，高于方案设计。由于采用多层位立体评价，一是避免了因葡萄花油层储层发育砂体横向变化导致的开发风险，二是部分井在黑帝庙、萨尔图和高台子油层也钻遇有效厚度。

根据目前开发井已大部分完钻的井区统计，在未探明地区或层位新增动用地质储量 102×10^4t，含油面积 3.7km²。

（2）潜力区块及时滚动外扩，加快待探明地区开发步伐。

2002 年在徐 21 井区进行了开发方案设计，当时该井区未提交预测储量，首批设计开发井 23 口，已完钻的 19 口井，平均单井有效厚度 2.0m，初期提捞采油平均单井日产油稳定在 3.0t 左右，展示了该区块的开发潜力。徐 21 井区分三次累计设计开发井 112 口，动用含油面积 6.7km²，地质储量 147×10^4t，建成产能 3.8×10^4t。

长垣西部英 51 井区主要目的层为高Ⅳ组油层。按 200m 井距正方形井网灵活布井，高Ⅳ组完钻 15 口开发井，平均单井有效厚度 6.2m，发育较稳定；射开高台子油层 7 口井，投产初期平均自然产能 2.7t/d，2 口井压裂后平均日产油 5.0t。在该井区及时进行滚动外扩，共设计开发井 73 口，动用含油面积 2.9km²，地质储量 154×10^4t，预计建成产能 5.2×10^4t。

（3）深化油藏地质特征认识，实现油水分布复杂油田有效动用。

葡西油田是长垣以西地区葡萄花油层规模最大、油水分布最复杂的低渗透油藏。2000 年古 109 区块初步开发方案由于油水复杂等问题，方案设计的 156 口开发井仅完钻 27 口即停钻。为深化对葡西油田地质特征认识，在油水分布规律、油水层解释和井区优选方法等方面进行了研究，取得了较大进展，通过研究断层活动期、泥岩脱水期与成藏期的匹配关系以及蒸发分馏作用对成藏的影响，提出葡西油田葡萄花油藏经历了成藏—破坏—再成藏的二次成藏过程；从葡萄花油层岩性剖面、测井曲线电性特征分析，分砂岩组编制了油水层解释图版，满足了区块优选和开发需要。

2004 年在古 58、古 81、古 108 和古 120 井区采用滚动开发模式布井，均采用正方形 300m 井距一套层系开发。4 个井区合计设计开发井 61 口，动用地质储量 $201 \times 10^4 t$，含油面积 $5.2 km^2$，建成产能 $4.75 \times 10^4 t$。

参 考 文 献

[1] 崔宝文，王永卓，万新德，等．深化油田地质和配套方法研究，发展勘探开发一体化 [J]．中国石油勘探，2009，14（05）：27-32.

[2] 吉庆生，高彦楼，周永炳，等．单井评价及滚动开发技术 [J]．大庆石油地质与开发，2005，24（6）：28-30.

[3] 潘坚，黄磊．大庆西部外围油田滚动开发实践 [J]．大庆石油地质与开发，2002（04）：24-26.

[4] 梁海龙．徐家围子地区徐 21 井区目标探井评价优选技术研究 [D]．大庆：大庆石油学院，2009.

[5] 曹宏，齐文同，宋新民，等．储层相对稳定性及其在储层模拟中的应用 [J]．石油学报，2002（03）：56-59.

[6] 赵翰卿，付志国，吕晓光，等．大型河流——三角洲沉积储层精细描述方法 [J]．石油学报，2000（04）：109-113.

[7] 裘怿楠等．低渗透砂岩油藏开发模式 [M]．北京：石油工业出版社，1998：168.

[8] 姚光庆，李联五，孙尚如．砂岩储层构成定量化分析研究思路与方法 [J]．地质科技情报，2001（01）：35-38.

[9] IÕ. 卡·考森蒂诺 Luca Cosentino. 油藏评价一体化研究 [M]．北京：石油工业出版社，2003.

[10] 吴胜和等．储层建模 [M]．北京：石油工业出版社，1999.

[11] 李道品．低渗透油田开发 [M]．北京：石油工业出版社，1999：107.

130

7 低渗透油藏开发效果评价方法

低渗透油藏开发实践表明，受地质和开发因素影响，各区块水驱开发效果差异明显。传统的开发效果评价方法通常把油藏作为一个整体，采用同一评价体系和标准，而不能准确反映各个因素的影响。本章提出了低渗透油藏多因素综合分类方法，在借鉴中高渗透油藏注水开发效果评价方法的基础上，结合油藏工程、系统工程、模糊数学和层次分析等方法，应用多因素方差分析、因子分析、专家分析、聚类分析和判别分析等方法对油藏进行了综合研究，建立了低渗透油藏多因素综合评价体系，研究了各类区块动态特征和开发规律，明确了剩余油分布特征，制定了低渗透油藏开发调整对策。

7.1 已开发区块分类

7.1.1 多因素综合分类方法

常用的综合分类方法有聚类分析、判别分析和灰色关联法等[1-3]。与灰色关联方法相比，聚类分析的过程是对专家的意向加以综合，使其定量化，评价过程更符合现实情况。判别分析是对已知研究对象分成若干类型，根据获取其观测数据建立判别式，然后对未知类型的样品进行判别分类。判别分析和聚类分析通常联合使用。当先知道各类总体情况，采用判别分析判断新样品的归类；当总体分类不清楚时，可先用聚类分析对原样品进行分类，然后再用判别分析对新样品进行判别[4]。

在聚类算法中，动态聚类和层次聚类方法是最常见的两类聚类方法。层次聚类法计算的工作量大，计算结果是单向的，作出的树状图十分复杂，不便于分析，容易受奇异值的影响；动态聚类具有占有计算机空间小，速度快的优点，适用于大样本的聚类分析，可以对初始分类反复调整，但存在初始凝聚点选择的随机性问题。本书采用基于动态聚类和层次聚类相结合的混合算法，既能降低聚类时间，又能提高聚类质量。首先用层次聚类法确定分类数，检查是否有奇异值，剔除奇异值后，重新分类，把用层次聚类法得到的各类重心，作为动态聚类法的初始凝聚点，对分类进行调整[5]。

油藏多因素综合分类方法是应用多因素方差分析、因子分析、专家分析、聚类分析和判别分析等方法对油藏开展综合研究，建立适合低渗透油田的油藏多因素综合分类流程（图7.1）。首先开展参数优选，由于分类参数过多，在动态聚类分析之前，应用因子分析进行降维处理；然后应用聚类分析对一批分类参数明确的区块进行分类，再用判别分析建立判别函数以对不明确区块进行判别归类，最后应用生产动态资料加以验证。

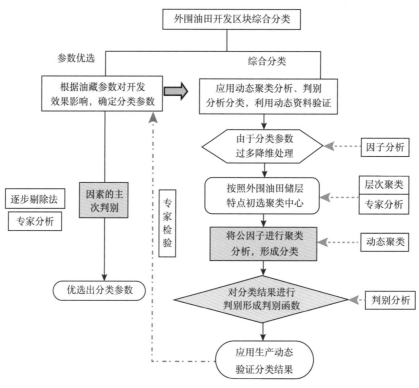

图 7.1　油藏多因素综合分类方法

7.1.2　分类参数优选及降维处理

7.1.2.1　参数优选

油藏是由储层几何形态、储层孔隙空间及流体三部分组成，而每一部分都由众多的参数来表征，由此需要根据评价目的选择合适的参数[6]。

（1）影响油藏开发效果的主要静态因素。

根据渗流特征、储层分布、流体性质、孔隙结构、裂缝发育等静态因素，确定影响油藏开发效果的主要因素有渗透率、孔隙度、储量丰度、流度、有效厚度、K 缝/K 基、裂缝频率、启动压力梯度、可动流体饱和度、储层埋藏深度，除上述因素外，还包括储层含油饱和度、原油黏度、砂体发育情况、断层发育状况等。

（2）参数优选原则及方法。

根据综合分类的要求，参数优选原则如下：

①同类参数中具有代表性，容易获得，可定量化；

②分类区块间同项参数具明显差异；

③全面考虑油藏分类效果的影响因素；

④参数具有相对独立性；

⑤参数简洁适用，突出主要参数的重要贡献；

⑥参数实用性强，尽量是直接可测的显指标。

依据上述原则，从影响开发效果的主要静态因素中选出孔隙度、渗透率、有效厚度、储量丰度、流度、埋藏深度、黏度、裂缝发育程度、启动压力梯度、可动流体饱和度、含油饱和度共 11 个因素，进行多因素方差分析。

多因素方差分析用来研究两个或两个以上因素是否对指标产生显著性影响，这种方法不仅能分析多个因素对指标的独立影响，更能分析多个因素的交互作用能否对指标产生显著影响，进而找到利于指标的最优组合。

（3）优选结果。

①萨葡油层。

利用多因素方差分析和逐步剔除法，优选了 6 个影响较大的静态参数，分别是渗透率、孔隙度、有效厚度、流度、丰度、裂缝发育程度。

②扶杨油层。

优选了 8 个影响较大的静态参数，分别是渗透率、孔隙度、有效厚度、流度、丰度、裂缝发育程度、启动压力梯度、可动流体饱和度。

7.1.2.2　参数降维处理

优选后的参数仍较多，不利于油藏的综合分类。采用主成分分析法，用较少的新变量代替原来较多的变量，并尽可能多地保留原来较多的变量所反映的信息，达到降维的目的。

（1）主成分分析法。

主成分分析法是一种通过降维技术把多个变量转化为少数几个主成分的统计分析方法。这些主成分能够反映原始变量的绝大部分信息，通常表示为原始变量的某种线性组合[7]。

在主成分分析中，首先应保证所提取的前几个主成分的累计贡献率达到一个较高的水平，其次能够给出符合实际背景和意义的解释。

假定有 n 个地理样本，每个样本共有 p 个变量描述，这样就构成了一个 $n \times p$ 阶的地理数据矩阵：

$$X = \begin{cases} x_{11} & x_{12} & \cdots & x_{1p} \\ x_{21} & x_{22} & \cdots & x_{2p} \\ \cdots & \cdots & \cdots & \cdots \\ x_{n1} & x_{n1} & \cdots & x_{np} \end{cases} \tag{7.1}$$

如果记原来的变量指标为 x_1，x_2，$\cdots$，x_p，它们的综合指标——新变量指标为 z_1，z_2，$\cdots$，z_m（$m \leqslant p$）。则

$$\begin{cases} z_1 = l_{11}x_1 + l_{12}x_2 + \cdots + l_{1p}x_p \\ z_2 = l_{21}x_1 + l_{22}x_2 + \cdots + l_{2p}x_p \\ \cdots \\ z_m = l_{m1}x_1 + l_{m2}x_2 + \cdots + l_{mp}x_p \end{cases} \tag{7.2}$$

在式（7.2）中，系数 l_{ij} 由下列原则来决定：

① z_i 与 z_j（$i \neq j$；i，j = 1，2，$\cdots$，m）相互无关；

② z_1 是 x_1，x_2，$\cdots$，x_p 的一切线性组合中方差最大者；z_2 是与 z_1 不相关的 x_1，x_2，$\cdots$，x_p 的所有线性组合中方差最大者；……；z_m 是与 z_1，z_2，……z_{m-1} 都不相关的 x_1，x_2，$\cdots$，x_p 的所有线性组合中方差最大者。

这样决定的新变量指标 z_1，z_2，……，z_m 分别称为原变量指标 x_1，x_2，…，x_p 的第一，第二，…，第 m 主成分。其中，z_1 在总方差中占的比例最大，z_2，z_3，…，z_m 的方差依次递减。在实际问题的分析中，常挑选前几个最大的主成分，这样既减少了变量的数目，又抓住了主要矛盾，简化了变量之间的关系。

主成分分析计算步骤归纳如下：

第一步：数据的标准化处理。

$$x'_{ij} = \frac{x_{ij} - \bar{x}_j}{s_j} (i = 1, 2, \cdots, n, j = 1, 2, \cdots, p) \tag{7.3}$$

第二步：计算相关系数矩阵。

$$\boldsymbol{R} = \begin{cases} r_{11} & r_{12} & \cdots & r_{1p} \\ r_{21} & r_{22} & \cdots & r_{2p} \\ \cdots & \cdots & \cdots & \cdots \\ r_{p1} & r_{p2} & \cdots & r_{pp} \end{cases} \tag{7.4}$$

在公式（7.4）中，$r_{ij}(i, j = 1, 2, \cdots, p)$ 为原来变量 x_i 与 x_j 的相关系数，其计算公式为：

$$r_{ij} = \frac{\sum_{k=1}^{n} (x_{ki} - \bar{x}_i)(x_{kj} - \bar{x}_j)}{\sqrt{\sum_{k=1}^{n} (x_{ki} - \bar{x}_i^2) \sum_{k=1}^{n} (x_{kj} - \bar{x}_j)^2}} \tag{7.5}$$

因为 $\boldsymbol{R}$ 是实对称矩阵（即 $r_{ij} = r_{ji}$），所以只需计算其上三角元素或下三角元素即可。

第三步：计算特征值与特征向量。

首先解特征方程 $|\lambda_i E - R| = 0$ 求出特征值 λ_i $(i = 1, 2, \cdots, p)$，并使其按大小顺序排列，即 $\lambda_1 \geq \lambda_2 \geq \cdots \geq \lambda_p \geq 0$；然后分别求出对应于特征值 λ_i 的特征向量 e_i $(i = 1, 2, \cdots, p)$。

然后计算主成分贡献率及累计贡献率。

主成分 z_i 贡献率：$r_i / \sum_{k=1}^{p} \gamma_k (i = 1, 2, \cdots, p)$；

累计贡献率：$\sum_{k=1}^{m} \gamma_k / \sum_{k=1}^{p} \gamma_k$。

一般取累计贡献率达 75%～95% 的特征值 λ_1，λ_2，…，λ_m 所对应的第一，第二，…，第 m $(m \leq p)$ 个主成分。

计算主成分载荷：

$$p(z_k, x_i) = \sqrt{\gamma_k} e_{ki} (i, k = 1, 2, \cdots, p) \tag{7.6}$$

由此可以进一步计算主成分得分：

$$Z = \begin{cases} z_{11} & z_{12} & \cdots & z_{1m} \\ z_{21} & z_{22} & \cdots & z_{2m} \\ \cdots & \cdots & \cdots & \cdots \\ z_{n1} & z_{n2} & \cdots & z_{nm} \end{cases} \tag{7.7}$$

在保证数据信息丢失最少的原则下，利用降维的思想，通过研究多变量之间的内部依赖关系，从原始变量的相关矩阵出发，找出影响变量的共同因子，化简数据。

（2）萨葡油层参数降维结果。

利用主成分分析方法，对萨葡油层各区块相关数据进行了降维处理，计算得到特征值、方差贡献率和累积贡献率（表 7.1），可知第一因子的方差占所有因子方差的 38% 左右，前三个因子的方差贡献率达到 81.06%（≥75%），因此选前三个因子已经足够描述油藏的主要特征。

表 7.1　萨葡油层解释的总方差　　　　　　　　　　　（单位:%）

主成分	提取平方和载入		旋转平方和载入	
	累积	合计	方差	累积
1	41.45	2.292	38.2	38.2
2	66.18	1.456	24.27	62.46
3	81.06	1.116	18.6	81.06

采用主成分分析法计算因子载荷矩阵，根据因子载荷矩阵可以说明各因子在各变量上的载荷，即影响程度（表 7.2）。第一主成分在渗透率、孔隙度、流度上都有较大载荷，主要表现物性各指标的综合影响，定义为物性因子；第二主成分在有效厚度和储量丰度上有很大载荷，体现丰度对油藏品质的影响，定义为丰度因子；而第三主成分只在裂缝上有很大载荷，表现裂缝发育程度对油藏品质的影响，定义为裂缝因子。这三个因子的性质及其顺序较好地体现了油藏特点，即物性的好坏在油藏品质中占主导地位，其次是丰度，对于萨葡油层各区块主要差别中，裂缝因子作用最弱（图 7.2）。

表 7.2　萨葡油层旋转成分载荷矩阵参数表

参数	成分		
	1	2	3
渗透率（mD）	0.899	-0.064	-0.134
有效厚度（m）	-0.268	0.908	-0.111
孔隙度（%）	0.915	-0.072	-0.097
流度［mD/（mPa·s）］	0.636	0.307	-0.448
储量丰度（10^4t/km^2）	0.357	0.721	0.352
裂缝频率（条/m）	-0.205	0.092	0.866

（3）扶杨参数降维结果。

由扶杨油层各区块相关系数矩阵计算得到特征值、方差贡献率和累积贡献率，可知第一主成分的方差占所有因子方差的 46% 左右，前三个主成分的方差贡献率达到 83.71%（≥75%），因此选前三个主成分已经足够描述油藏的品质（表 7.3）。

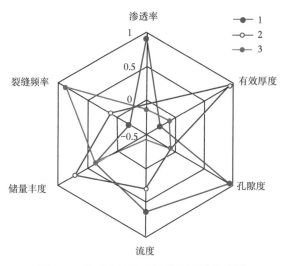

图 7.2 萨葡油层降维处理公因子雷达图

表 7.3 扶杨油层解释的总方差参数表 　　　　　　　　　（单位:%）

成分	提取平方和载入		旋转平方和载入	
	累积	合计	方差	累积
1	53.13	3.69	46.13	46.13
2	71.93	1.686	21.08	67.21
3	83.71	1.32	16.5	83.71

注:提取方法主成分分析。

　　扶杨油层主成分的因子载荷矩阵分析表明:第一主成分在渗透率、孔隙度、流度、启动压力梯度、可动流体饱和度上都有较大载荷,主要表现物性的各指标的综合影响,定义为物性因子;第二主成分在裂缝上有很大载荷,表现裂缝发育程度对油藏品质的影响,定义为裂缝因子;第三主成分在有效厚度和储量丰度上有很大载荷,体现丰度对油藏品质的影响,定义为丰度因子;这三个因子的性质及其顺序较好地体现了油藏特点,即物性的好坏在油藏品质中占主导地位,由于扶杨油层裂缝比较发育,裂缝因子作用也较大,在各区块差别中影响最弱的是丰度因子(表 7.4、图 7.3)。

表 7.4 扶杨油层旋转成分载荷矩阵参数表

参数	成分		
	1	2	3
渗透率(mD)	0.897	0.313	−0.049
有效厚度(m)	−0.375	−0.507	0.633
孔隙度(%)	0.66	0.643	−0.088
流度[mD/(mPa·s)]	0.935	0.055	0.066
储量丰度(10^4t/km^2)	0.116	0.031	0.946
裂缝频率(条/m)	0.02	0.903	−0.036
启动压力梯度(MPa/m)	−0.784	−0.304	0.086
可动流体饱和度(%)	0.897	−0.087	−0.011

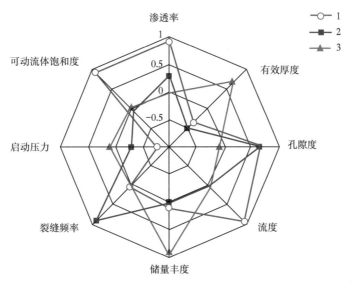

图 7.3　扶杨油层降维处理公因子雷达图

7.1.3　油层综合分类

7.1.3.1　初始凝聚点的选择

凝聚点是一批有代表性的点，是欲形成类的中心。凝聚点的选择直接决定初始分类，对分类结果有很大影响。

运用层次聚类法，结合专家分析初始分类，将分类的重心作为动态聚类的初始凝聚点。

层次聚类基本思想：将 n 个样品各作为一类；计算 n 个样品两两之间的距离，构成相似矩阵；合并距离最近的两类为一新类；计算新类与当前各类之间的距离，再合并计算，直到只有一类为止。

7.1.3.2　动态聚类

典型的动态聚类分析方法为 k 均值法，即将每一个项目分给具有最近中心（均值）的聚类。

基本流程如下：

第一步：选择若干个初始凝聚点，作为类中心的估计；

第二步：对每一个样本，按照某种原则划归某个类中；

第三步：重新计算各类的重心；

第四步：跳转到第二步直到各类重心稳定。

应用动态聚类法，对萨葡和扶杨 222 个具有代表性、数据比较落实的区块完成了分类。

7.1.3.3　萨葡油层分类

根据数据比较落实区块的主成分二维分布图，萨葡油层各区块明显的分为 3 类（图 7.4）。从各类聚类中心的因子特点来看，一类主要是物性好、丰度大，二类物性和丰度居中，三类物性和丰度都差（图 7.5）。

将萨葡油层 128 个区块，按照聚类分为三类。

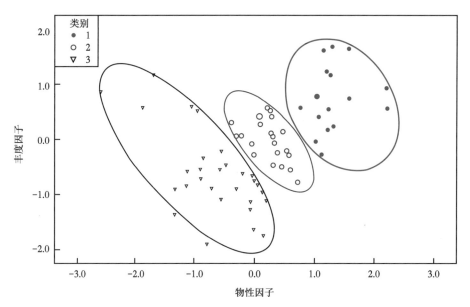

图 7.4　萨葡油层因子变化对分类影响分析

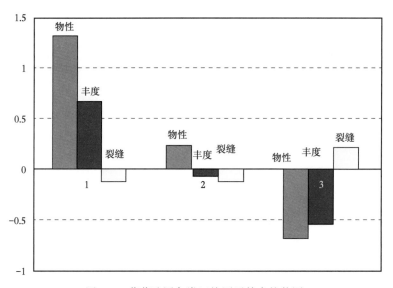

图 7.5　萨葡油层各类区块因子特点柱状图

　　一类：物性好，丰度大。渗透率为 87～252.7mD，平均为 199.79mD；丰度为（20～56）×10⁴t/km²，平均为 43.65×10⁴t/km²。主要是升平和龙虎泡等主体区块。

　　二类：物性较好，厚度较大。渗透率为 40.2～187mD，平均为 124.42mD；丰度为（17.7～36.5）×10⁴t/km²，平均为 29.88×10⁴t/km²。主要是八厂永乐、肇州等区块。

　　三类：物性差，厚度薄。渗透率为 2.1～98mD，平均为 31.96mD；丰度为（13～37.3）×10⁴t/km²，平均为 22.42×10⁴t/km²。主要是新站、新肇、敖南、肇413 等区块（表7.5）。

表 7.5 长垣外围油田萨葡油层分类结果统计表

类别	区块（个）	地质储量（10⁴t）	有效厚度（m）	含油饱和度（%）	地质储量丰度（10⁴t/km²）	渗透率（mD）	孔隙度（%）	典型区块
一类	25	15830	4.44	60.61	43.65	199.79	21.05	龙虎泡、升平主块、杏西、敖古拉、卫星、祝三、宋芳屯试验区等
二类	49	13226	3.39	61.38	29.88	124.42	19.35	芳709、永92-88、芳148、肇212等
三类	54	18114	3.17	57.43	22.42	31.96	18.45	新站、新肇、肇143、敖南等
合计	128	47170	3.66	59.60	31.64	114.21	19.57	

7.1.3.4 扶杨油层分类

根据数据比较落实区块的主成分二维分布图，扶杨油层各区块明显的分为 3 类（图 7.6）。从各类聚类中心的因子特点来看：一类主要是物性好、裂缝发育，二类物性居中、裂缝较发育，三类物性和裂缝发育都较差（图 7.7）。

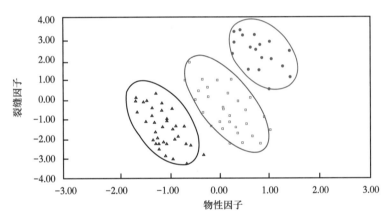

图 7.6 扶杨油层因子变化对分类影响分析图

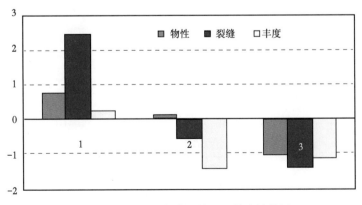

图 7.7 扶杨油层各类区块因子特点柱状图

将扶杨油层94个区块,按照聚类分为三类。

一类:物性好,天然裂缝发育。渗透率为11~25mD,平均17.67mD,主要是朝阳沟主体区块。

二类:物性较好,天然裂缝较发育。渗透率为2.76~9.2mD,平均5.67mD,主要是朝阳沟翼部、茂11,东16等区块。

三类:物性差,流度小,天然裂缝不发育。渗透率为0.5~3.14mD,平均1.44mD,主要是茂801、源35、树2、树8等区块(表7.6)。

表7.6 长垣外围油田扶杨油层分类结果统计表

类别	区块(个)	地质储量(10^4t)	有效厚度(m)	地质储量丰度(10^4t/km²)	空气渗透率(mD)	孔隙度(%)	流度[mD/(mPa·s)]	裂缝频率(条/m)	典型区块
一类	18	6558.7	9.13	74.21	17.67	16.93	1.81	0.099	朝45、朝55、朝气3、朝5、朝50、朝55等
二类	32	11499.8	10.94	58.1	5.67	14.64	0.81	0.044	朝2、朝202、茂11、三501、东16、东18、升382等
三类	44	18467.6	12.07	63.6	1.44	12.82	0.25	0.022	茂801、茂401、源35、朝阳沟杨大城子、树103、树8等
合计	94	36526.1	11.19	63.77	5.97	14.13	0.77	0.04	

7.1.4 各类区块存在的主要问题

(1)油田含水上升快、产量递减幅度大。

投入较早的以萨葡油层为主的龙虎泡、敖古拉、宋芳屯、升平等油田已进入高含水期,产量递减仍然较大。新投产的新站、新肇等低、特低渗透葡萄花油层,含水上升加快、产量递减幅度加大。裂缝发育的低渗透扶杨油层也存在上述问题。油田综合含水从2006年的45.3%上升到2013年的59.9%,年平均上升2.37%;通过加强油藏精细地质研究及水驱精细调整,两年老井递减率得到一定控制,但仍达到14.2%(图7.8)。

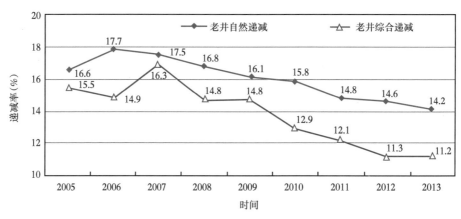

图7.8 长垣外围油田两年老井递减率变化曲线

(2)油田采油速度低，长关井、低效井比例高。

扶杨油层从 1986 年朝阳沟油田投入开发以来，历年采油速度普遍低于 1.5%。进入"十五"以来，采油速度均低于 1%。2013 年扶杨油层各区块采油速度平均仅为 0.37%（图7.9），低渗透油藏总采油速度为 0.65%。油田长关井 3705 口、小于 0.5t 的低效井 5048口，占油井总数的 41.6%。

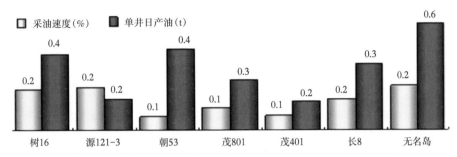

图 7.9　长垣外围扶杨油层裂缝不发育区单井日产油和采油速度

7.2　各类区块开发规律

7.2.1　含水变化规律

7.2.1.1　萨葡油层含水变化规律

（1）含水上升以 S 型和凸 S 型为主，整体含水上升缓慢。

萨葡油层投产时间较长，有代表性的 84 个区块的含水上升规律表明：含水上升以 S型和凸 S 型为主，整体含水上升缓慢（表 7.7）。

表 7.7　萨葡油层各类区块含水上升类型统计表　　　　　　　（单位：个）

区块类别	统计区块	S 型区块	凸 S 型区块	凹 S 型区块	拟合精度低区块
一类	21	13	6	1	1
二类	25	10	9	0	6
三类	38	9	15	4	10
合计	84	32	30	5	17

（2）一、二类区块含水上升速度较慢，裂缝发育三类区块含水上升快。

各类区块含水上升速度不同，一、二类区块含水上升速度较慢，裂缝发育三类区块含水上升快。如一类龙虎泡主体区块符合 S 型，初期含水较低，采出程度大于 10% 后，含水上升速度加快；而三类新站油田符合凸 S 型，初期含水较快，后期经过调整含水上升速度得到控制（图 7.10）。

7.2.1.2　扶杨油层含水上升规律

（1）大部分区块符合 S 型和凸 S 型含水上升规律。

扶杨油层有代表性的 39 个区块含水上升规律表明：大部分区块符合 S 型和凸 S 型含水上升规律（表 7.8）。

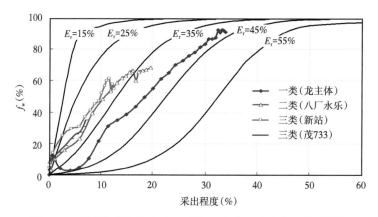

图 7.10 萨葡油层各类典型区块综合含水与采出程度关系曲线

表 7.8 扶杨油层各类区块含水上升类型统计表　　　　　　　（单位：个）

区块类别	统计区块	S 型区块	凸 S 型区块	凹 S 型区块
一类	10	3	5	2
二类	20	9	10	1
三类	9	6	1	2
合计	39	18	16	5

（2）裂缝发育区块含水上升快，裂缝不发育特低渗透油藏注水受效差。

一、二类裂缝发育区块，初期含水上升快，后期采用温和注水方式有效控制了含水上升；三类物性差，注水受效。如二类茂 11 区块初期含水上升较快，后期通过转线性注水含水上升得到有效控制（图 7.11）。

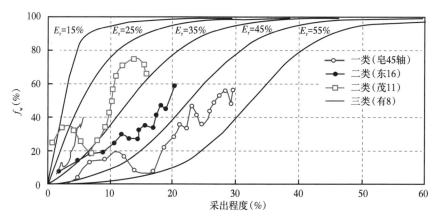

图 7.11 扶杨油层各类典型区块综合含水与采出程度关系曲线

7.2.2 产量变化规律

7.2.2.1 产油能力

萨葡油层产油能力较强，初期平均单井日产油 4.1t，目前平均单井日产油 1.2t，一、二类投产较早区块由于进入高含水期，目前采油强度低于新近投产的三类区块。扶杨油层产油能力相对较差,目前单井平均日产油仅为0.8t,其中三类区块由于物性差和裂缝不发育,目前平均采油强度仅为0.06t/(d·m)(表7.9)。

表7.9 长垣外围已开发油田各类区块产油能力统计表

油层	区块类别	有效厚度(m)	初期单井日产油(t)	初期采油强度[t/(d·m)]	目前单井日产油(t)	目前采油强度[t/(d·m)]
萨葡	一类	4.6	5.2	1.14	1.32	0.29
	二类	3.4	4.3	1.26	1.27	0.37
	三类	2.8	3.1	1.09	1.06	0.38
	小计	3.4	4.1	1.21	1.18	0.35
扶杨	一类	8.9	3.3	0.37	0.94	0.11
	二类	9.1	3.1	0.35	0.92	0.10
	三类	11.4	1.6	0.14	0.67	0.06
	小计	10.0	2.5	0.25	0.80	0.08

7.2.2.2 产液能力

无量纲年产液与综合含水变化关系研究表明,萨葡油层一类部分区块见水初期产液降低,但随着含水升高产液量逐渐升高,萨葡油层二、三类区块见水后产液比较稳定,虽然有下降趋势,但幅度不大(图7.12);扶杨油层各类区块见水后产液降低,由于物性差,随着含水升高产液量降低快(图7.13)。进一步说明萨葡一类部分区块具有提液稳产潜力,而其他各类区块不具备提液稳产条件。

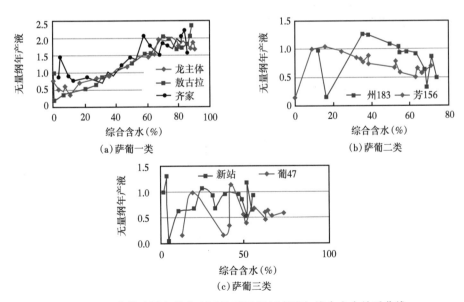

图7.12 萨葡油层各类典型区块无量纲年产液与综合含水关系曲线

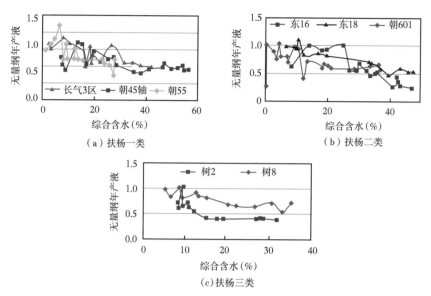

（a）扶杨一类

（b）扶杨二类

（c）扶杨三类

图 7.13　扶杨油层各类典型区块无量纲年产液与综合含水关系曲线

7.2.2.3　产量递减模式

　　萨葡一类区块基本符合梯形递减模式，具有一定稳产阶段，一般稳产 5 年左右；萨葡二类区块基本符合抛物线型递减模式，稳产时间短，一般稳产 3 年左右；萨葡三类区块基本符合折线型变化模式，基本没有稳产阶段（图 7.14）。

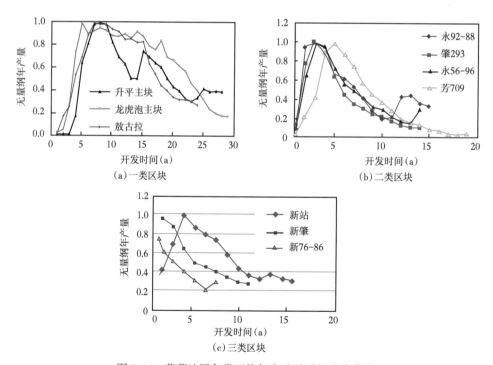

（a）一类区块

（b）二类区块

（c）三类区块

图 7.14　萨葡油层各类区块年产油随时间变化曲线

　　扶杨油层各类区块产量稳产难度大，其中一类区块符合抛物线递减模式，稳产 3~5 年；二、三类区块符合折线型递减模式，很难稳产（图 7.15）。

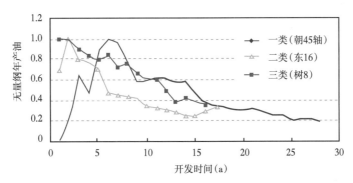

图 7.15　扶杨油层各类区块无量纲年产油随时间变化曲线

7.2.2.4　产量递减规律

低渗透油藏递减规律以指数递减为主，统计萨葡油层投产时间相对较长的 42 个区块的产量递减规律，其中 28 个区块符合指数递减，14 个区块符合双曲递减（表 7.10）。

表 7.10　萨葡油层已开发区块递减规律统计表

区块类别	统计区块（个）	指数递减			双曲递减		
		区块（个）	初始递减率范围（%）	平均初始递减率（%）	区块（个）	初始递减率范围（%）	平均初始递减率（%）
一类	17	14	1.47~27.4	12.7	3	11.91~25.32	17.78
二类	14	8	8.05~26.61	20.94	6	10.11~27.4	18.9
三类	11	6	10.75~23.57	16.47	5	15.82~44.79	30.97

统计扶杨油层 39 个区块产量递减规律，22 个区块符合指数递减，17 个区块符合双曲递减（表 7.11）。

表 7.11　扶杨油层已开发区块递减规律统计表

区块类别	统计区块（个）	指数递减			双曲递减			
		区块（个）	初始递减率范围（%）	平均初始递减率（%）	区块（个）	递减指数范围	初始递减率范围（%）	平均初始递减率（%）
一类	10	6	3.17~25.08	12.70	4	0~4.6	8.7~16.15	10.64
二类	13	6	8.78~40.57	20.40	7	0~5.8	9.11~28.93	18.97
三类	16	10	7.4~58.02	29.12	6	0~4.5	10.85~81.97	30.27

7.3　各类区块开发效果综合评价

7.3.1　多层次模糊综合评判方法

7.3.1.1　水驱开发效果评价体系及流程

根据动态性、独立性、操作性、系统性、层次性的指标体系筛选原则，结合低渗透油藏开发特点,优选了开发指标、注采系统、压力系统、动用状况、管理指标 5 大指标体系和 16 项单项指标。通过指标单因素分析,确定单因素的标准,建立综合评价矩阵,分层次完成多因素模糊综合评判,建立了低渗透油藏水驱开发效果多层次模糊综合评判技术流程(图 7.16)。

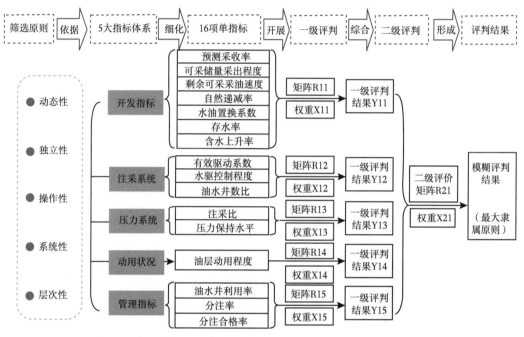

图 7.16　长垣外围油田水驱开发效果多层次模糊综合评判技术流程

(1)新增评价指标。

低渗透油藏由于存在启动压力,注采井间的压力损耗大。在大井距条件下,压力的损耗更加严重,注采井间很难建立起有效驱动体系。如果仅靠静态水驱控制程度无法准确评价注采系统,为此定义了有效驱动系数的概念,并作为新增评价指标。

根据源汇渗流理论,推导出考虑启动压力条件下的注水驱替压力梯度分布表达式:

$$G_D = \frac{p_e - p_{wf}}{\ln \frac{R - r}{r_w}} \frac{1}{R - r} + \frac{p_{inf}}{\ln \frac{r}{r_w}} \frac{1}{r} \qquad (7.8)$$

式中　G_D——驱替压力梯度,MPa/m;

p_e——地层压力,MPa;

p_{wf}——生产井井底压力,MPa;

p_{inf}——注水井井底压力,MPa;

R——注采井距,m;

r——到注水井的距离,m;

r_w——井筒半径,m。

根据式(7.8)可以绘制注采井之间压力梯度分布曲线示意图(图 7.17)。由图可见,驱替压力梯度在注水井和生产井附近很大,注采井之间逐渐降低,并在注采平衡点处最小。只有当平衡点处的驱替压力梯度大于储层的启动压力梯度时才能建立起驱动体系。克服启动压力的最小注采井距即为注采井间能够建立有效驱替的技术极限井距 R，实际井距为 L，有效驱动系数定义为 $\delta = R/L$。当 δ 大于 1 时，能够建立有效驱动；当 δ 小于 1 时，无法建立有效驱动。

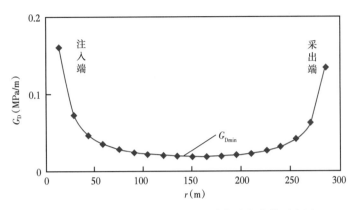

图 7.17　注采井之间的驱替压力梯度分布曲线示意图

根据油田区块投产时间差异、所处开发阶段不同的特点，又引入了可采储量采出程度、剩余可采储量采油速度 2 个评价指标，使评价体系更加完善。

（2）分层次确定各系统和单项指标权重。

权重评判主要依据以下两个原则：一是合理性原则，即重要程度评分与定性分析结果一致；二是传递性原则，即标度值随重要程度增加成比例增加（表 7.12）。

表 7.12　长垣外围油田开发效果评价权重系数表　　（单位：无量纲）

A 与 B 关系	同等重要	稍微重要	重要	明显重要	强烈重要	极端重要
标度值	1	1.2~1.5	1.5~2.0	2.0~4.0	4.0~6.0	6.0~9.0

依据合理性和传递性的原则，建立了各个指标系统的权重和单个指标系统的权重。从各个系统权重表看出，开发指标权重为 0.41，强烈重要；注采系统权重为 0.23，明显重要；动用程度和压力系统权重分别是 0.18 和 0.11，为重要（表 7.13、表 7.14）。

表 7.13　长垣外围油田开发效果评价各个系统权重系数表　　（单位：无量纲）

指标	开发指标	注采系统	动用程度	压力系统	管理指标	求和	权重
开发指标	1.0	2.0	2.2	4.5	5.0	14.7	0.41
注采系统	0.5	1.0	1.5	2.5	3.0	8.5	0.23
动用程度	0.5	0.7	1.0	1.5	3.0	6.6	0.18
压力系统	0.2	0.4	0.7	1.0	1.7	4.0	0.11
管理指标	0.2	0.3	0.3	0.6	1.0	2.4	0.07
求和	2.4	4.4	5.7	10.1	13.7	36.3	1.00

表 7.14　长垣外围油田开发效果评价体系开发指标权重系数表

指标	采收率	可采储量采出程度	剩余可采采油速度	自然递减率	水油置换系数	存水率	含水上升率	求和	权重
采收率	1.0	1.5	2.0	3.0	4.0	5.0	6.0	22.5	0.30
可采储量采出程度	0.7	1.0	1.5	2.0	3.0	4.0	5.0	17.2	0.23
剩余可采采油速度	0.5	0.7	1.0	1.5	2.0	3.0	4.0	12.7	0.17
自然递减率	0.3	0.5	0.7	1.0	1.5	2.0	3.0	9.0	0.12
水油置换系数	0.3	0.3	0.5	0.7	1.0	1.5	2.0	6.3	0.08
存水率	0.2	0.3	0.3	0.5	0.7	1.0	1.5	4.5	0.06
含水上升率	0.2	0.2	0.3	0.3	0.5	0.7	1.0	3.1	0.04
求和	3.1	4.5	6.3	9.0	12.7	17.2	22.5	75.2	1.00

7.3.1.2　水驱开发效果评价标准

根据行业标准和油田开发管理纲要求，结合低渗透油藏开发特点，考虑不同开发阶段，利用统计法中的平均值法，结合专家经验，确定了萨葡、扶杨油层各类区块评价指标标准，为开发效果综合评价提供了量化依据（表 7.15）。

表 7.15　低渗透油藏开发效果指标评价标准表

指标体系	单项指标		萨葡油层					扶杨油层				
			差	较差	中等	较好	好	差	较差	中等	较好	好
注采系统	水驱控制程度（%）		<60	60~70	70~75	75~80	>80	<60	60~65	65~70	70~75	>75
	有效驱动系数		<0.9	0.9~1	1~1.05	1.05~1.2	>1.2	<0.9	0.9~1	1~1.05	1.05~1.2	>1.2
	油水井数比适度值		<0.7	0.7~0.75	0.75~0.82	0.82~0.85	>0.85	<0.7	0.7~0.75	0.75~0.82	0.82~0.85	>0.85
压力系统	累积注采比		>2.5	2.0~2.5	1.5~2.0	1.2~1.5	1.0~1.2	>3.0	2.5~3.0	2.0~2.5	1.5~2.0	1.0~1.5
	压力保持水平（%）		<55	55~65	65~70	70~80	>80	<50	50~60	60~65	65~70	>70
动用状况	油层动用程度（%）		<65	65~70	70~80	80~85	>85	<60	60~65	65~70	70~75	>75
管理指标	油水井利用率（%）		<60	60~70	70~80	80~90	>90	<60	60~70	70~80	80~90	>90
	分注率（%）		<70	70~80	80~85	85~90	>90	<70	70~75	75~85	85~90	>90
	分注合格率（%）		<80	80~85	85~90	90~95	>95	<80	80~85	85~90	90~95	>95
开发指标	采收率（%）		<19	19~21	21~23	22~25	>25	<15	15~18	18~22	22~25	>25
	存水率（%）		<60	60~70	70~75	75~85	>85	<60	60~70	70~75	75~85	>85
	自然递减率（%）		>18	15~18	10~15	8~10	<8	>18	15~18	10~15	8~10	<8
	含水上升率（%）		>5	3.0~5	1.5~3.0	0.5~1.5	<0.5	>5	3.0~5	1.5~3.0	0.5~1.5	<0.5
	水油置换系数		<0.2	0.2~0.3	0.2~0.4	0.4~0.5	>0.5	<0.2	0.2~0.3	0.3~0.4	0.4~0.5	>0.5
	剩余可采采油速度（%）	高采出	<3	2~4	4~5	5~6	<2	<2	2~3	2~4	4~5	>5
		低采出	<2	2~3	2~4	4~5	<1	<1	1~2	2~3	2~4	>4
	可采储量采出程度（%）	低含水	<5	5~10	10~15	15~25	<5	<5	5~10	10~15	15~22	>22
		中含水	<20	20~30	30~40	40~50	<20	<20	20~30	30~40	40~45	>45
		高含水	<45	45~55	55~65	65~75	<45	<45	45~55	55~65	65~70	>70

7.3.2 各类区块开发效果评价

在水驱开发效果综合评价方法研究的基础上，对开发时间相对较长的萨葡油层95个区块和扶杨油层73个区块进行了综合评价。

萨葡油层95个区块中，开发效果好和较好的区块40个，效果中等的区块29个，效果差和较差区块26个。萨葡油层一类区块主要分布在三角洲分流平原相，大部分开发效果较好；地质二类区块主要分布在三角洲内前缘相，大部分开发效果中等；地质三类区块主要分布在三角洲外前缘相，开发效果较差（表7.16）。

表 7.16 萨葡油层各油田分类区块开发效果分布表　　　　（单位：个）

区块类别	油田	开发效果评价结果					
		好	较好	中等	较差	差	合计
一类 （好）	龙虎泡	1					1
	升平	1	1	3			5
	宋芳屯	1	6	4			11
	徐家围子			1			1
	永乐				1		1
	小计	3	7	8	1		19
二类 中等）	龙虎泡		2				2
	升平	1					1
	宋芳屯	2	7	3	4	1	17
	徐家围子			2			2
	永乐	1	3	2	1		7
	榆树林			1		1	2
	肇州	2	2	2	2		8
	小计	6	14	10	7	2	39
三类 （差）	龙虎泡					1	1
	宋芳屯	1	1				2
	徐家围子			1		1	2
	永乐		2	4	7	1	14
	榆树林	1		1		1	3
	肇州	2	3	1			6
	新站				1	1	2
	新肇			2			2
	敖南			2	1	2	5
	小计	4	6	11	9	7	37
合计		13	27	29	17	9	95

扶杨油层73个区块中，开发效果好和较好的区块31个，效果中等的区块16个，效果差和较差区块26个。扶杨油层地质一类区块主要是天然裂缝发育的低渗透储层，大部

分开发效果较好；地质二类区块主要是天然裂缝发育的特低渗透储层，大部分开发效果中等；地质三类区块主要是天然裂缝不发育的致密储层，开发效果较差（表 7.17）。

表 7.17　扶杨油层各油田分类区块开发效果分布表　　　　　（单位：个）

区块类别	油田	开发效果评价结果					
		好	较好	中等	较差	差	合计
一类（好）	朝阳沟	15		1		1	17
二类 （中等）	朝阳沟	6	2	5	2	2	17
	头台	1					1
	榆树林		4	1	2		7
	小计	7	6	6	4	2	25
三类 （差）	朝阳沟		1		3	4	8
	双城	1	1	2			4
	头台			7	1	4	12
	榆树林					4	4
	肇源					3	3
	小计	1	2	9	4	15	31
合计		23	8	16	8	18	73

7.4　剩余油分布特征研究

依据典型区块精细地质研究成果，结合井网及注水开发动态特点，在分析剩余油影响因素基础上，综合研究确定了剩余油研究方法，并分析了剩余油分布特征，为低渗透油藏综合调整对策制定提供了依据。

7.4.1　剩余油研究方法

剩余油主要包括宏观剩余油和微观剩余油。高含水期剩余油研究主要采用宏观和微观并重的方法，中、低含水期主要采用以宏观为主，微观为辅的研究方法[8-9]。目前已开发油田含水在 5%～80%，综合含水平均 42%。其中：中—高含水（>60%）的占开发面积的 37.99%，占开发储量 37.99%，低含水（<30%）占开发面积的 44.08%，占开发储量的 52.39%。可见低渗透油藏处于中—低含水开发阶段，应以宏观剩余油研究为主。主要方法有：沉积微相分析法、油藏动态监测法、密闭取心检查井法、水淹层测井解释法、数值模拟法（图 7.18）。

7.4.2　剩余油分布类型

剩余油研究的目的是确定剩余油富集部位。研究认为，低渗透油藏宏观剩余油主要有12 种类型：井网控制不住型、注采不完善型、层间干扰型、成片分布变差型、层内未水淹型、平面干扰 I 型、平面干扰 II 型、微型构造型、单向受效型、断层遮挡型、油层污染

150

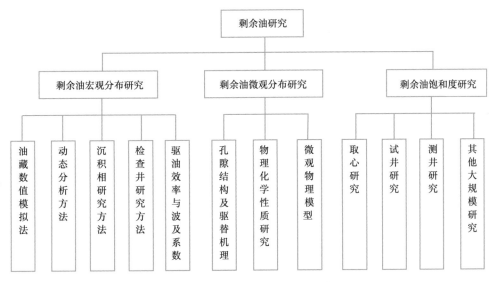

图 7.18 外围油田剩余油研究方法框图

型、套损区剩余油。由于存在两种不同性质油层：即中低渗透油层和低、特低渗透层，宏观剩余油主要类型略有不同（表 7.18）。

表 7.18 不同油藏剩余油类型划分表

储层类型	中低渗透层油田	低、特低渗透层油田
剩余油类型	（1）井网控制不住型 （2）注采不完善型 （3）层间干扰型 （4）成片变差型 （5）层内未水淹型 （6）平面干扰 I 型 （7）微型构造型 （8）单向受效型 （9）断层遮挡型	（1）井网控制不住型 （2）注采不完善型 （3）层间干扰型 （4）层内未水淹型 （5）平面干扰 II 型 （6）微型构造型 （7）单向受效型 （8）断层遮挡型 （9）油层污染型 （10）套损区剩余油

结合沉积微相与动态监测资料，逐井逐层确定了朝阳沟油田朝 50 翼部剩余油类型。按形成原因分为 5 种，分别是注采不完善（有采无注、有注无采）、未射孔、井网控制不住、单向注水受效型及平面干扰型（即垂直裂缝分布型）。

7.4.2.1 注采不完善型

这种类型的剩余油主要是由于砂体零散窄小，油水井不连通及断层遮挡，没有形成完善的注采系统，造成平面上有采无注或有注无采[4]。朝阳沟油田朝 50 翼部扶余油层主要为三角洲河流相沉积，扶一组及扶二组上部砂体呈条带状分布，扶二组下部及扶三组砂体呈透镜状分布，砂体形态主要以断续条带状为主，砂体规模小且分散。例如 FI4 沉积单元的朝 46 - 132 和朝 45 - 134 井，周围无连通水井（图 7.19）。该类型剩余油砂岩厚度 375.2m，有效厚度 210.4m，分别占总剩余油厚度的 46.9% 和 43.7%（表 7.19），是调整挖潜的主要对象之一。该类型剩余油主要分布于扶一、扶二油层组。按油层组分布，扶一组油层注采不完善，砂岩厚度164.8m，有效厚度88.5m，分别占总剩余油厚度的20.6%和18.4%；扶二组油层注采不完善，砂岩厚度197.0m，有效厚度115.8m，分别占总剩余油厚度的24.6%和24.0%，扶三组油层注采不完善砂岩厚度13.4m，有效厚度6.1m，分别占总剩余油厚度的1.7%和1.3%。

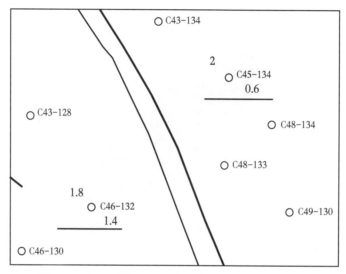

图 7.19　朝 50 翼部 F I 4 层有采无注型剩余油示意图

表 7.19　朝阳沟油田朝 50 翼部各类剩余油厚度统计表

剩余油类型	油层组	≥3.0m		1.0~3.0m		0.5~1.0m		0~0.5m		合计			
		砂岩(m)	有效(m)	砂岩(m)	有效(m)	砂岩(m)	有效(m)	砂岩(m)	有效(m)	砂岩(m)	比例(%)	有效(m)	比例(%)
注采不完善	F I	44.2	32.9	90.0	46.6	30.2	8.6	0.4	0.4	164.8	20.6	88.5	18.4
	F II	126.6	78.6	61.2	33.8	7.6	3.0	1.6	0.4	197.0	24.6	115.8	24.0
	F III	6.0	3.3	2.0	2.0	0	0	5.4	0.8	13.4	1.7	6.1	1.3
	合计	176.8	114.8	153.2	82.4	37.8	11.6	7.4	1.6	375.2	46.9	210.4	43.7
未射孔	F I	12.8	11.6	29.6	20.2	5.0	2.4	0.4	0.4	47.8	6.0	34.6	7.2
	F II	20.8	14.4	31.6	19.6					52.4	6.5	34.0	7.1
	F III	27.2	22.6	24.8	21.2	0.8	0.8			52.8	6.6	44.6	9.3
	合计	60.8	48.6	86	61	5.8	3.2	0.4	0.4	153.0	19.1	113.2	23.5
单向注水	F I	14.8	9.8	50.2	24.6	12.2	5.4	1.8	0.8	79.0	9.9	40.6	8.4
	F II	77.2	52	77.4	46.5	2	0.6	4.6	0.4	161.2	20.1	99.5	20.7
	F III									0.0	0.0	0.0	0.0
	合计	92.0	61.8	127.6	71.1	14.2	6.0	6.4	1.2	240.2	30.0	140.1	29.1
井网控制不住	F I	13.1	8.4	6.6	3.9	2.5	0.9			22.2	2.8	13.2	2.7
	F II			9.8	4.9					9.8	1.2	4.9	1.0
	F III									0.0	0.0	0.0	0.0
	合计	13.1	8.4	16.4	8.8	2.5	0.9	0	0	32.0	4.0	18.1	3.8

剩余油类型	油层组	≥3.0m		1.0~3.0m		0.5~1.0m		0~0.5m		合计			
		砂岩(m)	有效(m)	砂岩(m)	有效(m)	砂岩(m)	有效(m)	砂岩(m)	有效(m)	砂岩(m)	比例(%)	有效(m)	比例(%)
总计	FⅠ	79.9	58.7	169.4	91.3	46.9	15.3	2.6	1.6	298.8	38.8	166.9	36.8
	FⅡ	216.8	136.1	173	98.8	9.6	3.6	6.2	0.8	405.6	52.6	239.3	52.7
	FⅢ	33.2	23.9	26.8	22.2	0.8	0.8	5.4	0.8	66.2	8.6	47.7	10.5
	合计	329.9	218.7	369.2	212.3	57.3	19.7	14.2	3.2	770.6	100	453.9	100

其中，有采无注型剩余油砂岩厚度 344.2m，有效厚度 189.2m，分别占注采不完善型剩余油厚度的 91.7% 和 89.9%；有注无采型剩余油砂岩厚度 31.0m，有效厚度 21.2m，分别占注采不完善型剩余油厚度的 8.3% 和 10.1%（表 7.20）。

表 7.20 朝阳沟油田朝 50 翼部注采不完善型剩余油厚度统计表

类型	油层组	≥3.0m		1.0~3.0m		0.5~1.0m		0~0.5m		合计			
		砂岩(m)	有效(m)	砂岩(m)	有效(m)	砂岩(m)	有效(m)	砂岩(m)	有效(m)	砂岩(m)	比例(%)	有效(m)	比例(%)
有采无注	FⅠ	30.8	21.7	76.4	39.4	28.2	7.4	0.4	0.4	135.8	36.2	68.9	32.7
	FⅡ	126.6	78.6	59.2	32.2	7.6	3.0	1.6	0.4	195.0	52.0	114.2	54.3
	FⅢ	6.0	3.3	2.0	2.0			5.4	0.8	13.4	3.6	6.1	2.9
	合计	163.4	103.6	137.6	73.6	35.8	10.4	7.4	1.6	344.2	91.7	189.2	89.9
有注无采	FⅠ	13.4	11.2	13.6	7.2	2.0	1.2			29.0	7.7	19.6	9.3
	FⅡ			2.0	1.6					2.0	0.5	1.6	0.8
	FⅢ									0.0	0.0	0.0	0.0
	合计	13.4	11.2	15.6	8.8	2.0	1.2	0.0	0.0	31.0	8.3	21.2	10.1
合计	FⅠ	44.2	32.9	90.0	46.6	30.2	8.6	0.4	0.4	164.8	43.9	88.5	42.1
	FⅡ	126.6	78.6	61.2	33.8	7.6	3.0	1.6	0.4	197.0	52.5	115.8	55.0
	FⅢ	6.0	3.3	2.0	2.0	0.0	0.0	5.4	0.8	13.4	3.6	6.1	2.9
	合计	176.8	114.8	153.2	82.4	37.8	11.6	7.4	1.6	375.2	100.0	210.4	100.0

7.4.2.2 未射孔型

该类剩余油形成主要是因油水井对应层位的射孔不完善，甚至在部分单元均没有射孔。如 FⅠ72 单元的朝 54-128 井未射孔（图 7.20）。这部分剩余油砂岩厚度 153.0m，有效厚度 113.2m，分别占总剩余油厚度的 19.1% 和 23.5%（表 7.19）。按油层组分布，该类剩余油主要分布于扶三组油层，扶一组油层未射孔砂岩厚度 47.8m，有效厚度 34.6m，分别占总剩余油厚度的 6.0% 和 7.2%；扶二组油层未射孔砂岩厚度 52.4m，有效厚度 34.0m，分别占总剩余油厚度的 6.5% 和 7.1%；扶三组油层未射孔砂岩厚度 52.8m，有效厚度 44.6m，分别占总剩余油厚度的 6.6% 和 9.3%。

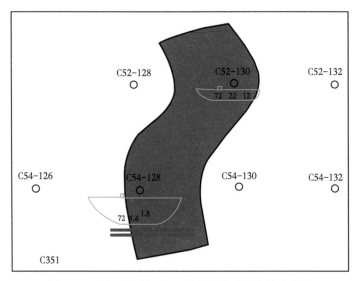

图 7.20　朝 50 翼部 FⅠ72 层未射孔型剩余油示意图

7.4.2.3　单向注水受效型

这类剩余油是由于河道窄小，油井只有一个注水受效方向形成的。例如 FⅠ32 单元的朝 50-132 和朝 50-130 井周围只有一口注水井朝 52-132（图 7.21）。这类剩余油砂岩厚度 240.2m，有效厚度 140.1m，分别占总剩余油厚度的 30.0% 和 29.1%（表 7.19）。主要分布于扶二组油层，按油层组分布，扶一组油层单向注水受效型砂岩厚度 79.0m，有效厚度 40.6m，分别占总剩余油厚度的 9.9% 和 8.4%；扶二组油层单向注水受效型砂岩厚度 161.2m，有效厚度 99.5m，分别占总剩余油厚度的 20.1% 和 20.7%。

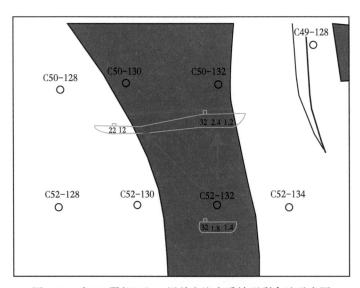

图 7.21　朝 50 翼部 FⅠ32 层单向注水受效型剩余油示意图

7.4.2.4　井网控制不住型

井网对剩余油分布的影响程度主要决定于井网对砂体的控制程度，在相同的注水方式下，井网控制程度越高，水驱越均匀；反之，则越不均匀[4, 10]。一些小型的透镜状或宽度小于井距的条带状砂体，目前300m×300m井网对井间砂体很难控制，例如F I 62单元的朝52-124与朝52-128井区周围砂体属井网控制不住（图7.22）。这类剩余油砂岩厚度32.0m，有效厚度3.8m，分别占总剩余油厚度的4.0%和3.8%。其中扶一组油层占主要部分，井网控制不住型砂岩厚度22.2m，有效厚度13.2m，分别占总剩余油厚度的2.8%和2.7%；扶二组油层井网控制不住型砂岩厚度9.8m，有效厚度4.9m，分别占总剩余油厚度的1.2%和1.0%。

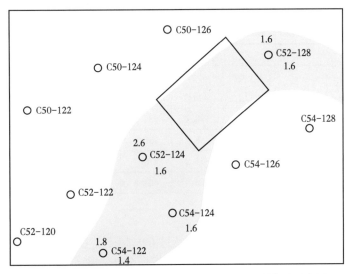

图7.22 朝50翼部F I 62层井网控制不住型剩余油示意图

另外，由于朝50翼部位于朝阳沟背斜构造的东北端向三肇生油凹陷倾没的斜坡上，扶余油层存在天然裂缝，多年的室内研究和现场试验表明，裂缝以近东西向为主；采油井动态资料也反映注水受效具有一定的方向性，该区块油水井普遍压裂投产投注，投入开发后储层除存在天然裂缝外还存在人工压裂缝，在注水开发过程中必然造成注入水沿高渗透层的裂缝突进，加剧了油水运动的不均匀性。在长期注水后，势必会在垂直裂缝的方向即南北向上形成剩余油，这种剩余油类型称为平面干扰型剩余油（即垂直裂缝分布型剩余油）。

综合以上研究认为剩余油在各油层组分布不均匀，以扶一、扶二油层组为主，是目前调整挖潜的主要层位，扶三油层组剩余油厚度较小，调整潜力相对较小。其中扶一组油层剩余油砂岩厚度313.8m，有效厚度176.9m，分别占总剩余油厚度的39.2%和36.7%；扶二组剩余油砂岩厚度420.4m，有效厚度254.2m，分别占总剩余油厚度的52.5%和52.8%，扶三组油层剩余油砂岩厚度66.2m，有效厚度50.7m，分别占总剩余油厚度的8.3%和10.5%。按有效厚度划分可以看出，剩余油主要集中在有效厚度≥1.0m的砂体上，有效厚度在1.0~3.0m范围内，剩余油砂岩厚度383.2m，有效厚度223.3m，分别占总剩余油厚度的47.9%和46.1%。扶一组和扶二组分布比例相当，均占这个厚度段的46%~47%。有效厚度在大于3.0m时，剩余油砂岩厚度342.7m，有效厚度233.6m，分别占总剩余油厚度的42.8%和48.5%，而扶二组分布较大，占这个厚度段的65.5%以上。

7.4.3 剩余油分布规律

7.4.3.1 平面分布剩余油

在平面上砂体形态受不同沉积环境和沉积微相的影响，油层性质不同，动用程度不同，剩余油富集程度不同。根据注采不完善（有注无采、有采无注等）、井网控制不住和单向注水受效型等剩余油类型在各沉积单元上分布井点数，可分为大面积分布型、局部分布型、零散分布型等三种类型（表7.21）。

表7.21 朝阳沟油田朝50翼部剩余油平面分布情况表

分布类型	全区		剩余油			剩余油占全区百分比（%）			单元数（个）
	砂岩（m）	有效（m）	井点数（口）	砂岩（m）	有效（m）	井点数	砂岩	有效	
零散分布	207.4	140.9	65	198.1	134.3	81.3	24.8	27.9	29
局部分布	311.6	172.7	75	258.4	136.8	93.8	32.3	28.4	7
大面积分布	467.0	280.7	60	343.9	210.7	75.0	43.0	43.7	2
合计	986.0	594.3		800.4	481.8		100	100	38

（1）大面积分布型。

指在某一层剩余油井点数占全区井点数超过60%以上，在平面上分布比较连片，主要有FⅡ1和FⅠ22二个单元，剩余油在平面上呈规模分布，剩余油有效厚度210.7m，占剩余油总有效厚度的43.7%。

（2）局部分布型。

指剩余油井点数占全区井点数20%~60%，这类剩余油在局部井区分布，主要有FⅠ61、FⅠ71、FⅠ72、FⅠ32、FⅡ22、FⅠ62、FⅡ21七个沉积单元，砂体连续性差，平面物性变化大。这类剩余油有效厚度136.8m，占剩余油总有效厚度的28.4%。

（3）零散分布型。

指剩余油井点数占全区井点数小于20%，主要是由于局部注采不完善，在小范围内形成坨状、条带状的剩余油。主要有FⅠ31、FⅡ3、FⅢ22、FⅡ42、FⅢ12、FⅠ4等29个沉积单元。该类型剩余油有效厚度134.3m，占剩余油总有效厚度的27.9%。

朝阳沟油田朝50翼部加密区数值模拟结果也表明，该区目前存在大量的剩余油。目前朝50翼部开发区有油井59口，开井42口，单井日产油大多在1t以下，含水集中在10%以内（表7.22），根据动态分析也能够得出研究区内多数井没有建立起有效驱动，不能得到很好的动用。

表7.22 朝50翼部采油井日产油、含水分级统计表

项目	日产油和含水分级数据			
日产油（t）	0~0.5	0.6~1.0	1.1~1.5	1.5以上
开井数（口）	17	15	10	0
含水（%）	0~10.0	10.1~30.0	30.1~60.0	60.1以上
开井数（口）	39	0	1	2

7.4.3.2　纵向分布剩余油

通过对全区注采不完善、井网控制不住和单向注水受效型等各沉积单元有效厚度及剩余油有效厚度统计，扶一、扶二油层组各沉积单元的未动用厚度较大，动用差和未动用累计有效厚度分别为176.9m和254.2m，分别占未动用总有效厚度的36.7%、52.8%，这两个层组未动用砂岩厚度大的原因，主要是砂体比较窄小，剩余油多数集中在注采不完善的油井上。其中FI7₂、FⅡ2₂、FⅡ2₁和FI2₂四个层的剩余油有效厚度较大，分别为21.7m、26m、26.2m、43.9m，分别占各沉积单元有效厚度的3.7%、4.4%、4.4%、7.4%。通过沉积相法分析，预测剩余油平均单井有效厚度6.0m。

7.5　各类区块开发调整对策

深入分析低渗透油藏开发存在的主要问题，分类制定了相应的开发调整对策。

7.5.1　中低渗透萨葡油层开发调整对策

（1）一类区块以精细挖潜为主，探索提高采收率技术。

萨葡一类共有25个区块，其中14个区块已经加密，整体开发效果好。主要体现在采出程度高，动用状况好。但也暴露出含水高和剩余油分布零散等问题。宋芳屯试验区、升平主块、龙虎泡主体等6个高含水、高采出程度的区块，由于含水大于80%，采出程度大于18%，剩余油分布零散，高关井和低效井比例大，常规措施挖潜难度较大。但由于主力层物性好，井网完善，可以探索三次采油进一步提高采收率（表7.23），如在龙57-20井区开展的深度调剖试验就是一项提高采收率的尝试。对于卫星油田等8个具备水驱精细挖潜的潜力区块，调整对策主要为水驱精细挖潜。

表7.23　萨葡一类各区块调整对策表

区块类别		区块数（个）	典型区块	调整对策
加密	双高区块	6	宋芳屯试验、升平主块、龙虎泡主体	探索三次采油
	其他区块	8	升102、卫星、太东、齐家	精细水驱挖潜
	小计	14		
未加密	双高区块	2	杏西、敖古拉	实施调剖、堵水等
	有加密潜力	7	徐家围子、卫11、芳深2、芳23、芳407、州167	整体或局部加密
	其他区块	2	升401—升74	水驱挖潜
	计	11		
合计		25		

萨葡一类未加密区块共有11个，其中杏西和敖古拉为高含水和高采出程度的双高区块，剩余油分布零散，厚度薄不具备加密潜力。针对开发中存在层内、平面动用不均衡问题，主要是采用周期注水，结合调剖、堵水等组合措施进一步扩大注入波及体积（表7.24）。对于卫11等7个具有加密潜力的区块，根据储层发育及剩余油潜力实施整体或局部加密，以增加井网控制程度。

表 7.24 未加密双高区块开发状况统计表

区块	渗透率（mD）	单井有效厚度（m）	含水（%）	采出程度（%）	开发特征	调整对策
敖古拉	178.0	4.3	92.6	23.31	块状油藏 厚油层内动用不均衡	周期注水 调堵结合
杏西	148.0	3.0	92.0	30.5	砂体窄小 平面动用不均衡	周期注水 调剖

（2）二类区块以加密结合注采系统调整为主。

萨葡二类共有 49 个区块，其中永 92-88 等 10 个已加密区块，存在单向连通比例高，油水井数比高等问题，调整对策是实施以注采系统调整为主的水驱精细挖潜，提高储层动用程度，完善注采关系（表 7.25）。

表 7.25 萨葡二类各区块调整对策表

区块类别		区块（个）	典型区块	存在问题	调整对策
已加密		10	永 92-88、永 56-96、芳 483 芳 908、肇 212	单向连通比例高 油水井数比高	实施以注采系统调整为主的水驱精细挖潜
未加密	有加密潜力	22	芳 709、芳 381、芳 464、州 17、州 59、徐 22-徐 24	采出程度低 采油速度低	井网加密和注采系统调整相结合
	无加密潜力	17	太东肇 112-1、芳 29、肇 39、州 20、他拉哈	注采不完善 产量递减快	注采系统调整、注采结构调整
	小计	39			
合计		49			

（3）三类区块以扩大波及体积和提高油层动用程度为主。

萨葡三类共 54 个区块，新站等 3 个裂缝发育的区块，存在水驱控制程度低、裂缝方向含水上升快、采出程度低等问题，主要治理目标为提高水驱储量动用比例，通过注采系统调整，使得井网与裂缝方向相匹配，完善注采关系。如新站油田大 401 区块于 2011 年进行不规则加密，加密后水驱控制程度为 78.5%，目前采出程度较低为 12.5%，可转注水井排的高含水井形成线性注水（表 7.26）。对于裂缝不发育、物性差的敖南等 24 个区块，

表 7.26 萨葡三类各区块调整对策表

区块类别		区块（个）	典型区块	存在问题	调整对策
裂缝发育		3	新站、新肇、新 76-86	水驱控制程度低 含水上升快	线性注水 向裂缝两侧驱油
裂缝不发育	物性差	24	敖南、徐 6、源 13、肇 261	储层物性差 动用程度低	加密、缝网压裂 实现有效动用
	砂体零散	6	葡西、龙南、古龙、萨西	井网不完善	灵活转注完善注采关系
	厚度薄	21	三矿徐家围子、肇 292、肇 40、州 11、州 53	含水上升快、产量递减快	周期注水、注采系统调整
合计		54			

以提高注水效率、提高单井产量和减缓产量递减为治理目标，采取加密、直井大规模压裂等方式实现有效动用；葡西、古龙、龙南、哈尔温等6个零散砂体发育区，针对井网不完善、水驱方向少等问题，开展砂体灵活转注完善注采关系；徐家围子等21个厚度薄的区块，针对含水上升和产量递减快的问题，采取周期注水结合注采系统调整。

7.5.2 低/特低渗透扶杨油层开发调整对策

（1）一类区块以水驱精细挖潜为主线，进一步提高采收率。

扶杨一类共18个区块，其中朝55等13个已加密区块，动用状况得到明显改善，主要存在含水高、采出程度较高等问题，治理对策是采取以注采系统、注采结构调整为核心的水驱精细挖潜；对于试验区北等5个未加密区块，有加密潜力区可局部加密结合注采系统调整，配合调剖和堵水等稳油控水措施，如朝45区块1991年投产，目前有油井104口，水井60口，含水56.5%，采出程度27.5%，设计局部加密井18口，设计转注井7口（表7.27）。

表7.27 扶杨一类各区块调整对策表

区块类别	区块（个）	典型区块	存在问题	调整对策
已加密	13	朝55区、朝45轴部、朝5断块、朝气3区	含水高、采出程度高，剩余油分布零散	水驱精细挖潜
未加密	5	试验区北、朝44北、朝50区轴部、LQ2-6		加密潜力区局部加密结合注采系统调整，部分井实施调剖、堵水等措施
合计	18			

（2）二类区块以完善注采关系和提高油层动用程度为主。

扶杨二类共32个区块，其中裂缝发育区16个区块，主要存在井网适应性差、水驱控制程度低和产量递减快等问题。对于朝661北等10个已加密区块，主要通过注采系统调整，使得井网与裂缝发育相匹配；对于未加密的6个区块，有加密潜力区可采取加密与注采系统调整相结合，无加密潜力区以注采系统和注采结构调整为主。裂缝不发育区块16个，其中东16等5个已加密区主要采取局部转五点或灵活转注完善注采系统；未加密的双501等12个区块，具有加密潜力的区块采取加密结合注采系统调整，不具备加密潜力的区块采取水驱精细挖潜措施（表7.28）。

表7.28 扶杨二类各区块调整对策表

区块类别		区块（个）	典型区块	存在问题	调整对策
裂缝发育	加密	10	朝661北、朝89、朝601、朝631	井网适应性差水驱控制程度低产量递减快	井网与裂缝发育相匹配，完善注采关系
	未加密	6	预备井区、朝66、长8、朝521		加密潜力：加密与注采系统调整相结合 无加密潜力：注采系统和注采结构调整
	小计	16			

区块类别		区块（个）	典型区块	存在问题	调整对策
裂缝不发育	加密	4	长 31 区块、树 322、东 16、升 382	水驱控制程度低油水井数比高	局部转五点或灵活转注
	未加密	12	双 501、双 30、东 18、五 231		加密潜力：加密结合注采系统调整 无加密潜力：水驱精细调整
	小计	16			

（3）三类区块以建立有效驱动为主线，提高油层动用程度。

扶杨三类共有 44 个区块，由于储层物性差，开发效果差，主要治理目标为建立有效驱动，提高单井产量。裂缝发育区块共有 12 个区块，其中茂 9、茂 10 等 5 个有加密潜力的区块主要采取井网加密结合转注形成小排距的线性注水，如茂 9 区块可进一步加密到 141m 排距，对于厚度较大井区，在有经济效益情况下，可以进一步加密到 70m 排距；茂 503 等 7 个没有加密潜力的区块，加大措施改造力度，优选井层开展大规模缝网压裂，通过转注完善注采系统。裂缝不发育区块共有 32 个，其中无名岛、树 8 等 5 个有加密潜力的区块通过加密缩小井排距。如树 8 区块厚度较大、物性差、含水较低，具备进一步加密潜力（表 7.29）。江心岛等 27 个无加密潜力区加大措施改造力度，开展大规模缝网压裂或者开展 CO_2 驱。如源 121-3 在密井网情况下仍难以有效动用，通过优选油井开展大规模缝网压裂，开发效果得到明显改善。

表 7.29 扶杨三类各区块调整对策表

区块类别		区块（个）	典型区块	存在问题	调整对策
裂缝发育	有加密潜力	5	茂 9、茂 10、茂 8、茂 801、头台试验区未加密	动用程度低井网适应性差	井网加密形成小排距的线性注水
	无加密潜力	7	朝 2 断块翼部、朝 2 东断块、茂 503、茂 508		转注完善注采系统，结合大规模缝网压裂
	小计	12			
裂缝不发育	有加密潜力	5	无名岛、树 16、树 103、树 8	日产油水平低低效井及长关井比例高	加密缩小井排距
	无加密潜力	27	江心岛、州 6、齐家北、源 121		采取灵活转注，结合大规模缝网压裂或者开展注 CO_2 驱油
	小计	32			

参 考 文 献

［1］ 李武广，邵先杰，康园园，等．油藏分类体系与方法研究［J］．岩性油气藏，2010，22（02）：123-127.

［2］ 刘舒野．模糊聚类分析方法在油藏分类中的应用研究［D］．长春：东北师范大学，2007.

［3］ 杨钊．大庆外围低渗透油田分类方法及开发对策研究［D］．大庆：东北石油大学，2010.

［4］ 李莉．大庆外围油田注水开发综合调整技术研究［D］．中国科学院研究生院，2006.

［5］ 周锡生．大庆外围已开发油田综合调整对策及部署研究［D］．成都：西南石油大学，2006.

［6］ 罗蛰谭．油层物理［M］．北京：地质出版社，1985：305.

［7］ 陈新彬，王国辉．低渗透油藏综合分类方法［J］．大庆石油地质与开发，2014，33（01）：58-61.

［8］ 余成林．葡萄花油田剩余油形成与分布研究［D］．北京：中国石油大学，2009.

［9］ 孙天元．大庆外围油田剩余油分布模式与预测方法研究［J］．中国石油和化工标准与质量，2014，34（09）：146.

［10］ 李洪玺，刘全稳，温长云，等．剩余油分布及其挖潜研究综述［J］．特种油气藏，2006（03）：8-11.

8 低渗透油藏注采系统调整技术

注采系统调整是油田注水开发过程中最常用的重要调整方法。国内的低渗透油藏大多采用了 300m×300m 正方形九点注水井网。由于储层以河道砂体为主，部分区块发育天然裂缝，造成注水开发后一部分区块注水受效差异大，含水上升快；另一部分区块注水受效差或不受效。传统的正方形注水井网开发效果差，主要是注采系统不完善[1]。本章系统分析了注采系统调整理论，提出了注采系统调整适用条件，明确了注采系统调整原则及目的，分析了油水井数比计算方法适应性，确定了合理油水井数比界限，研究出中低渗透油藏以强化水驱为核心的注采系统调整技术，以及特低渗透油藏以线性水驱为核心的注采系统调整技术，提高了水驱控制程度，减缓了产量递减，提高了油田开发效果。

8.1 注采系统调整技术界限

8.1.1 注采系统调整理论分析

注采系统调整是改善油田开发效果的主要调整措施。实践证明，通过注采系统调整，能够增加水驱控制程度和水驱控制储量，提高油井注水受效程度，提高油井产液能力和产量，减缓平面矛盾[2]。

8.1.1.1 不同流动方式的渗流方程

常规砂岩低渗透油藏其平面径向渗流方程可用如下公式表示：

$$Q_{径} = \frac{K_{径}}{\mu} \cdot \frac{2\pi h}{\ln(R/R_{w})}(p_{H} - p_{f} - \lambda_{径} \cdot R) \tag{8.1}$$

式中　$K_{径}$——基质和裂缝综合渗透率，mD；

$\quad\quad Q_{径}$——径向渗流油井单位时间流量，m^3；

$\quad\quad \mu$——地层原油黏度，mPa·s；

$\quad\quad h$——油层有效厚度，m；

$\quad\quad R$——供给半径，m；

$\quad\quad R_{w}$——井筒半径，m；

$\quad\quad p_{H}$——供给压力，MPa；

$\quad\quad p_{f}$——流动压力，MPa；

$\quad\quad \lambda_{径}$——径向渗流方向启动压力梯度，MPa/m。

对于裂缝性油田，当注水方式转为线状注水后，其渗流形式为平面平行流动，其油井产量公式为：

$$Q_{平} = \frac{K_{平}}{\mu} \cdot \frac{F}{L}(p_{H} - p_{f} - \lambda_{平} \cdot L) \tag{8.2}$$

式中 $K_平$——基质渗透率，mD；

$\quad\quad Q_平$——平行渗流油井单位时间流量，m^3；

$\quad\quad F$——渗流截面积，m^2；

$\quad\quad \lambda_平$——平行渗流方向启动压力梯度，MPa/m；

$\quad\quad L$——渗流距离，m。

可见，在垂直裂缝的方向上，主要为基质渗透率作用；在平行裂缝方向上，其裂缝的渗透率起主导作用[3]。

8.1.1.2 注采系统调整作用分析

（1）增加水驱控制程度。

水驱控制程度的大小直接影响油藏的水驱体积和采收率[4]。朝阳沟和头台油田初期均为反九点注水方式，若转成其他注水方式，必然有部分油井转注，增加注水井点，从而增大注采井数比，增加水驱控制程度。特别是若由反九点转五点或线状注水，其注采井数比变为1:1，将大幅度增加水驱控制程度。假设原反九点井网水驱控制程度为60%，若转成五点注水水驱控制程度将增加5.9个百分点。

（2）降低平面非均质性，增加水驱波及系数。

对于裂缝不发育的低渗透油藏，水驱油藏注水波及系数分为纵向波及系数和平面波及系数：

$$E_v = C \cdot E_A \quad\quad\quad (8.3)$$

式中 C——纵向波及系数；

$\quad\quad E_A$——平面波及系数。

对于裂缝性低渗透油藏，其波及系数主要受注水方式控制[5]。在线状注水时：当裂缝从注水井向生产井方向延伸时，随着裂缝长度的增加，面积波及系数减少（图8.1）。如平面波及系数为70%时，采用平行于裂缝方向注水，当裂缝延伸长度达到注采井距的90%时，面积波及系数几乎为零；当注水方向垂直于裂缝走向时，裂缝延伸越长，波及系数越高。如平面波及系数为70%，而裂缝延伸长度接近井底时，平面波及系数增加到88%。

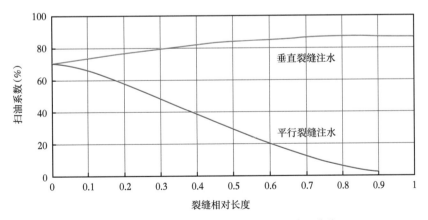

图8.1 注水扫油系数与裂缝相对长度关系曲线

由此可见，常规砂岩油藏注采系统调整能增加注水井点，增加水驱控制程度，增加波及系数，特别是裂缝性油藏，若井排方向处在裂缝上时，由反九点转成线状注水较常规砂岩油藏增加的波及系数大。如常规砂岩油藏由反九点转五点波及系数增加19%，而裂缝性油藏可增加近70%。

(3)增加注水井井网密度，提高注采强度。

在单元井网中，在注采平衡的条件下，可以推导出如下的关系式：

$$v_o = \frac{TI_B\eta_o M}{\left(\dfrac{B}{r}+\dfrac{f}{1-f}\right)A}$$ (8.4)

式中　　v_o——采油速度；

　　　　I_B——注水速度，$m^3/(d \cdot m)$；

　　　　η_o——油井井网密度，口$/(km^2 \cdot m)$；

　　　　M——注采井数比；

　　　　A——单储系数，$10^4 t/(km^2 \cdot m)$；

　　　　B/r——原油体积换算系数；

　　　　f——油井含水率；

　　　　T——采油井年生产天数，d。

由式(8.4)看出：影响井网单元采油速度的主要因素是井网系统的注采强度。在相同含水率、相同注水强度条件下，线状注水和五点井网的采油速度最高，四点井网系统次之，反九点井网系统最低。因此，对于低渗透常规砂岩油藏采用五点井网将会得到较高的采油速度，而对于裂缝性低渗透油藏应采用线状注水。

(4)若基质渗透率低，其有效驱动距离小于排距时，则直接转线状注水效果差，甚至不见效。

设平面和径向流的注水井和生产井的井底压力分别相同，由式(8.1)和式(8.2)得平面径向流和平面平行流有效驱动距离为：

$$R_{平} = \frac{p_i - p_f}{\lambda_{平}}$$ (8.5)

$$R_{径} = \frac{p_i - p_f}{\lambda_{径}}$$ (8.6)

由此可见，

$$R_{平} = R_{径} \cdot \frac{\lambda_{径}}{\lambda_{平}}$$ (8.7)

因为，$\lambda_{平} > \lambda_{径}$，所以，$R_{平} < R_{径}$。即对于裂缝性油藏，若由反九点注水转为线状注水，只要其有效驱动距离大于排距，则注水效果好；反之则效果差。如朝阳沟油田主体和头台油田茂11区块储层渗透率较高，转线状注水后产油量升高，含水下降，注水开发效果明显改善。

对于储层渗透率特低的头台油田，即使通过原井网油井转注实现线状注水，但由于排距过大油井也难以受效，必须通过井网加密与渗吸采油相结合，才能有效降低渗流阻力，增加有效驱动储量，从根本上改善油田或区块开发效果[6]。

164

8.1.2 注采系统调整适用条件、原则及目的

8.1.2.1 注采系统调整适用条件

注采系统调整适用条件主要体现在三个方面：一是部分区块层系的油水井数比偏大或部分井区注采关系不完善，导致注水能力满足不了产液量的需要；二是虽然经过加密调整，水驱控制程度较高，但多向连通比例较低；三是从挖掘高含水后期剩余油潜力来看，剩余油分布类型较多，主要是注采系统不完善造成的，对分布不连续、面积较小的剩余油，进行加密调整满足不了经济条件。以上三种情况应该通过注采系统调整来满足油田开发调整需要[7]。

8.1.2.2 注采系统调整原则

在充分考虑砂体分布、断层以及井位关系，在局部地区采用相对灵活注水方式，对于裂缝不发育的低渗透油藏，整体上注采系统调整的原则是实现五点注水，而对于裂缝性低渗透油藏则应尽可能通过注采系统调整和加密实现线状注水。

以完善注采关系为目的，通过实施注采系统调整，降低油水井数比，提高井区水驱控制程度，增加多向水驱比例，改善油层动用状况，增加水驱动用储量[8]。

(1)注采系统调整既考虑主力油层，同时兼顾其他油层，调整油水井数比和油井产液量，逐步恢复地层压力。

(2)以完善各小层单砂体注采关系为主，兼顾层间和平面上的相互关系，尽量使单砂体动用起来，以最大限度提高井区的水驱控制程度、增加多向水驱比例。

(3)通过实施注采系统调整，改善油层动用状况，减缓油田产量递减，增加水驱动用储量。

8.1.2.3 注采系统调整目的

对低渗透油藏调整的主要目的是增加水驱控制程度和有效水驱控制储量，提高注水波及系数、注采强度和采液强度；对裂缝性油藏除此之外还要最大限度地发挥渗吸作用，提高油藏采收率[1]。

8.1.3 合理油水井数比及调整时机

8.1.3.1 计算方法

(1)吸水、产液指数法。

该方法主要从注采平衡角度，考虑不同面积注水井网的特征和适应性。

$$R = \sqrt{\frac{I_I}{J_L}} \qquad (8.8)$$

式中 R——油水井数比；

I_I、J_L——吸水指数和产液，$m^3/(MPa \cdot d)$。

(2)动态资料法。

该方法不但可以确定注水初期的注采井网，而且还可以指导老油田进行注采系统的调整。

$$R = \sqrt{\frac{q_{wt}}{R_{IP}J_o \ (p_{wi}-p_i)\left(\dfrac{B_o}{r_o}+f_w\right)}} \qquad (8.9)$$

式中 q_{wt}——注水井注水初期，单井稳定日注水量，m^3；

R_{IP}——注采比；

f_w——含水；

p_i、p_{wi}——分别为注水初期平均地层压力和注水井初始流动压力，MPa；

B_o、r_o——分别为原油体积系数和原油相对密度（g/cm³）；

J_o——采油指数，m³/（MPa·d）。

（3）相对渗透率曲线法。

该方法一般使用于开发初期。

$$R = \left[\frac{K_{rw}(S_w)\mu_o R_{IP}}{K_{ro}(S_w)\mu_w}\right]^{0.5} \tag{8.10}$$

式中　K_{ro}、K_{rw}——油、水相对渗透率；

S_w——含水饱和度；

μ_o、μ_w——原油黏度，mPa·s。

（4）吸水、产液指数比及注采压差法。

综合考虑了吸水、产液指数比及注采压差对油水井数比的影响，计算得到的结果较准确。

$$R = \frac{\dfrac{I_I(f_w)}{J_L(f_w)} \cdot \dfrac{p_I(f_w)}{p_L(f_w)}}{\left[(1-f_w) \cdot \dfrac{B_o}{r_o} + f_w\right] \cdot R_{IP}} \tag{8.11}$$

式中　$p_I(f_w)$、$p_L(f_w)$——不同含水率的注水、采液压差，MPa。

对于开发到中后期的油藏，由于资料相对较多，用式（8.11）相对较合理。

8.1.3.2　油水井影响因素分析

根据上述计算油水井数比的公式，结合矿场开采实际，研究认为影响油田合理注采比的主要因素有以下几点。

（1）储层物性和原油性质。

$$I_I = \frac{2\pi K K_{rw} H_w}{\mu \ln\left(\dfrac{R_e}{r_o}\right)} \tag{8.12}$$

$$J_i = \frac{2\pi K \left[K_{ro}(S_w) + \dfrac{M K_{rw}(S_w)}{\left(1 - \dfrac{\lambda}{\dfrac{\nabla p}{L}}\right)}\right]}{\mu \ln\left(\dfrac{R_e}{R_o}\right)} \tag{8.13}$$

由式（8.12）和式（8.13）可见，吸水指数与采液指数均与储层渗透率和原油黏度有关。渗透率越大，吸水指数和采液指数越大；黏度越小，吸水指数和采液指数越大。朝阳沟和头台油田由于存在裂缝，注水井井底压力高，往往使天然裂缝和压裂缝张开；而油井井底压力低，裂缝往往难以张开。因此，注水井井底较油井井底渗透率高，吸水指数高于采液指数。

166

（2）油田注采比。

由式（8.11）可知，注采平衡时油藏合理油水井数比主要与吸水、采液指数以及油水井压差有关；而注采不平衡时，则注采比越高，油水井数比越小。由于低渗透油藏开发很难达到注采平衡，确定出的油水井数比相对较低。

（3）油田开发阶段。

低渗透油藏采液指数在含水80%之前基本稳定，之后采液指数才开始上升，但与高渗透油藏相比，上升速度较缓，而采油指数持续下降。这也是低渗透油藏不能通过提液提高采收率的主要原因（图8.2）。

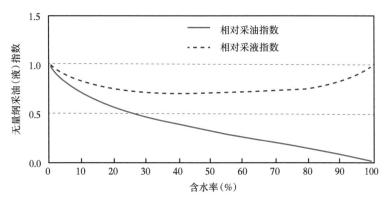

图8.2 朝阳沟油田无量纲采液、采油指数变化曲线

8.1.3.3 合理油水井数比确定

综合以上四种方法，分析认为：方法一主要考虑注采平衡条件下的油水井合理值，没有考虑油水井间压差的影响；方法二考虑了油水井间压差，计算的是目前井网条件下的油水井数比；方法三主要通过油水相对渗透率曲线，计算开发初期的油水井数比；方法四克服了前三种方法的不足，在考虑油水井间的压力差的同时，计算出对应"最大产液量"条件下的油水井数比。由于方法三仅用于开发初期，通常合理井数比取其他三种方法计算的平均值。应用产液指数法、动态资料法和注采压差法，结合油田动态实际，计算各示范区合理油水井数比在1.70~2.32，平均为1.92。实际油水井数比在1.80~2.47，平均为2.14。与合理油水井数比相比，油田实际油水井数比均高于合理油水井数比（表8.1）。因此，需要根据实际情况，逐步转注，降低油水井数比，增加水驱控制程度和注水强度。

表8.1 外围油田示范区注采系统调整界限表

油层	示范区	含水（%）	年注采比	吸水指数[t/(d·MPa)]	产液指数[t/(d·MPa)]	油水井数比 合理	油水井数比 实际	油水井数比 理论与实际差
萨葡	升平油田	71.3	1.60	1.78	0.60	1.72	2.00	-0.28
萨葡	龙虎泡油田萨高合采区	79.6	2.28	8.07	1.43	1.70	1.80	-0.10
扶杨	朝55区块	50.8	3.98	3.34	0.40	1.81	2.00	-0.19
扶杨	东18区块	42.8	1.40	2.08	0.32	2.03	2.45	-0.42
扶杨	茂11区块	68.5	1.67	2.52	0.47	2.32	2.47	-0.15
	合计	62.6	2.19	3.56	0.64	1.92	2.14	-0.23

8.1.3.4 油水井数比变化趋势预测

根据萨葡油层分类结果，一、二类区块储层物性好，厚度大，平均渗透率分别为199.79mD和124.42mD，属于中渗透油藏，油水井数比曲线值比较接近，进入高含水开发阶段后形态与横轴接近平行；三类区块平均渗透率仅有31.96mD，属于低渗透油藏，产液指数较低，同一含水级别下油水井数比相对较高（图8.3）。

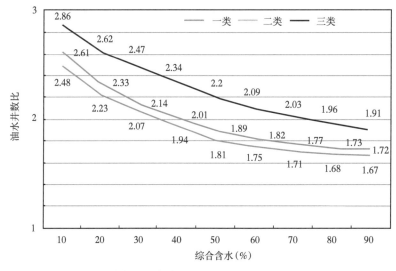

图8.3 萨葡油层各类区块不同含水阶段油水井数比

根据扶杨油田分类结果，各类区块均属低—特低渗透油藏，油水井数比曲线变化形态比较接近，受产液指数较低影响，相同含水级别下油水井数比高于萨葡油层各区块（图8.4）。

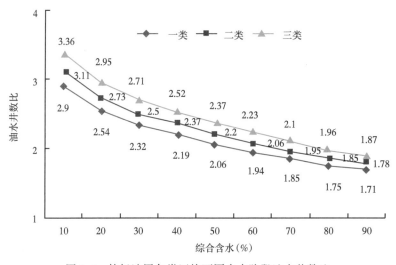

图8.4 扶杨油层各类区块不同含水阶段油水井数比

8.1.3.5 注采系统合理调整时机

依据裂缝发育油藏转线状注水，裂缝不发育油藏逐渐转五点的研究成果，注采系统调整时机有两种：对于裂缝不发育的砂岩油藏，按井组动态局部调整，将原反九点转为五点法井网，调整时机一般在综合含水 40% 左右，并尽量在井组含水 60% 以前转注；对于裂缝发育的油藏，转注时机主要依据注水开发动态反映，确定处在裂缝方向上或近似裂缝方向上油井的含水最大不超过 60% 为宜。

8.2 注采系统合理调整方式

8.2.1 中低渗透萨葡油层合理调整方式

（1）对于井网控制程度低的油田，采取井网加密与注采系统调整相结合的调整方式。

三角洲分流平原和内前缘相沉积，砂体规模小，砂体形态变化较大。如升 132 加密区，在 350m 正方形井网中心加密，部分层落空，但每口井又多钻遇了 2 个新层，说明砂体分布零散。在加密井网油水井数比为 1.82 的条件下，水驱控制程度仅有 72.7%。因此，对于类似区块只有通过加密和注采系统调整相结合才能有效地增加水驱控制程度[9]。

（2）对于井网控制程度高的油田，由反九点法注水逐步转向五点法注水。

三角洲外前缘相沉积，为薄层席状砂，砂体大面积分布，并且储层裂缝发育程度低或裂缝不发育，因其基质渗透率较高，裂缝对注水开发影响小。因此，在相同井网密度下，由反九点转五点注水或转线状注水水驱控制程度提高幅度比较接近，但五点注水开发效果较好。如宋芳屯油田南部在 300m 井网条件下，由反九点调整转为五点和线状注水水驱控制程度分别增加 8.1 和 8.6 个百分点，增加幅度基本接近。但在转注前产液量和产油量接近的情况下，转注后第一年五点注水递减率小于线状注水 9 个百分点（表 8.2）。说明对于大面积分布砂体，由于五点法注水注采井在平面上分布比较均匀，油井各向受效均匀，注水受效程度高，水驱效果好。

表 8.2　宋芳屯油田五点法与线状注水效果分析表

注水方式	对比井数（口）	连通井数（口）	转注前				转注后第一年			
			日产液（t）	日产油（t）	含水（%）	递减率（%）	日产液（t）	日产油（t）	含水（%）	递减率（%）
五点法注水	24	84	4.4	2.0	53.9	18.4	4.7	1.9	59.2	5.9
线状注水	7	26	4.6	2.0	56.8	19.5	4.3	1.7	60.1	14.9

（3）对于薄互层砂体连片性较好的采用整体转注，窄条带砂体采用灵活转注。

升平油田示范区裂缝不发育的萨葡油层，依据砂体发育程度及剩余油分布特点，薄互层砂体连片性较好的采取整体转注，窄条带砂体灵活转注（图 8.5）。

（4）连片分布的席状砂油藏整体转为线性水驱方式。

由于主体和非主体席状砂间互分布，剩余油主要富集于近东西向角井上，为此以提高多方向水驱为目的，优选近东西向行列转注，更有利于两侧剩余油动用（图 8.6）。

（5）纵向叠加零散砂体油层采用不规则转注方式。

零散砂体以完善注采关系为目的，按照平面控制单砂体、纵向控制各小层的原则，最终优选注采井网。如示范区将纵向上可以同时控制 3 个砂体的井转注，对比行列规则转注，水驱控制井点有效厚度增加 9.4m（图 8.7）。

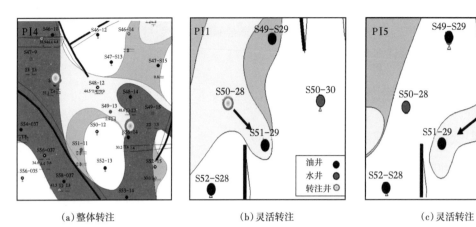

（a）整体转注 （b）灵活转注 （c）灵活转注

图 8.5 升平油田示范区不同转注方式示意图

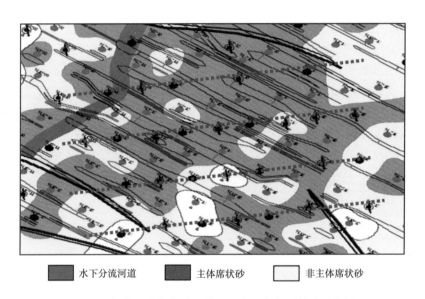

水下分流河道 主体席状砂 非主体席状砂

图 8.6 龙虎泡萨高合采示范区近东西向行列转注示意图

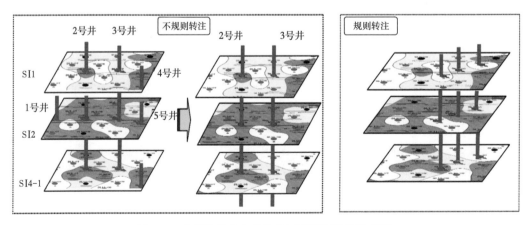

图 8.7 龙虎泡萨高合采示范区不规则转注示意图

根据席状砂体和零散砂体特点，确定不同的转注方式。在示范区转注了 29 口井，注采系统调整井区水驱控制程度提高了 15.93 个百分点。

8.2.2 特低渗透扶杨油层合理调整方式

由于低渗透油藏普遍实施压裂，除考虑天然裂缝发育外，更要考虑人工裂缝的影响，即考虑井排方向与裂缝及砂体走向的关系、断块大小等因素。基于上述因素，提出了已开发油田合理注水方式（图 8.8）。

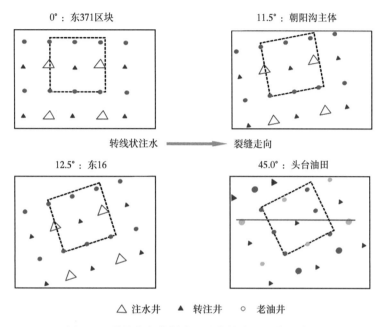

图 8.8　裂缝发育的低渗透油藏转线性注水示意图

（1）裂缝走向与井排方向成 11.5°，通过注水井排上油井转注形成近似线状注水井网。

①断块开阔、裂缝发育、砂体规模大、注水井排油井含水变化大的区块，将注水井排油井转注，形成线状注水井网。

朝阳沟油田主体区块，1992 年 6 月油井排油井含水为 1.2%，而注水井排油井含水高达 67.2%，相差 66 个百分点，地层压力相差 3~4MPa。注水井排产量由 1990 年 12 月的 399.6t 下降到 1992 年 6 月 236.3t。1992 年开始线状注水后区块产量开始恢复，含水下降。1998 年上半年日产油稳定在 1011.4t 以上，较 1992 年 12 月仅下降 9.46%。2000 年底采油速度为 1.14 %，含水为 40.3%，采出程度为 19.3%，取得了较好的调整效果。

②断层复杂、断块窄小、砂体规模小的区块，采用线状注水与灵活注水相结合的注采系统调整方式。

由于断块和砂体规模小，大多区块难以实现线状注水，只有采用线状注水与灵活注水相结合的注采系统调整相结合的方式。如朝阳沟油田的朝 202、朝 2、朝 44 和朝 661 等区块均采用该方式，也取得了较好效果。

（2）裂缝走向与井排方向成 22.5° 的井网，采用沿裂缝方向隔两排井油井转注，形成线状注水井网。

对于裂缝发育、断块开阔、砂体规模大、平面分布稳定的区块，采用沿裂缝方向隔两排井油井转注。应用数值模拟技术，模拟计算了原反九点井网、沿裂缝线性注水、转五点法注水、注水井排线性注水 4 种注采系统调整方案（图 8.9），可见沿裂缝方向线性注水的效果较好。该注水方式与调整前反九点注水对比，开发 20 年含水率由 72.5% 下降到 65.8%，平均单井日产油量增加了 0.2t，采出程度由 12.72% 增加到 14.58%，最终采收率由 21.2% 提高到 23.92%，表明沿裂缝方向线性注水同样适用于井排方向与裂缝方向夹角为 22.5°的井网。

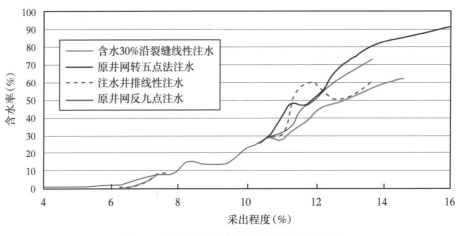

图 8.9　不同注水方式调整开发效果对比图

（3）裂缝走向与井排方向成 45°的井网，采用了井网加密与渗吸采油相结合的调整方式。

根据头台油田油藏地质特点和动态特征，研究出井网加密与渗吸采油相结合的调整方式。

第一步，先将注水井排高含水井关闭，由角井构成线状注水。

头台油田采用这种方式于 1996 年转线状注水后，油田含水得到有效控制，从 1995 年最高的 36% 逐步下降到 1998 年的 26.06%，2001 年 8 月降到 24%。但由于储层基质渗透率低，转线状注水后采油速度仍然较低，如主体的茂 11 区块 2000 年采油速度仅为 0.84%，其他区块采油速度为 0.25%~0.44%，因此只进行注采系统调整不能从根本上改善油田的开发效果；

第二步，通过井网加密与渗吸采油相结合的综合调整。

其方法是在井排间加密井，先排液采油，在一定时期后将排液井转注，同时老水井转抽，高含水井重开采油。

8.3　注采系统调整效果评价

8.3.1　原井网注采系统适应性评价

开发初期大多采用反九点注水方式，由于不同区块储层渗透性、砂体发育规模、井排方向与裂缝走向各不相同，其原井网注采系统开发效果差异较大，需要对原井网注采系统适应性进行评价。

8.3.1.1 适应性评价指标

注采系统的合理性主要体现在三个方面：一是油水井数比合理，注水能力与采液能力比较协调，注采基本保持平衡；二是油水井有良好的对应关系，注采井网对油层具有较好的适应性，水驱储量控制程度较高；三是压力系统要合理，即油藏在原油生产过程中，各项压力指标保持在技术界限以内，油层压力能够保持在开发方案要求的水平上，流动压力在最低流压界限以上，注水压力在最高注水压力界限以内。因此，评价注采系统是否适应，就必须分析注水采液能力是否匹配，注采井网是否适应油层的发育状况，油藏压力系统是否合理。分析的指标主要有油水井数比、油藏压力系统、水驱控制程度等（表8.3）。上述三个指标均达到为适应，三个达不到为不适应，其他为基本适应。

表8.3　注采系统调整适应性评价指标

评价参数	适应	基本适应
油水井数比	≤合理界限	>合理界限
水驱控制程度（%）	≥70%	<70%
地层压力保持程度（%）	≥80%	<80%
注水方式	裂缝发育线状注水，其他五点	裂缝发育反九点注水

8.3.1.2 适应性评价结果

根据井网注采系统调整适应性评价指标，对萨葡油层已调整区块适应性进行评价。评价结果表明：各类注采系统调整区块注采系统基本适应（表8.4）。一类区块适应性较好，二、三类较差，但都需要进一步调整。

表8.4　萨葡油层典型区块注采系统调整适应性评价表

区块类型	典型区块	原始地层压力（MPa）	目前地层压力（MPa）	合理油水井数比	实际油水井数比	水驱控制程度（%）	压力保持水平（%）	注水方式	适应性情况
一类	龙虎泡	14.78	10.34	2.01	1.98	87.1	70	反九点注水	适应
	杏西	14.4	14.38	2.09	1.5	68.5	99.9		适应
	敖古拉	12.78	9.35	1.66	1.5	76.3	73.2	反九点注水	适应
	祝三	14.63	10.98	2.45	2.05	72.5	75.1		适应
二类	新肇	16.9	10.41	2.5	2.2	65.5	61.6		基本适应
三类	葡西	23.23	13.21	2.42	2.74	60.9	56.9	反九点注水	基本适应

8.3.2 典型区块效果评价

（1）祝三试验区—中低渗透萨葡油层转五点法注水。

祝三试验区含油面积为7.3km²，动用地质储量265×10⁴t，有效厚度3.2m，平均孔隙度22.0%，平均空气渗透率98.7mD，初期采用300m×300m井网反九点注水开发。1986年9月投产，1987年5月转入注水开发。注水开发后共进行了4次较大规模的注采系统调整，共转注14口油井，影响周围油井33口，影响井平均单井日增油1.3t/d，累计增油14372t，降低液量9951t，降低含水6.1%，区块自然递减率从15%以上降到了10%以下。由于转注油井使油层动用状况得到了改善。如油水井数比由初期4:1变为1.63:1，水驱控制程度由 52.6% 提高到 70.3%，增加水驱控制程度 17.7 个百分点，增加水驱储量 41.42×10⁴t，增加采收率 5.9 个百分点，增加可采储量 15.6×10⁴t。

（2）朝阳沟油田主体区块—裂缝发育低渗透储层转线状注水

朝阳沟油田扶余油层主体区块，空气渗透率 18.2～20.3mD，天然裂缝发育，初期采用 300m×300m 正方形井网反九点注水方式，井排方向与裂缝走向成 11.5°。

1987 年注水开发后，由于裂缝、井网及注水方式的不利影响，油井排和注水井排油井开发效果差异大。到 1992 年注水井排油井含水高达 67.2%，油井排油井含水仅 1.2%，相差 66 个百分点，地层压力相差 3～4MPa，注水井排油井产油量由 1990 年 12 月的 400t 下降到 1992 年 6 月的 236t。区块产油量由 46×10⁴t 下降至 43×10⁴t。

1992 年以后通过转注水井排油井形成线状注水，注水井排油井含水从 67.2% 下降到 1996 年 12 月的 31%，1998 年产油量仅比 1992 年产量下降 13.2%，平均递减率只有 2.2%，在年产油 40×10⁴t 水平上稳产了 6 年，取得了较好的转注效果。

同时由于注水井增加，提高了油井受效方向，如朝 5 区块转注 13 口井，受影响的 58 口油井的连通层数由 169 个增加到 197 个，增加了 28 个，单向连通百分比由原来的 41.4% 下降到 13.6%，下降了 27.8 个百分点。

由此表明，对于裂缝性低渗透油藏通过注采系统调整实施线状注水可以有效改善水驱开发效果。

（3）茂 11 井网加密区—裂缝性特低渗透扶余油层不同排距线状注水。

头台油田茂 11 井网加密区，含油面积为 6.21km²，动用地质储量 515.4×10⁴t，有效厚度 15.3m，空气渗透率 4.87mD，孔隙度 12.2%，储层发育近似东西向天然裂缝。

1994 年 7 月采用 300m×300m 井网开发，井排方向与裂缝走向成 45°。1995 年注水井排上油井出现暴性水淹，含水从 1994 年的 20.5% 上升到 1996 年 6 月的 35.8%。1995 年将注水井排高含水油井逐渐关闭，形成沿裂缝方向的线状注水。调整后区块含水逐渐下降，到 2001 年 6 月含水为 13.7%，区块产油量稳定在 4500t 左右，第一次注采系统调整取得了好效果。

但由于压力传导慢，注水开发 8 年油井地层压力为 5.52MPa，仅是原始地层压力 14.0MPa 的 39.4%。2000 年和 2001 年采用排间加密注水井排的加密方式，加密了 30 口井，加密井距 636m 和 824m。加密区初期提高采油速度 1.48 个百分点，加密两年后采油速度仍高于加密前 0.43 个百分点。表明 106m 排距已建立起了有效驱动体系。2003 年共转注 4 口加密井，2 口老注水井转抽，2 口高含水关闭井启抽，使调整区块形成沿东西裂缝方向新的小排距线状注水。调整后加密井区日产油提高 27.9t，注采系统调整区日产油提高 36t。表明井网加密与注采系统调整结合，提高了加密区开发效果。

第二次注采系统调整取得了成功。一是转抽 2 口老注水井中的茂 60-90 井，2003 年 6 月转抽十几天含水就由 99.9% 降到 70.5%，日产油稳定在 22.6t，2004 年 8 月日产量 18.1t。茂 62-88 井 2003 年见油花，2004 年 8 月已日产液 26t，日产油 4.5t，表明注水井转油井，随着时间的延续会有产油能力。二是 2 口高含水关闭井启抽中的茂 61-89 井初期日产油就达 43.2t，2003 年底日产油 15.8t，含水稳定在 20% 左右，2004 年 8 月日产油 4.7t，另一口井也见油花。表明部分水淹井启抽生产可行，高含水关闭井可以再利用。三是 12 口老井日产油由转前的 32t 稳定在 2003 年底的 32.5t，2004 年 8 月日产油上升到 47.9t，表明新的小排距线状注水使老油井注水受效状况得到明显改善（表 8.5）。

表 8.5　头台油田茂 11 井网加密区注采系统调整效果分析表

井别	井数（口）	初期			2004 年 8 月		
		日产液（t）	日产油（t）	含水（%）	日产液（t）	日产油（t）	含水（%）
注水井转油井	1	76.2	22.6	70.5	32.4	18.1	45
高含水关闭井启抽	1	54.7	43.1	21.0	29.9	4.7	84.2
油井	12	41.0	32.0	22.0	54.7	47.9	12.4

8.3.3　注采系统调整区块效果评价

8.3.3.1　评价方法

通过对注采系统调整效果分析，确定了效果评价参数和指标：水驱控制程度提高 10 个百分点以上，采收率提高 2 个百分点以上，单井累计增油 500t 以上，评价为效果好；水驱控制程度提高 5~10 个百分点，采收率提高 1~2 个百分点，单井累计增油 200~500t，评价为效果较好；水驱控制程度提高低于 5 个百分点，采收率提高小于 1 个百分点，单井累计增油在 200t 以下，评价为效果一般（表 8.6）。

表 8.6　注采系统调整效果参数和指标表

调整效果类别	提高水驱控制程度（百分点）	提高采收率（百分点）	单井累计增油（t）
好	≥10	≥2	≥500
较好	5~10	1~2	200~500
一般	≤5	≤1	≤200

8.3.3.2　效果评价结果

应用精细地质研究成果，对升平油田等 10 个区块进行了注采系统调整。分析不同类型油藏及不同注采系统调整方式的开发效果，有以下几点认识。

（1）注采系统调整能增加水驱控制程度，提高采收率。

油田砂体规模小，300m 正方形井网反九点注水初期水驱控制程度低，大多在 40%~60% 之间，经过注采系统调整能增加水驱控制程度。经过计算，萨葡和扶杨油层油水井数比每降低 1，分别增加水驱控制程度 11.4 和 6.5 个百分点，分别提高采收率 3.3 和 1.9 个百分点。如龙虎泡油田实施井数 43 口，影响周围 86 口油井，平均单井日增油 1.1t，平均单井累计增油 495t，平均有效期达 450d，增加水驱控制程度 9.7%，提高采收率 2.8 个百分点，增加可采储量 46.4×10⁴。另外杏西、敖古拉油田和东部葡萄花油层注采系统调整分别提高水驱控制程度 2.5 个百分点和 17.0 个百分点，提高采收率 0.7 个百分点和 4.9 个百分点（表 8.7）。

（2）控制了调整区块含水上升和产量递减速度。

由于转注井周围的油井产液结构得到了调整，同时培养了部分措施井层，调整井区的

表 8.7　注采系统调整区调整效果

油田或区块	转注井数（口）	影响井数（口）	增加油量（t）		提高水驱控制程度（%）	提高采收率幅度（%）
			单井初期日增油	累计		
龙虎泡	43	86	1.1	495	9.7	2.8
杏西	13	28	1.7	1347	16.4	4.8
敖古拉	4	10	1.8	1114	2.5	0.7
东部葡萄花	132	427		243804	17.0	4.9
合计	206	584	5.9	261132	15.7	4.6

含水上升和产量递减速度能得到有效控制。据东部葡萄花油层转注时间较长的 186 口注采系统调整影响井统计，其转注前含水为 49.2%，转注后一年含水为 53.4%，转注后两年含水为 57.4%，第二年比第一年含水上升幅度降低 0.2 个百分点。油井日产油由转注前的 530.5t，保持在转注一年后的 504.3t，两年后日产油仍保持在 445.8t。递减率也由转注前的 18.6% 降低到 4.9%，较转注前递减率降低 13.7 个百分点。

（3）降低了注水压力。

注采系统调整不仅能确保油井产能的发挥，而且调整区的注水压力也能得到控制。东部葡萄花油层转注的 163 口井中，注水压力由调整前的 16.5MPa 降低到调整后的 14.7MPa，降低了 1.8MPa。

参 考 文 献

[1] 王俊魁等. 油气藏工程方法研究与应用 [M]. 北京：石油工业出版社，1998.
[2] 黄延章等. 低渗透油层渗流机理 [M]. 北京：石油工业出版社，1998：186.
[3] 俞启泰，赵明，林志芳. 水驱砂岩油田驱油效率和波及系数研究（二）[J]. 石油勘探与开发，1989（03）：46-54.
[4] 王俊魁，孟宪君，鲁建中. 裂缝性油藏水驱油机理与注水开发方法 [J]. 大庆石油地质与开发，1997（01）：35-38.
[5] 李莉，韩德金，周锡生. 大庆外围低渗透油田开发技术研究 [J]. 大庆石油地质与开发，2004（05）：85-87.
[6] 李莉. 大庆外围油田注水开发综合调整技术研究 [D]. 北京：中国科学院研究生院（渗流流体力学研究所），2006.
[7] 周锡生. 大庆外围已开发油田综合调整对策及部署研究 [D]. 成都：西南石油大学，2006.
[8] 李莉，周锡生，李艳华. 低渗透油藏有效驱动体系和井网加密作用分析 [J]. 中国科学技术大学学报，2004（z1）：95-101.

9 低渗透油藏井网加密调整技术

井网加密调整是注水开发油田最具进攻性的调整方法。由于低渗透油藏已开发区块井网控制程度低，难以形成有效驱替等问题，如何建立有效驱动体系、挖掘剩余油是制约油田注水开发的技术瓶颈。本章通过评价原开发井网适应性，分析了整体井网适应性差的主要原因；研究了井网加密调整界限，提出了合理井网加密调整方式，研究出加密井井位优选方法，对已加密区块加密效果进行了整体评价。针对中低渗透萨葡油层和特低渗透扶杨油层注水开发中遇到的突出问题，形成了中低渗透油藏以挖掘剩余油为核心的井网加密调整技术，以及特低渗透以建立有效驱动体系为核心的井网加密调整技术，预计提高采收率5个百分点。这套技术在油田得到规模化应用，实施效果明显，夯实了油田稳产基础。

9.1 原井网适应性评价

开发初期，原开发井网主要是 300m×300m 正方形反九点井网。其中萨葡油层主要为中低渗透，能建立起有效驱动体系，注水能够受效，水驱开发效果好，井网适应性相对较好；扶杨油层主要为特低渗透储层，天然裂缝发育，因井排方向与裂缝走向呈一定夹角，注采方向与裂缝方向夹角小的方向油井含水上升快，油井注水受效差，产量递减快，其整体井网适应差（表 9.1）。

表 9.1 低渗透油藏原开发井网适应性分析表

油层	井网形式	井网形式（m×m）	适应油藏	适应区块	不适应区块
萨葡	正方形	300×300 250×250 400×400 350×350 283×283 220×220	中低渗透裂缝不发育	葡47、敖古拉、高西、州十三、徐30、徐7	徐22-24、徐25、葡36、卫星、太东、树103、升144、升102、升142、宋芳屯试验
	矩形	160×120	低渗透裂缝发育	源141、源23、肇261	
	菱形	120×100 100×56	低渗透裂缝发育	台103、源272、肇294、肇15	
扶扬	正方形	300×300 250×250	裂缝不发育，物性较好裂缝不发育，物性稍差	朝45、朝5、朝5北、等东18、升22、尚9	东14、树322、树2
	矩形	300×60 (250~400)×80 (240~350)×100 (350~450)×150 (350~500)×150	特低渗或致密油藏裂缝发育，物性好	州6、州201、葡333、葡462、五213、双301、朝521	源35-1北、源21-3、源151、茂801、齐家北
	菱形	400×70	裂缝发育特低渗透油藏	茂13、茂508	

177

造成井网不适应的原因是多方面的，包括储层物性、原油性质、砂体规模、开发井网等。分析认为，主要有以下四个方面的原因。

(1)储层砂体规模小，水驱控制程度低。

在外围油田两套油层中，萨葡油层储层主要为三角洲沉积，砂体规模小，多以窄短条带分布，砂体宽度小于300m的砂体个数占总砂体个数的60%，砂岩钻遇率30%~40%。这些砂体在300m正方形井网反九点注水方式下水驱控制程度大多在50%~70%；扶杨油层主要为河流相沉积，以窄条带、断续条带河道砂体为主，砂体宽度在300~600m，加上断层切割，在300m正方形井网条件下水驱控制程度只有55%~75%[1]。由于砂体分布零散，即使在目前油水井数比2.6的条件下，其水驱控制程度平均70%，而在已开发的86个区块中，有40个区块水驱控制程度低于70%，平均为60.5%，其地质储量$1.51×10^8t$，占已动用储量的36.8%。

(2)储层渗透率低，难以建立起有效驱动压差。

低渗透储层在注水开发中驱动压差除了要克服水驱阻力外，还要克服由启动压力梯度引起的附加阻力。因此，在相同井距和相同驱动压差下，低渗透油藏油井获得的有效驱动压差要比中高渗透油藏小，渗透率越低获得的有效驱动压差越小，储层有效动用的程度也越低。据计算，在已开发的86个区块中，整体难以建立起有效驱动体系的区块有41个，共有$1.7×10^8t$的地质储量。尽管这些油藏部分油层由于渗透率较高或存在裂缝能有效动用，但整体上油井产液能力低。如朝阳沟油田翼部地区和榆树林油田东区和南区等特低渗透区块，单井日产液仅有1~2t。即使整体上能动用的低渗透区块，由于油藏层间渗透性的差异，也有部分层不能有效动用。如朝阳沟油田在小于3.0mD的厚度中有30%的有效厚度不能被驱动。

(3)裂缝发育区块，井排方向与裂缝方位不匹配。

在已开发的低渗透油藏储层中发育不同程度的天然裂缝，其裂缝走向与井排方向存在0°、11.5°、12.5°、22.5°、45°和52.5°等夹角(图9.1)，这些井网在反九点注水方式下，注水开发后，导致了注采井方向与裂缝平行或近似平行方向的油井见效快、含水上升快，

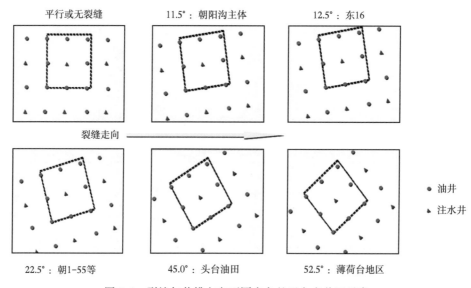

图9.1　裂缝与井排方向不同夹角的反九点井网示意

而注采井方向与裂缝垂直或近似垂直方向的油井注水见效慢或不见效，这就造成了区块含水上升快，产量递减幅度大[2]。如开发较早的朝阳沟、头台油田以及榆树林油田东 16 等区块，其注水开发效果变差，就是由于井网与裂缝不匹配引起的，近年投入开发的裂缝性低—特低渗透葡萄花油层也存在上述问题。井排方向与裂缝方位不匹配，加剧了注水开发中油水运动的不均匀性和注入水突进，降低了注水波及系数，尤其是低渗透油藏水驱油中具有随含水上升油相渗透率下降幅度大的特点，造成低渗透油藏油井见水后较中高渗透油藏含水上升快、水淹快，导致裂缝性低渗透油藏开发效果急剧变差[1]。

(4) 油田油水井数比不合理。

随着新区不断投入开发，老区注采系统调整力度变小，油水井数比逐渐增大。油水井数比从 1996 年的 2.29 上升到 2003 年的 2.67。这主要是投入较早的龙虎泡、升平和朝阳沟主体等区块进行了较大规模的注采系统调整，这些区块油水井数比较低。而新投入开发或开发效果比较差的区块油水井数比较高，在 2.5~3.7 之间。但整体上萨葡油层油水井数比平均为 2.58，低于扶杨油层 2.74。研究认为，萨葡油层合理油水井数比在 1.6~2 之间，扶杨油层应在 1.8~2.3 之间，对于裂缝发育区油水井数比可以高一些。油水井数比不合理造成注水强度不够，同时水驱控制程度低，影响了油田注水开发效果的提高。

9.2 井网加密调整技术经济界限

加密调整界限研究主要包括确定各区块经济极限井网密度、加密井经济极限产量、布井厚度下限等。加密调整的思路：先根据井网密度和极限井网密度对比，井网密度大于经济极限井网密度的因没有经济效益确定为不可加密区块；对于井网密度小于经济极限井网密度的区块，通过计算单井经济极限产量，结合测算的采油强度，进而计算得到加密井布井厚度[3]。

9.2.1 有效驱动距离

9.2.1.1 计算方法

将有效驱动排距定义为油井达到稳定产液强度时的排距。根据低渗透油藏非达西渗流理论[4]，推导出有效驱动排距公式：

$$L_{有效} = \frac{p_w - p_F - \dfrac{c \cdot n \cdot \mu \cdot \eta}{K}}{\lambda} \tag{9.1}$$

式中　$L_{有效}$——有效驱动排距，m；

　　　p_w，p_F——分别为注水井和油井流压，MPa；

　　　c——单位换算系数；

　　　n——排距与井距的比值；

　　　μ——原油黏度，mPa·s；

　　　K——空气渗透率，mD；

　　　η——稳定采液强度，t/(d·m)；

　　　λ——启动压力梯度，MPa/m。

研究表明，排距与井距的比值根据储层基质渗透率与裂缝发育程度确定：即无裂缝井距等于排距，微裂缝井距等于2倍排距，小裂缝（潜裂缝）井距等于3倍排距，而中—大裂缝（显裂缝）井距等于4倍排距。

9.2.1.2 计算结果

计算表明已开发86个区块中，技术井距及井网密度小于现井距及井网密度的有41个区块，其有效驱动排距在85~220m，有效驱动井距在169~568m（表9.2）。

表9.2 特低渗透油藏技术界限

采油厂（公司）	层位	有效排距（m）	有效井距（m）	有效井网密度（口/km²）	备注
第七采油厂	FY	129	387	20.0	茂801
第八采油厂	F	184	368	14.8	升南
第九采油厂	P	222	222	20.2	葡西
	G	85	255	46.1	龙虎泡高台子
第十采油厂	FY	118~167	353~333	24.1~18.0	翼部22个区块
榆树林	FY	169~210	169~421	35~11.3	东区、南区和西区9个区块
头台	FY	95~142	285~568	36.9~12.4	6个区块

根据有效排距和有效井距，计算出相应的有效驱动井网密度在11.3~46.1口/km²之间，均大于原井网密度11口/km²。如榆树林油田树8区块、龙虎泡高台子油层和头台油田二类、三类区块有效井网密度高出原井网密度2倍以上。

9.2.2 井网加密调整界限

加密调整界限研究主要包括确定区块经济极限井网密度、加密井初期经济极限日产油、经济极限累产油、布井有效厚度下限等[5]。首先依照《2014年经济评价参数选取标准及暂行办法》，确定了各项经济参数的取值，在参考各厂加密方案和有关加密界限项目及文献的基础上，按照科学合理、易于求取的原则确定了各界限的确定公式，同时根据实际设定了个别界限的约束条件，防止部分区块因参数取值等影响导致计算的界限过大或过小。

9.2.2.1 加密井产量及储量下限

（1）单井初期日产油量经济界限。

$$q_{\min} = \frac{(I_D + I_B)(1+R)^{T/2}\beta}{0.0365\tau_o d_o T(P_o - O - S)(1 - D_c)^{T/2}} \tag{9.2}$$

式中　$q_{\min}$——单井经济极限日产油，t；

　　　I_D——平均单井钻井投资（包括射孔、压裂等），万元/井；

　　　I_B——平均单井地面建设投资（包括系统工程和矿建等），万元/井；

　　　R——投资贷款利率；

　　　T——开发评价年限，a；

　　　B——油井系数，油水井总数与油井数的比值；

　　　τ_o——采油时率；

d_o——原油商品率；

P_o——原油售价，元/t；

O——原油成本，元/t；

0.0365——年时间单位换算；

S——销售税金及附加，包括资源税、教育税、城建税等，元/t；

D_c——油田年综合递减率。

（2）单井经济极限累计产量。

根据加密井单井经济极限产量，结合递减规律，计算10年开发评价期内单井累计产量界限。

$$Q_{min} = q_{min} \times 0.0365 \times \tau \left[1 + (1 - D_c) + (1 - D_c)^2 + (1 - D_c)^3 + (1 - D_c)^4 + (1 - D_c)^5 + (1 - D_c)^6 + (1 - D_c)^7 + (1 - D_c)^8 + (1 - D_c)^9 \right] \quad (9.3)$$

（3）单井控制可采储量经济下限。

$$N_{min\,k} = \frac{(I_D + I_B)(1 + R)^{\frac{T}{2}}}{d_o \times (P_o - O - S) \times W_i} \quad (9.4)$$

式中 W_i——开发评价年限内可采原油储量采出程度。

（4）单井控制地质储量经济极限。

$$M_{min g} = \frac{N_{min\,k}}{E_R} \quad (9.5)$$

9.2.2.2 经济极限井网密度及可调厚度

（1）经济极限井网密度。

$$f_{min} = \frac{d_o \times (P_o - O - S) \times N \times E_R}{(I_D + I_B)(1 + R)^{T/2} \times A_o} \quad (9.6)$$

约束条件：利用储量丰度及单井经济极限累产油复算经济极限井网密度。计算结果过大或者过小，则取约束条件的结果作为经济极限井网密度[3]。

$$f_{min} = \frac{N}{A_o} \div \frac{Q_{min}}{E_R} = \frac{N \times E_R}{A_o \times Q_{min}} = R_a \cdot \frac{E_R}{Q_{min}} \quad (9.7)$$

式中 N——地质储量，10^4t；

A_o——含油面积，10^3km^2；

E_R——采收率，%；

Q_{min}——单井经济极限累计产量；

R_a——储量丰度，10^4t/km^2，$R_a = N/A_o$。

（2）可调厚度经济界限。

$$H_k = q_{min}/J_o \quad (9.8)$$

式中 H_k——可调厚度下限，m；

q_{min}——加密井经济极限日产油，t；

J_o——稳定采油强度，t/（d·m）。

9.2.2.3 加密井经济极限计算结果

根据盈亏平衡原理和各采油厂及公司不同的经济条件，计算出油田可加密区块加密井单井经济极限产量，萨葡油层为2470~3960t，扶杨高油层为2800~4300t；中低渗透萨葡油层递减率为19.6%~29.8%，平均为24.6%；裂缝发育的低渗透扶杨高油层加密井递减率为12.6%~21.6%，平均为17.1%。考虑到目前加密时间较短，并且随着加密井产油量降低，递减率会逐渐减小，在有效开发期内，中高含水萨葡油层加密井递减率按20%计算，扶杨油层按15%。按递减率和加密井经济极限产油量测算萨葡和扶杨高油层在有效开发期内初期加密井日产量分别为2.2~2.6t和2.4~3.7t。由此计算出已开发区块可加密经济极限井网密度和可调厚度下限，萨葡油层可加密经济极限井网密度为11.1~14.4口/km²，可调厚度下限为3.4~4.0m，扶杨高油层可加密经济极限井网密度为6.0~25.7口/km²，可调厚度下限为7.2~12.9m（表9.3）。

表9.3 低渗透油藏可加密经济界限

采油厂 （公司）	层位	油藏埋深 （m）	单井加密经 济极限产量 （t）	可加密经济 极限井网密度 （口/km²）	单井可调 厚度下限 （m）	单井增加 可采储量 （t）
第七采油厂外围	P	1520	3600	11.1	3.6	4800
第八采油厂	P	1520~1650	3450~3780	11.1~12.4	3.0~3.2	4600~5040
	F	2100	4300	12.6	8.6	5730
第九采油厂	P	1400~1850	3250~3960	12.7~14.4	3.6~4.0	4300~5280
	G	1760	4100	6.0	8.7	5460
第十采油厂	FY	1020~1450	3160~3900	13.9~20.4	7.2~9.3	4210~5200
榆树林公司	P	1620	2470	13.9	3.4	3290
	FY	1990~2500	3170~3540	19.3~24.1	11.5~12.9	4220~4720
头台公司	FY	1430~1690	2800	21.1~25.7	10.1~11.0	3730

注：第七采油厂至第十采油厂采用关联价，榆树林和头台公司采用招标价计算，油价1200元/t。

9.2.3 加密井和可加密区块经济极限含水

已加密区块加密井与老井含水关系分析结果表明，低含水的扶杨油层加密区块加密井与老油井含水基本接近，而中高含水的萨葡油层加密井含水低于老井的含水，而且原井网井距大其加密井的含水低。如升平油田升132加密区，原井网350m×350m，加密井含水为40.5%，而老油井含水为53.7%。说明尽管中低渗透萨葡油层为高含水，在原正方形井网中心加密，加密井处在水线上，加密初期通过选择性射孔，加密井初期含水整体上也能低于老油井含水。而裂缝发育的区块，在井网部署时需要避开加密井处在裂缝系统上，才能保持加密井整体含水低于老油井（表9.4）。

表9.4 外围油田加密区块老井和加密井含水关系分析

区块	层位	含水（%）		井网（m×m）	
		老井	加密井	加密前	加密后
升132	p	53.7	40.5	350×350	248×248
龙20-15	SPG	51.9	46.0	300×300	212×300

区 块	层位	含水（%）		井网 （m×m）	
		老井	加密井	加密前	加密后
宋芳屯试验区	P	61.8	22.8	400×400	182×282
朝55	F	13.5	9.5	300×300	141×243
朝1—朝气3	F	10.5	18.7	300×300	141×243
朝631	F	17.5	17.1	300×300	212×212
朝61	F	13.6	18.1	300×300	212×212
东14	Y	9.8	2.7	300×300	212×300
芳483	F	11.5	6.5	300×300	150×150，212×212
茂8-13	F	16.9	18.5	300×300	636×102
树322	F	9.49	10.8	300×300	300×112，300×114，300×150，300×168
茂11	F	15.8	34.3	300×300	636×102，848×102

加密井和加密区经济极限含水主要与加密井产液量和经济极限产量有关。对于扶杨油层加密有效区块加密井日产液量在1.4~6.4t之间，平均为3.1t，其经济极限日产油2.2~3.7t，平均为2.9t，也就是说对于最大产液量6.4t，最大经济极限日产油3.7t，其含水不能超过40%；根据加密井与老油井含水关系，考虑选择性射孔影响，加密区含水也不能超过50%。对于萨葡油层加密有效区块加密井日产液量在4.2~5.8t之间，平均为5t，经济极限日产油为2.2~2.6t，平均为2.4t，加密井含水也不能超过50%。同样由加密井与老油井含水关系，并考虑选择性射孔影响，加密区含水最好不要超过70%（图9.2）。

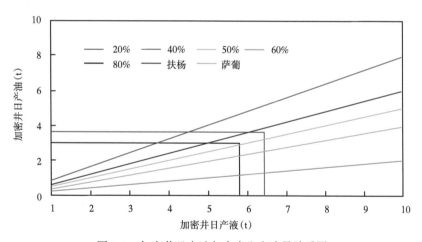

图9.2 加密井日产油与含水和产液量关系图

9.3 井网加密调整方式

低渗透油藏加密方式主要采用正方形中心加密、油井排加密、不均匀加密油井（注水井）、排间加密注水井排、三角形重心加密和井间均匀加密油水井共6种方式。加密区原井网有400×400m，350×350m和300×300m，加密后井距在112~282m之间，加密排距50m、70m、93m、106m和141m，加密井网密度在5.6~66.7口/km² 之间。

9.3.1　中低渗透萨葡油层加密方式

通过对已加密区块跟踪评价，低丰度萨葡油层有 5 种井网加密调整模式。主要是依据加密潜力、砂体类型、剩余油分布以及加密井完井方式，同时考虑断层发育情况，综合采用均匀或灵活加密与老井转注相结合的调整方式(表 9.5)。该类油层采出程度高、含水高、剩余油分布零散，井网加密的主要目的是挖掘剩余油，提高水驱控制程度和提高采油速度。

表 9.5　外围薄油层窄小砂体萨葡油层加密调整模式描述表

序号	新老井网关系	可调潜力	砂体类型	剩余油类型	完井方式	布井方式	
1		多层发育层间差异大	主力层明显，以低弯度分流河道砂为主	层间干扰	选择性射孔	均匀	
2	老井网中心	多层发育	多发育顺直分流河道和窄条带砂体	井网控制不住	射孔压裂	灵活均匀	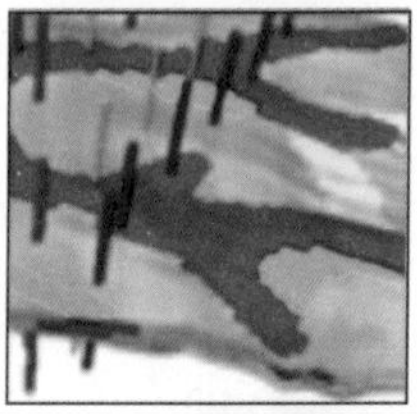
3		单层发育	相变或物性横向变化大，井组含水差异大	平面干扰	选择性射孔	灵活	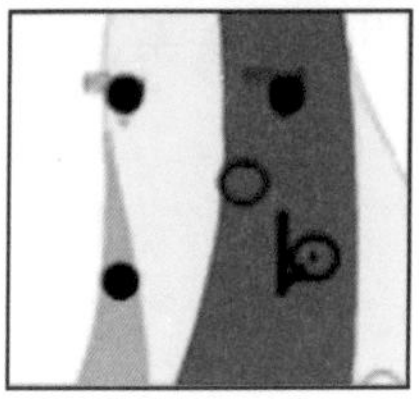
4	断层边部	具备可调潜力	砂体发育	断层遮挡	射孔	灵活	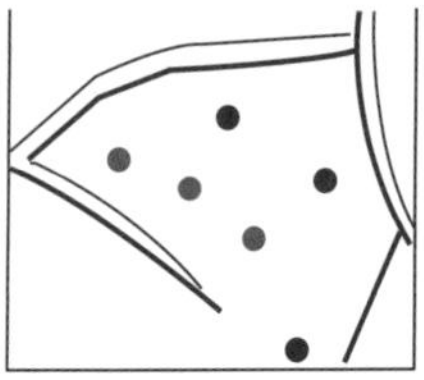
5	与整体外扩相结合	具备可调潜力	砂体发育	井网控制不住	射孔压裂	均匀	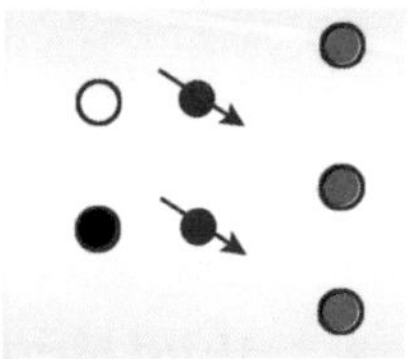

9.3.2　特低渗透扶杨油层加密方式

特低渗透扶杨油层，其原井网井排方向与裂缝走向存在 11.5°、12.5°、22.5°、45.0° 和 52.5° 夹角。研究认为，裂缝性油藏合理注水方式是线状注水。由于不同井网其井排方

184

向与裂缝走向夹角不同，其加密的方式也不相同。扶杨油层有6种加密模式（图9.3）。

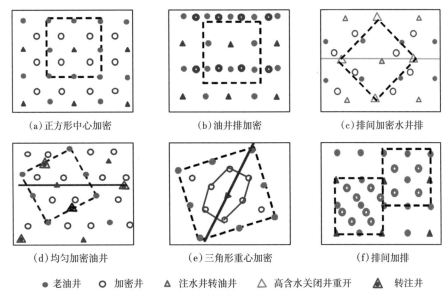

（a）正方形中心加密　　　（b）油井排加密　　　（c）排间加密水井排

（d）均匀加密油井　　　（e）三角形重心加密　　　（f）排间加排

● 老油井　○ 加密井　▲ 注水井转油井　△ 高含水关闭井重开　▲ 转注井

图9.3　特低渗透油藏井网加密方式示意图

9.3.2.1　裂缝发育的特低渗透扶杨油层

目前特低渗透扶杨油层处于中含水阶段，剩余油主要受井网与裂缝组合关系、注水方式等控制。井网加密的主要目的是提高水驱控制程度和实现线状注水。依据井排方向与裂缝走向存在的不同夹角，主要采取4种加密方式：夹角11.5°采用油井排加密油井，夹角22.5°采用不均匀加密油（水）井，夹角52.5°采用三角形重心加密，夹角45°采用排间加密水井排。

9.3.2.2　裂缝不发育的特低渗透扶杨油层

该类油层采出程度低、综合含水低、剩余油大面积分布。井网加密的主要目的是降低渗流阻力，增加有效驱动程度。主要采用排间和井间加密方式（表9.6）。

表9.6　外围油田各类区块井网加密方式表

加密方式	适应油藏及井网	加密的作用	加密井数（口/km²）	区块
正方形中心加密油井	裂缝走向与井排方向成12.5°、22.5°井网，裂缝发育，特低渗透率	缩小排距，增加水驱控制程度，提高注水受效程度	11.1	东16、朝61
	中渗透油藏和裂缝不发育的低—特低渗透油藏	挖掘剩余油，提高水驱控制程度，提高采油速度	6.3、8.1、11.1	宋芳屯试验区、升平、宋芳屯北部
油井排加密油井	裂缝走向与井排方向成11.5°井网，裂缝发育，且渗透率较高	加密后继续实现近似线状注水。挖掘油井排上剩余油，提高油水井数比和水驱控制程度	5.6	朝45
	中渗透油藏，采出程度高，剩余油零散分布	挖掘剩余油，提高水驱控制程度和采油速度	5.6	龙虎泡北部

加密方式	适应油藏及井网	加密的作用	加密井数（口/km²）	区块
不均匀加密油水井	裂缝走向与井排方向成 22.5°井网	井网加密与注采系统调整相结合实现线状注水	16.8	朝55、朝1-朝气1-3、朝522
排间加密一排水井	裂缝走向与井排方向成 45°井网	井网加密与渗吸采油相结合，提高有效动用程度和采收率	11.2~14.8	茂11
排间加密两、三排井	裂缝走向与井排方向成 45°井网，裂缝发育，基质渗透率特低或致密	探索密井网开发效果降低排距，实现线状注水	4.3~23.2	茂8-13
三角形重心加密	裂缝走向与井排方向成 52.5°井网，储层渗透率特低，发育裂缝	主要是缩小井距，降低渗流阻力，形成沿裂缝注水向裂缝两侧驱油的线状注水，即反七点注水	17.4	朝89、朝83、朝深2
井间均匀加密油水井	探索密井网开发效果	降低注采井距，整体压裂实现线状注水	33.3、55.6、66.7	长30、树322

9.3.3 加密井井位优选方法

加密井位确定，按照"四步法"筛选。首先根据油水井动静态资料绘制开发现状图，汇总油水井油层发育状况以及生产动态，结合加密单井厚度界限和累产油界限确定可加密井数[6]。具体步骤以宋芳屯油田北部为例。

第一步，依据沉积单元逐层预测，结合周围老井有效厚度，预测加密井全井厚度，共312口。

第二步，根据不同区块加密井有效厚度下限值，筛选出符合下限标准的井，共91口。

第三步，对于具备一定有效厚度的井，遵循以下选井原则：（1）根据老井动态数据及吸水剖面资料，分析分层水淹状况，避免加密井主力层水淹，剔除11口；（2）尽管有些井主产层未被水淹，但周围老井采出程度较高，为避免形成低产井，剔除4口井；（3）尽量避开在注水井间加密；（4）对于目前认识不清，设计为缓钻井，需要根据其他加密完钻井再加以落实。

按上述做法，在北部6个区块优选出可加密井86口。其中宋芳屯试验区没有优选到井位，而祝三试验区仅有2口井位，这两个区块不考虑井网加密调整；在其它4个区块设计加密井84口，其中正常钻井56口，缓钻井28口。

9.4 井网加密整体效果评价

9.4.1 适应性评价

自 1996 年开始到 2015 年，已加密 71 个区块，钻加密井 3369 口，含油面积 592.4km²，地质储量 2.85×108t，增加可采储量 1581.9×10⁴t。加密井年产油 95.4×10⁴t，占长垣外围产量的 18.5%，有力支撑了长垣外围油田稳产（表 9.7）。

表 9.7　长垣外围油田加密区块数据表

项目	萨葡油层	扶杨油层
区块个数（个）	29	42
含油面积（km²）	346.2	246.2
地质储量（10⁸t）	1.42	1.43
空气渗透率（mD）	36.0~136.6	0.6~21.9
有效厚度（m）	0.7~5.2	5.8~15.4
地层原油黏度（mPa·s）	2.3~11.9	3.3~14.6
地质储量丰度（10⁴t/km²）	19.9~50.4	29.4~101.7
加密井数（口）	1460	1909

9.4.1.1 萨葡油层

长垣外围油田萨葡油层大部分采用正方形井网中心加密，除个别区块由于加密前含水较高错过适合的加密时机外，萨葡油层整体加密效果较好，加密后提高水驱控制程度 3.5 个百分点以上，提高采收率 3.3 个百分点以上（表 9.8）。

表 9.8　长垣外围萨葡油层典型区块不同加密方式适应性分析表

类别	区块	加密方式	加密前老井 单井日产油（t）	加密前老井 含水（%）	加密前老井 采出程度（%）	加密井初期 单井日产油（t）	加密井初期 含水（%）	目前加密井 单井日产油（t）	目前加密井 含水（%）	目前加密井 单井累计产油（t）	提高水驱控制程度（%）	提高采收率（%）	适应性
一	芳6	中心加密灵活	1.5	61.7	15.5	2.7	20.1	0.7	70.5	1520	11.2	4.9	适应
一	芳507		2.1	54.9	16.2	2.6	29.8	1.8	52.8	1237	8.8	6	
二	永92-88		1.9	54.6	27.4	2	64.9	1.7	64.1	1728	15.3	6	
二	肇212		0.9	61.7	7.7	2.4	27.3	0.6	67.7	1685	3.6	4.1	
三	台105		0.7	56.9	7.7	1	27.3	0.9	37	604	3.7	3.9	

9.4.1.2 扶杨油层

扶杨油层加密方式较多，有井网中心加密、"321"不均匀加密、三角形重心加密、排间加密等，各加密方式在扶杨油层取得较好的加密效果，加密后提高水驱控制程度 5.3 个百分点以上,提高采收率4.0个百分点以上。综合认为:裂缝性低—特低渗透扶杨油层适应按照井排方向沿着裂缝走向,采用加密与注采系统相结合实现线状注水的加密方式;裂缝发育差、不发育的特低渗透扶杨油层适应采用排间加排井间加井的井网加密方式(表9.9)。

表 9.9　长垣外围扶杨油层典型区块不同加密方式适应性分析表

区块	井排方向与裂缝夹角(°)	渗透率(mD)	加密后井网(m×m)	加密井投产初期		目前单井日产油(t)		单井累计产量(t)	加密后提高值(%)		加密方式	适应性
				日产油(t)	提高采油速度(%)	加密井	老井		水驱控制程度	采收率		
试验区北	11.5	19.2	212×212	3.8	0.2	1.9	1.8	2754.3	5.9	2.5	井网中心	适应
茂503	45	1.2	424×70	4.4	0.2	1.6	0.5	3638	12.5	9.2	排间加密水井排	适应
朝55	22.5	12.7	134×223	2.5	0.9	1.9	1.2	5642.4	6.4	7.5	不均匀加密	适应
翻身屯	52.5	6.9	216×106	2.6	0.5	1.1	1.1	2388.3	9.0	8.1	三角形	适应
茂11	45	1.4	636×102	8.2	0.7	0.9	1.7	3936.9	6.3	8.1	排间加密水井排	适应
长31		4.29	150×150	2	0.7	0.8	0.6	1498.5	12.6	11.2	排间加排井间加井	适应
树322		2.76	150×100	2.2	0.5	1	1.2	1362.4	19.2	5.9	排间加两排	适应

9.4.2　井网加密作用

综合分析加密时间较长的12个区块,认为井网加密主要有以下5个方面的作用。

(1)井网加密能提高水驱控制程度和采收率。

井网加密通过增加井网密度,提高水驱控制程度,从而提高采收率和可采储量[1]。各加密区块增加水驱控制程度6.5～14.8个百分点,平均增加9.8个百分点,提高采收率5.2～7.8个百分点,平均提高6.5个百分点,加密井平均单井增加可采储量6330t。

(2)井网加密能增加有效驱动压差。

储层渗透率越小,启动压力梯度越大,有效驱动距离越小。当有效驱动距离小于井距时,注采井间则难以建立起有效驱动体系。在已加密的12个区块中有8个区块,储层空气渗透率为3～5mD,注采井距100～200m能建立起有效驱动。如头台油田茂11区块空气渗透率为4.87mD,排间加密注水井排后,注采排距缩小到106m,加密效果明显。

(3)井网加密能提高采油速度。

井网加密提高注采强度,增加加密区产量,进而提高采油速度。统计已加密12个区块加密前采油速度为0.22%～2.03%,平均为0.7%,加密初期采油速度提高0.21～1.48个百分点,平均提高0.6个百分点,较加密前提高近1倍。

（4）井网加密能减缓老井产量递减。

朝阳沟油田朝 55 井网加密后，前 4 个月老井产量有所下降，第 5 个月产量开始回升，单井日产油从 1.18 t 上升到第 11 个月的 2.14t；升平油田升 132 区块加密后老井日产油在 2t 以上稳产 8 个月，加密后老井递减率为 7.8%，较加密前下降 2.1 个百分点。

（5）井网加密能降低注水压力，减缓套管损坏。

井网加密后缩小了注采井距，降低了启动压力和注水压力。如朝 55 加密试验区，加密后启动压力降低 0.6MPa，油井地层压力提高 0.88MPa，注采比降低 1.8，注水压力降低 1.7MPa。由于注水压力和注采比的降低，从而有助于降低套管损坏速度。该区加密前 3 年，年套损井 2~4 口，加密后降到 1 口井。

9.4.3 典型区块加密效果剖析

9.4.3.1 中低渗透萨葡油层

升平油田升 132 加密区块，含油面积为 16.4 km²，地质储量为 931×10⁴t，空气渗透率为 213.0mD，地层原油黏度为 9.9mPa·s。1987 年采用 350m×350m 井网投入开发，开发井 138 口，有效厚度为 4.8m，初期单井日产油 6.8t，采油速度为 1.8%。开发 13 年综合含水 53.1%，采油速度下降到 0.48%，采出程度 17.91%。2000 年在原正方形井网对角线上加密了 54 口井，井距从 350m 缩小到 247.5m。分析加密效果主要有以下 3 点认识。

（1）老油井开采效果得到明显改善。加密区老油井递减率从加密前的 9.9% 下降到 7.8%，加密 4 年后老油井含水从 55.5% 上升到 66.4%。

（2）加密井初期产量高，但含水上升和产量递减较快。加密井初期单井日产油 3.0t，综合含水由初期的 40.5% 上升到目前的 63.2%，上升了 22.7%，比老油井同期上升幅度高 14.2 个百分点。加密井递减率为 18%~20%，目前加密井日产油 1.0t，接近老井日产油 0.9t 的水平。

（3）加密后油层动用状况得到改善。加密后又进行了注采系统调整，加密井投注和老井转注 11 口井，增加水驱储量 58×10⁴t。水驱特征曲线明显向产量轴偏转，预计采收率提高 6.3 个百分点。

9.4.3.2 裂缝发育低渗透扶杨油层

朝阳沟油田朝 55 井网加密区，含油面积为 4.7km²，地质储量为 283×10⁴t，空气渗透率为 12.7mD，地层原油黏度为 7.4mPa·s。1992 年采用 300m×300m 投入开发，开发井 52 口，平均有效厚度为 8.9m，初期日产油 4.7t，采油速度为 1.4%。由于井排方向与裂缝走向成 22.5°，注水开发后油井受效差。1999 年采用不均匀加密，油井和注水井井距从 300m 分别变为 223.6m 和 335.6m，油水井排排距为 134m。该区块共加密 63 口井，井网密度由 11.1 口/km² 增加到 24.5 口/km²。分析加密效果主要有以下 2 点认识。

（1）加密井和老井产量递减幅度小，采油速度大幅度提高。加密井稳定日产油 2.5t，一直保持较低的递减速度。老井递减率为 13.3%，较加密前降低 1.8 个百分点。区块采油速度从加密前的 0.66% 提高到 1.7%，提高 1.04 个百分点。目前采油速度为 0.87%，高于加密前 0.27 个百分点。

（2）加密后水驱控制程度和采收率大幅度提高。水驱控制程度由加密前的 68.8% 提高到 80.1%，提高了 11.3 个百分点。加密区增加可采储量 30.0×10⁴t，加密井平均增加可采储量 4770t（表 9.10）。

表 9.10　朝阳沟油田朝 55 井网加密试验区加密效果分析表

阶　段	井距 （m）	井网密度 （口/km²）	井数 （口）	有效 厚度 （m）	地质 储量 （10⁴t）	水驱控 制程度 （%）	采收率 （%）	可采 储量 （10⁴t）	单井控制 可采储量 （t）
加密前	300	11.1	52	8.9	274.7	68.8	14.5	39.8	7660
加密后	212	24.5	115	9.2	282.9	80.1	24.7	69.9	6080
增加		13.4	63	0.3	8.2	11.3	10.2	30.0	4770

试验表明，通过井网加密与注采系统调整相结合实现线状注水，是提高裂缝性油藏水驱采收率的有效方法。

9.4.3.3　裂缝不发育特低渗透扶杨油层

榆树林油田树 322 井网加密区，含油面积为 1.3km²，地质储量为 130×10⁴t，有效厚度为 16.8m，空气渗透率为 2.76mD，裂缝不发育，地层原油黏度 4.1mPa·s。1992 年采用 300m×300m 反九点井网注水开发，初期单井日产油 7.7t，采油速度为 1.69%。注水开发 9 年后，单井日产油 1.0t，采油强度为 0.06t/（d·m），采油速度为 0.47%，采出程度 6.76%。2002 年在该区块选择了两个井组，加密井 15 口，其中北部加密井组 8 口，南部加密井组 7 口。在两个加密井组中，有 112m、141m、150m、168m 4 种井距。分析加密效果主要有以下 2 点认识。

（1）加密井产量略有降低，老油井产量稳中有升。加密井初期含水和产量较低，单井日产油 1.7t，含水 21.4%；半年后单井日产油 1.4t，含水 29.1%；一年后单井日产油 1.2t，含水为 31.5%，比初期含水上升了 10 个百分点。2010 年底加密井日产油 1.5t，采油强度为 0.1t/（d·m）。加密后老井产量有所上升（表 9.11）。

表 9.11　榆树林油田树 322 加密区加密效果分析表

项　目	加密初期				2010 年底			
	单井产液 （t/d）	单井产油 （t/d）	含　水 （%）	采油强度 ［t/（d·m）］	单井产液 （t/d）	单井产油 （t/d）	含　水 （%）	采油强度 ［t/（d·m）］
老井	1.6	1.4	9.6	0.08	1.8	1.7	7.5	0.1
加密井	2.2	1.7	21.4	0.14	1.9	1.5	19.3	0.1

（2）加密井吸水能力低，影响了油井注水受效。4 口加密注水井，单井射开砂岩厚度 21.6m，射开有效厚度 14.1m。初期在 22.3MPa 注水压力下，日注水 25m³。目前注水压力上升到 26.2MPa，日注水下降到 10m³。吸水能力低，影响了油井受效。

由此表明，对于裂缝不发育的特低渗透油藏，即使注采井距缩小到 112m，油井仍难以建立起有效的驱动体系。

9.4.4　主力油层加密效果

9.4.4.1　中低渗透萨葡油层

近年来在中高含水区块实施了井网加密调整和裂缝性油藏转线状注水调整，取得较好效果，形成了一套适合中高含水萨葡油层加密调整技术。截止到 2010 年底，萨葡油层已加密 16 个区块，已钻加密井 765 口，含油面积为 306.1km²，地质储量为 1.17×10⁸t，加密井累计产油 82.63×10⁴t（表 9.12）。

表 9.12　外围油田萨葡油层部分区块井网加密效果分析表

序号	区块	加密时间	含油面积（km²）	地质储量（10⁴t）	加密井数（口）	加密井日产油（t）		加密后提高值（%）		加密井累计产量（10⁴t）
						初期	目前	水驱控制程度	采收率	
1	肇212	2006.05	1.8	75.0	15	2.4	0.4	0.47	2.89	2.28
		2009.09	38.2	1150.4	159	1.0	0.9	0.37	2.63	5.80
2	宋芳屯试验区	1997.09	5.3	215.0	6	3.6	0.0	3.40	5.20	3.52
		2007.06	5.3	215.0	13	4.4	1.3	3.07	5.00	2.34
3	祝三试验区	2007.06	7.3	265.0	16	3.9	1.0	0.95	3.30	2.46
4	芳707	2007.07	7.6	212.0	5	0.9	0.5	36.43	4.30	0.26
5	芳17	2007.07	7.5	272.0	2.7	2.7	1.2	23.81	4.30	1.44
6	芳6	2005.11	16.6	676.0	40	2.7	0.9	11.20	4.90	5.62
7	芳908	2007.08	5.5	184.0	60	1.7	1.2	12.00	14.70	3.05
8	永92-88	2007.11	5.1	166.4	39	2.0	1.7	15.32	6.00	5.53
9	升132	2000.07	16.4	931.2	54	4.2	1.1	13.97	5.60	19.52
10	龙20-15	1996.12	1.4	138.0	14	2.9	0.5	4.00	3.00	6.77

到 2004 年 8 月底已加密 23 个区块，钻加密井 661 口，含油面积为 106.3km²，地质储量为 6090×10⁴t，加密增加可采储量为 399×10⁴t（表 9.13）。

表 9.13　长垣外围油田萨葡油层加密效果表

区块	加密时间	加密前		加密后老井		加密井初期		加密井目前		提高水驱控制程度（%）	提高采收率（%）
		日产油（t）	含水（%）	日产油（t）	含水（%）	日产油（t）	含水（%）	日产油（t）	含水（%）		
芳6	2005.11	1.5	61.7	1.6	76	2.7	20.1	0.7	70.5	11.2	4.9
祝三	2007.06	1	92.7	1.2	86.2	3.3	38.7	1	53.1	3.5	3.3
齐家	2002.1	2.9	82.9	3.1	79.1	5.5	59.9	1.9	85.6	4.3	3.7
肇212	2006.05	0.9	61.7	0.6	77.9	2.4	27.3	0.6	67.7	3.6	4.1
芳908	2007.08	1	83.9	0.9	84.8	1.7	59.9	1.2	85.4	8.9	10.3
台105	2009.09	0.7	56.9	0.7	62.7	1	27.3	0.9	37	3.7	3.9

9.4.4.2　特低渗透扶杨油层

截止到 2010 年底，扶杨油层已加密 30 个区块，已钻加密井 1402 口，含油面积为 156.4km²，地质储量为 1.10×10⁸t，加密井累计产油 243.94×10⁴t。依据各加密区块综合评价，将扶杨油层已加密区块分为三类：一类原井网能够建立起有效驱动体系，井网加密效果和经济效益好；二类原井网通过井网加密达到有效驱动排距，开发效果和经济效益相对

191

较好；三类原井网难以建立有效驱动体系，尽管采用小排距加密仍难以实现有效动用，开发效果和经济效益差，该类区块主要为裂缝不发育的特低和致密扶杨油层（表 9.14）。

表 9.14 特低渗透扶杨油层加密效果表

区块	加密时间	加密前		加密后老井		加密井初期		加密井目前		提高水驱控制程度（%）	提高采收率（%）
		日产油（t）	含水（%）	日产油（t）	含水（%）	日产油（t）	含水（%）	日产油（t）	含水（%）		
朝 661 北	2005.12	2	41.1	1.6	24	1.3	38.4	1.6	48.1	6.2	7.8
东 16	2004.6	2.3	57.2	2.5	16.8	3.1	10.3	0.6	83.6	16.6	9
朝 55	1999.9	2.1	11.1	1.7	12.8	2.4	8.1	1.3	43.5	5.3	7.2
朝 1—朝气 3	2002.4	1.7	11.2	1.5	8.1	2.5	13.5	1	37.6	13.9	8.9
朝 89	2004.3	1.4	12.3	3.2	18.4	2.7	27.6	0.8	43.2	13.2	7.1
茂 11	2001.7	4.1	13.8	3.6	20.3	8.2	37.1	0.6	75	6.3	8.1
茂 503	2004.7	2.5	30.8	1.7	84.2	4.4	33.3	1.6	39.1	9.5	9.2
长 46	2008.4	0.7	11.6	0.7	14.9	0.7	29.9	0.7	41.3		4
树 8	2005.5	1.3	11.2	1.2	7.7	2.2	30.9	0.8	54.9	10	5

9.4.5 井网加密区块效果评价

9.4.5.1 加密区评价指标和标准

加密效果评价体系一般包括评价指标、评价标准、评价方法等内容。油田加密效果评价指标主要包括开发技术、生产管理、经济效益等三大类 40 多个指标。从储层动用、水驱状况、开发效果、能量保持、经济效益等方面优选评价指标进行加密效果评价。结合油田加密效果实际，主要细分为以下 9 个方面：（1）加密后井网水驱控制程度得到提高；（2）加密后油层动用状况得到改善；（3）水驱状况良好，井排方向与裂缝方向相适应；（4）加密后油井产能较高，采油速度保持合理水平；（5）新老井递减及含水上升控制在合理范围；（6）加密后采收率提高；（7）建立了有效驱替压力系统；（8）地层压力保持水平合理，平面分布均衡；（9）加密后经济有效。

（1）常见评价指标筛选方法。

加密效果评价指标的筛选过程，一般遵循以下 4 个原则：①具有动态性，能够反映油田的开发状况和开发趋势；②具有相对独立性，各项指标之间相对独立；③具有可操作性，方便统计分析；④具有可对比性，便于对比不同油田、开发单元的开发效果。筛选过程中的主要方法有逻辑分析、矿场统计、灰色关联分析、专家评价等方法。

逻辑分析法是指首先分析指标的物理意义，从指标的计算方法入手，找到影响该项指标的主要因素以及与该指标之间的关系；研究指标和开发效果之间的逻辑关系。各类指标之间的逻辑可以分为因果关系、等价关系及过程关系等。因果关系指某一指标是引起另一指标的原因，主要从相互作用的机理以及发生的时间顺序方面判断因果关系。过程关系指有一些指标处于因果链中的中间位置，它对结果的影响完全可以用最初的原因指标来替代。定义关系是某些指标的定义已经暗含了其他一些指标，因此那些被暗含的指标可以排除。等价关系指有些指标并不在同一因果关系链中，而是一种完全等价的关系，也可以理解为同一类的指标。

灰色关联分析方法也称多因素分析法，分析步骤为：母序列为 $\{x_0(t)\}$，子数列为 $\{x_i(t)\}$，则在时刻 $t=k$ 时，$\{x_0(t)\}$ 与 $\{x_i(t)\}$ 的关联系数 $\{x_i(t)\}$ 用下式计算：

$$\xi_{0i}(k) = (\Delta_{\min} + \rho\Delta_{\max})/[\Delta_{0i}(k) + \rho\Delta_{\max}] \tag{9.9}$$

式中　$\xi_{0i}(k)$——k 时刻两个序列的绝对差，即 $\Delta_{0i}(k) = |x_0(k) - x_i(k)|$；

　　　$\Delta_{\min}$，$\Delta_{\min}$——分别为各个时刻的绝对差中的最大值和最小值；

　　　ρ——分辨系数，$\rho \in (0, 1)$，一般情况下取 $0.1 \sim 0.5$。

关联度计算

$$r_{0i} = \sum_{k=1}^{N} \xi_{0i}(k)/N \tag{9.10}$$

式中　r_{0i}——子序列 i 与母序列 0 的关联度；

　　　N——序列的长度即数据个数。

矿场统计分析法也称单因素分析法，通过矿场实际资料，统计分析单向开发指标的变化，最终归纳出合理的油田开发评价的技术指标。

专家评价法是指一些有经验的老专家对油田开发技术指标非常敏感，能够深刻理解指标的含义，把握指标的变化规律，从而提供重要的指导。

(2)加密效果评价指标的筛选。

开发评价指标筛选的思路：首先对有关开发评价的指标进行分析、归类，提出筛选原则，根据筛选原则初步筛选，然后利用逻辑分析法分析各指标间的逻辑关系，剔除因果关系指标、等价指标、过程指标；其次，在矿场统计的基础上，结合油田已加密区块的开发实际，利用专家经验法分析选择影响程度较大的指标作为评价指标，最终确定进入评价体系的指标。

综合应用逻辑分析法和专家经验法等评价方法，最终筛选出 9 个加密效果评价指标：提高采油速度倍数、综合递减率变化、提高水驱控制程度、水驱动用程度、加密井初期日产油、加密井目前日产油、含水上升率变化、提高采收率、地层能量保持水平、税后内部收益率。

9.4.5.2　加密区开发效果评价方法

(1)加密效果评价技术流程。

首先对已经加密区块的 9 项评价指标进行统计，建立开发效果评价的数据库；其次按照 9 项评价指标对已加密区块进行初步分析；再次利用多指标决策问题的最优方案确定方法对已加密区块进行评价；最后根据储层地质特征、方案执行情况、开发技术政策、油藏管理综合评价区块加密效果。

(2)井网加密效果评价方法。

影响井网加密效果的因素很多，目前评价主要依赖技术人员的工作经验，没有形成针对某几项指标变化来分析调整效果。针对多指标及其权重不易确定的问题，研究出评价指标权重介于已知和未知的过渡情形的多指标决策方法。引入区间数的数量乘法运算，将权重为区间数的多指标决策问题转化为指标为区间数的多指标问题，进而给出了多指标决策的最优方案确定方法，为井网加密效果的定量化评价提供了新方法。

多指标决策最优方案确定方法操作步骤如下。

已知：有 m 个可行方案 X_1, X_2, …, X_m, n 个评价指标 F_1, F_2, …, F_n, 评价指标 F_j 的权重 w_j 不能完全确定，但却知 $w_j \in [c_j, d_j]$, 其中 $0 \le c_j \le d_j \le 1$, $j = 1$, 2, …, n, $w_1 + w_2 + \cdots$, $w_n = 1$, 可行方案 X_i 在第 j 个评价指标 F_j 下的指标值为 a_{ij}, $i = 1$, $2 \cdots$, n。

步骤 1：对决策矩阵 $\boldsymbol{A} = (a_{ij})_{m \times n}$ 进行规范化处理，得规范化决策矩阵 $\boldsymbol{B} = (b_{ij})m \times n$。

①对效益型指标（取值越大越好），令

$$b_{ij} = \frac{a_{ij} - \min_{1 \le i \le m} a_{ij}}{\max_{1 \le i \le m} a_{ij} - \min_{1 \le i \le m} a_{ij}} \tag{9.11}$$

②对成本型指标（取值越小越好），令

$$b_{ij} = \frac{\max_{1 \le i \le m} a_{ij} - a_{ij}}{\max_{1 \le i \le m} a_{ij} - \min_{1 \le i \le m} a_{ij}} \tag{9.12}$$

③对适中型指标（取值越接近决策者的某个满意值 a^* 越好），令

$$b_{ij} = \frac{\max_{1 \le i \le m} |a_{ij} - a^*| - |a_{ij} - a^*|}{\max_{1 \le i \le m} |a_{ij} - a^*|} \tag{9.13}$$

步骤 2：构造加权区间数标准化决策矩阵 $\boldsymbol{C} = ([c_{ij}^-, c_{ij}^+])_{m \times n}$。
其中

$$[c_{ij}^-, c_{ij}^+] = b_{ij} \cdot [c_j, d_j] = [b_{ij} \cdot c_j, b_{ij} \cdot d_j], i = 1, 2, \cdots, n; j = 1, 2, \cdots, m。$$

步骤 3：确定正理想方案 X^+ 和负理想方案 X^-。令

$$\begin{aligned} t_j^- &= \max_{1 \le i \le m} c_{ij}^- & t_j^+ &= \max_{1 \le i \le m} c_{ij}^+ \\ s_j^- &= \min_{1 \le i \le m} c_{ij}^- & s_j^+ &= \min_{1 \le i \le m} c_{ij}^+ \end{aligned} \tag{9.14}$$

则正理想方案 X^+ 为：

$$X^+ = ([t_1^-, t_1^+], [t_2^-, t_2^+], \cdots, [t_n^-, t_n^+]) \tag{9.15}$$

负理想方案 X^- 为：

$$X^- = ([s_1^-, s_1^+], [s_2^-, s_2^+], \cdots, [s_n^-, s_n^+]) \tag{9.16}$$

步骤 4：计算每个方案到理想方案的距离。
计算每个方案 X_i 到正理想方案 X^+ 的距离

$$d^+ = d(x_i, X^+) = \sqrt{(d_{i1}^+)^2 + (d_{i2}^+)^2 + \cdots + (d_{in}^+)^2} \tag{9.17}$$

式中：$d_{ij}^+ = \max(|c_{ij}^- - t_j^-|, |c_{ij}^+ - t_j^+|)$
计算每个方案 X_i 到正理想方案 X^- 的距离：

$$d^- = d(X_i, X^-) = \sqrt{(d_{i1}^-)^2 + (d_{i2}^-)^2 + \cdots + (d_{in}^-)^2} \tag{9.18}$$

其中

$$d_{ij}^- = \max(|c_{ij}^- - s_j^-|, |c_{ij}^+ - s_j^+|)$$

步骤 5：计算每个方案到正理想方案的接近度。

$$C_i = \frac{d_i^-}{d_i^- + d_i^+} \qquad\qquad (9.19)$$

步骤6：排列各方案的优先次序（C_i 越大，方案越优）。

9.4.5.3 已加密区开发效果评价

（1）加密效果评价

利用多指标决策最优方案确定方法，选取提高采油速度倍数、综合递减率变化、提高水驱控制程度、水驱动用程度、加密井初期日产油、加密井目前日产油、含水上升率变化、提高采收率、地层能量保持水平、内部收益率等10个指标进行了综合评价，将多参数评价转换成不同加密区块的综合评价参数，从而将加密效果分为三类（表9.15）。

表9.15　朝阳沟油田不同加密区块加密效果综合评价表

区块	加密时间	提高采油速度倍数	递减率变化（%）	提高水驱控制程度（%）	提高水驱动用程度（%）	加密井初期日产油（t）	加密井目前日产油（t）	含水上升率变化（%）	提高采收率（%）	地层压力保持水平变化（%）	内部收益率（%）	加密效果分类
朝5—朝5北	2006.11	1.74	0	-6.7	12.57	1.33	1.25	-8.12	4.32	5.0	28.2	Ⅲ类
朝45	2005.09	1.19	0.16	11.1	-5.81	3.8	2.06	0.39	6.18	-6.6	56.9	Ⅰ类
朝661南	2005.12	1.6	0.31	-0.2	8.59	1.2	0.76	-5.98	4.7	5.3	15.0	Ⅲ类
朝64	2005.11	0.81	0.09	3.4	27.04	2.43	1.24	-4.53	5.3	14.0	32.5	Ⅱ类
朝55	1999.09	2.31	0.21	5.3	2.13	2.41	1.28	-1.87	7.15	24.7	4.9	Ⅰ类
朝522	2002.12	1.53	1.01	9.3	-1.86	1.88	1.42	-1.69	7.46	10.6	12.5	Ⅱ类
朝1—朝气3	2002.04	1.83	0.33	13.9	2.97	2.5	1.2	-0.03	8.89	18.8	16.4	Ⅰ类
朝深2	2003.12	1.69	-1.42	5.6	-0.31	2.69	0.79	-3.23	7.3	10.6	10.2	Ⅱ类
朝50翼部	2007.06	2.53	0.48	20	11.70	0.95	1.03	1.4	6.59	-16.8	19.2	Ⅰ类
朝661北	2005.12	1.37	-0.34	6.2	1.84	1.28	1.55	1.63	7.81	-8.9	22.5	Ⅱ类
朝80	2005.1	2.35	-0.39	1.3	11.49	2.29	0.83	-2.4	4.42	6.9	19.2	Ⅱ类
朝61	2001.07	1.51	0.25	4.5	12.87	2.09	1.2	-1.66	6.51	28.8	7.4	Ⅱ类
大榆树	2004.12	1.84	0.19	0.4	13.69	2.04	1.13	-1.75	9.06	0.2	24.5	Ⅱ类
朝44南	2004.12	2.58	-0.26	4.6	35.94	1.85	1.37	0.72	6.58	-0.4	22.6	Ⅰ类
朝601	2004.12	2.05	-0.03	4.6	2.34	2.18	1.79	0.06	7.28	-5.3	35.6	Ⅰ类
朝气3北	2008.01	1.85	0.39	6.3	2.38	1.64	1.19	6.96	6.47	-32.9	35.4	Ⅱ类
朝948	2006.08	3.46	-0.05	-1.3	—	3.9	1.31	-2.14	4.93	-41.3	20.0	Ⅰ类
长46	2008.04	2.1	-0.32	-14.8	3.88	0.72	0.69	-10.08	4.03	-1.5	2.9	Ⅲ类
长30—长31	2006.03	2.32	0.27	2.7	-5.39	1.19	1.2	-3.66	10.08	11.5	19.3	Ⅱ类
朝631	1998.09	1.45	0.25	5.9	-3.14	3.12	1.2	-2.37	6.37	-21.8	-4.1	Ⅱ类
朝89	2004.03	1.68	0.58	13.2	16.65	2.74	0.78	-1.89	7.07	13.6	15.3	Ⅰ类
朝83	2004.02	1.86	0.18	2.5	19.14	2.81	0.88	-3.44	5.72	29.2	20.4	Ⅰ类

对22个已加密区块的效果评价结果：9个区块加密效果好，其中处于原地质分类的一类区块1个，二类区块5个，三类区块3个；10个区块加密效果较好，其中处于一类区块

1个，二类区块7个，三类区块2个；3个区块加密效果差，其中处于一类区块2个，三类区块1个（图9.4）。

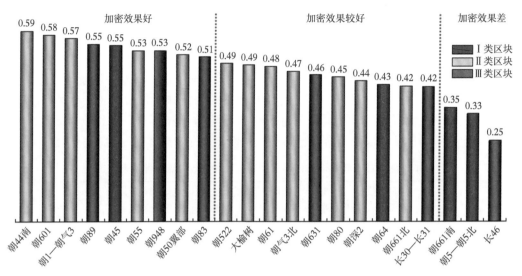

图9.4 朝阳沟油田各加密区加密效果分类评价图

（2）不同加密效果区块指标回归。

对不同加密效果区块的10个筛选指标进行统计，得到不同加密效果区块的指标标准，结果显示加密效果Ⅰ类的区块各项指标全面优于其他两类区块，加密效果Ⅱ类的区块在提高水驱控制程度、采收率、加密井初期和目前日产油方面要优于加密效果Ⅲ类的区块（表9.16）。

表9.16 不同加密效果区块评价指标范围

加密效果	类别	提高采油速度倍数（%）	降低递减率（%）	提高水驱控制程度（%）	目前水驱动用程度（%）	加密井初期日产油（t）	加密井目前日产油（t）	降含水上升率（%）	提高采收率（%）	地层压力保持水平（%）	内部收益率（%）
Ⅰ类	平均	2.2	0.18	8.2	10.63	2.57	1.3	-0.76	7.93	7.15	23.5
	范围	1.68~3.46	0~0.58	4.6~20	2.1~36.0	1.85~3.9	1.03~2.06	-2.14~1.4	6.18~14.28	-5.3~29.2	15.3~56.9
Ⅱ类	平均	1.67	0.03	4.56	5.86	2.07	1.18	-1.27	6.28	9.22	17.9
	范围	1.37~2.35	-0.39~0.39	0.4~9.3	-5.4~27.0	1.19~3.12	0.79~1.55	-4.53~1.63	2.3~9.06	-8.9~29.2	7.4~35.4
Ⅲ类	平均	1.82	0	-7.23	8.35	1.08	0.9	-8.06	3.35	5.07	15.4
	范围	1.74~2.10	-0.32~0.31	-14.8~-0.2	3.9~12.6	0.72~1.33	0.69~1.25	-10.1~-5.98	2.03~4.7	-1.5~5.3	2.9~28.2

依据加密方案设计指标，结合加密开发效果，评价已加密区块方案设计指标与实施指标符合程度。加密效果Ⅰ类的9个区块设计建成产能27.14×10⁴t，产能到位率为76.41%；加密效果Ⅱ类的10个区块设计建成产能32.4×10⁴t，产能到位率为62.85%；加密效果Ⅲ

类的 3 个区块设计建成产能 $13.15 \times 10^4 t$，产能到位率为 43.49%（表 9.17）。

表 9.17 不同加密效果区块产能建设情况统计表

加密效果类别	井数（口）		单井日产油（t）			设计建成产能（$10^4 t$）	年产油（$10^4 t$）		产能到位率（%）	产能贡献率（%）
	计划	完成	计划	实际	目前		当年	第二年		
Ⅰ类	432	431	2.5	2.6	1.3	27.14	20.7383	17.0962	76.41	82.44
Ⅱ类	498	474	24	2.1	1.2	32.4	20.3632	15.8219	62.85	77.7
Ⅲ类	258	207	1.9	1.1	0.9	13.15	5.719	5.3752	43.49	93.99

（3）不同区块加密效果综合评价。

依据加密区块的综合评价参数（C_i）对不同地质分类的加密区块加密效果进行了评价（表 9.18、图 9.5）。一类区块加密效果整体较差，综合评价得分 0.42，主要原因是加密时间晚，加密前采出程度高，综合含水高，加密井初期日产油较低、含水高，区块采油速度和采收率提高幅度不大，部分区块原井网为线性注水，加密后注采系统调整未完成，水驱控制程度降低，且多向连通比例降低；二类区块加密效果整体最好，综合评价得分 0.5，主要原因是加密前采出程度不高，综合含水低，通过加密使得井排方向更好地适应了裂缝方向，加密井初期日产油高，含水低，多数区块受效期较长，区块采油速度和采收率大幅提高，注采系统调整及时，水驱控制程度和油层动用状况得到明显提高；三类区块加密效果居中，综合评价得分 0.45，加密后进一步缩小了井距，降低了注水压力和注采压差，促进了油水井间有效驱动体系的建立，憋压状况得到缓解，大幅提高采收率，提高区块采油速度居中。

表 9.18 朝阳沟油田不同类别区块加密效果评价指标范围

区块分类	类别	提高采油速度倍数	降低递减率（%）	提高水驱控制程度（%）	目前水驱动用程度（%）	加密井初期日产油（t）	加密井目前日产油（t）	降含水上升率（%）	提高采收率（%）	地层压力保持水平（%）	内部收益率（%）
一类	平均	1.36	0.16	−0.3	8.6	1.5	1.2	−4.56	5.1	3.4	33.1
	范围	0.81~1.74	0~0.31	−6.7~11.1	−5.8~27.0	1.2~3.8	0.76~2.06	−8.12~0.39	4.3~6.2	−6.6~14.0	15~56.9
二类	平均	1.85	0.2	8.3	3.6	2.1	1.2	−0.16	7.3	2.8	19.2
	范围	1.37~2.58	−1.42~1.01	0.4~20	−1.9~35.9	0.95~2.67	0.79~1.79	−3.23~6.96	4.4~9.1	−33~28.8	4.9~35.6
三类	平均	1.97	0.04	−1	6	2.0	1.1	−3.39	7.2	5.4	12.3
	范围	1.45~3.46	−0.32~0.58	−14.8~13.2	−5.4~19.1	0.72~3.9	0.69~1.31	−10.1~1.89	4.03~10.1	−41~29.2	2.9~20.4

通过一类、二类区块加密效果与各区块不同储层比例对比，储层构成的差异是造成加密效果不同的重要因素，Ⅱ、Ⅲ类储层比例较大的区块加密效果相对好于Ⅰ类储层比例大的区块。Ⅰ类储层比较发育的区块加密前开发效果较好，采出程度高，综合含水高。加密调整后各类储层动用状况均得到提高，以Ⅱ1类储层为主的区块由于加密后该类型储层动用比例明显增加，储层与井网关系趋于完善，加密效果也相对较好（图 9.6）。

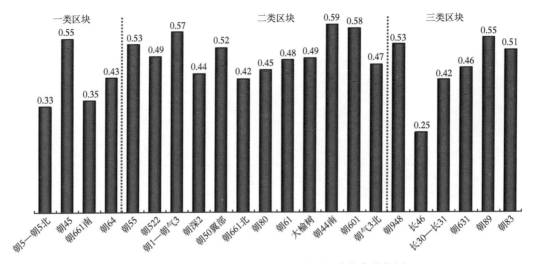

图9.5 朝阳沟油田各加密区加密效果得分综合柱状图

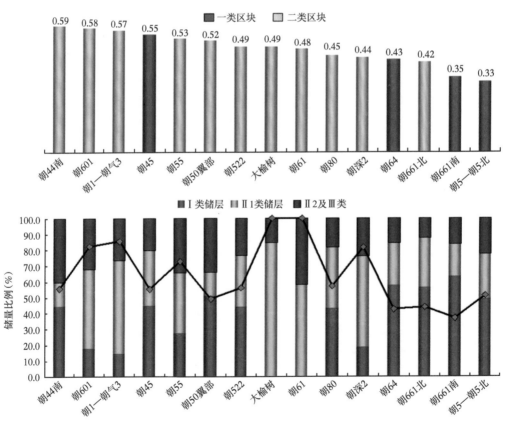

图9.6 一类和二类加密区加密效果与储层分布对比图

通过不同加密效果区块筛选参数和设计参数的回归，反映出加密效果的综合评价结果能够较好地反映各区块实际加密效果，评价体系在朝阳沟油田22个加密区的应用证明该方法的准确性及有效性。

9.4.5.4 不同加密区块指标判别分析

在加密效果综合评价的基础上，通过判别分析的方法建立了加密效果判别函数，形成了针对不同加密效果的判别准则和图版，为今后加密区块加密效果的判断提供依据。

判别分析是根据判别对象若干个指标的观测结果，判定其应属于哪一类的统计学方法。判别分析的基本思想是根据一批分类明确的样本在若干指标上的观察值，建立一个关于指标的判别函数和判别准则，然后根据这个判别函数和判别准则对新的样本进行分类，并且根据回代判别的准确率评估它的实用性。根据朝阳沟油田 22 个加密区块加密效果评价结果，优选了提高采油速度倍数、提高水驱控制程度、水驱动用程度、加密井初期日产油、提高采收率、内部收益率 6 个指标分别建立了 Fisher 判别函数和 Bayes 判别函数。

（1）Fisher 判别。

①Fisher 判别函数。

Fisher 判别分析法的基本思想是寻找原变量 x 的一个线性组合，使得各组在此方向上投影的差异最大化，再选择合适的判别规则对样品进行分类判别。Fisher 判别分析法借助方差分析的思想构造线性判别函数，确定判别函数系数时使得总体之间区别最大，每个总体内部的离差最小，同类别的点"尽可能聚在一起"，不同类别的点"尽可能分离"，以此达到分类的目的。

根据上述思想，建立了朝阳沟油田加密效果的 Fisher 判别函数：

$$Y_1 = 4.283X_1 + 0.213X_2 + 0.04X_3 + 0.992X_4 - 0.059X_5 + 0.033X_6 - 5.5 \quad (9.20)$$

$$Y_2 = 5.72X_1 + 0.015X_2 - 0.025X_3 - 0.531X_4 - 0.445X_5 + 0.056X_6 + 0.1 \quad (9.21)$$

式中 X_1——提高采油速度倍数，%；

      X_2——提高水驱控制程度，%；

      X_3——提高水驱动用程度，%；

      X_4——加密井初期日产油，t；

      X_5——提高采收率，%；

      X_6——内部收益率，%。

计算了不同加密效果区块的质心，加密效果好的区块质心为（2.036，0.388），加密效果较好的区块质心为（-0.652，-0.635），加密效果差的区块质心为（-3.953，0.953），将新加密待判区块的 5 个参数代入 Fisher 判别函数得到 Y_1 和 Y_2 值，计算 Fisher 判别函数的值与各个质心的距离，离哪个组的质心近就归入哪一类。

②Fisher 判别图版。

在 Fisher 判别函数的基础上，形成了朝阳沟油田加密效果评价的 Fisher 图版，将新加密待判区块的 5 个参数代入 Fisher 判别函数，得到 Y_1 和 Y_2 值，根据 Y_1 和 Y_2 值处于图版的位置判断区块的加密效果（图 9.7）。

（2）Bayes 判别。

Bayes 判别分析法基本思想：利用已知先验概率，去推证将要发生的后验概率。基于 bayes 准则，假定已知各类出现的先验概率，且各类变量近似服从多元正态分布，获得 bayes 判别函数。计算各个体出现的后验概率进行判别。采用 Bayes 判别准则是它使得每一类中的每个样本都以最大的概率进入该类，把待判区块的数据代入分类函数，哪个类的值最大就分入哪个类。

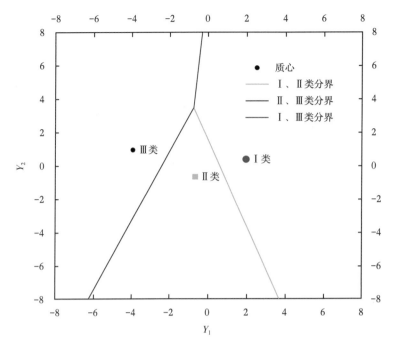

图 9.7 朝阳沟油田加密区块 Fisher 判别图版

根据上述思想，建立了朝阳沟油田加密效果的 Bayes 判别函数：

$$F_1 = 28.449X_1 + 1.223X_2 + 0.335X_3 + 9.086X_4 - 0.44X_5 + 0.283X_6 - 33.065 \quad (9.22)$$

$$F_2 = 11.083X_1 + 0.645X_2 + 0.221X_3 + 6.958X_4 - 1.055X_5 + 0.136X_6 - 16.715 \quad (9.23)$$

$$F_3 = 6.109X_1 - 0.032X_2 + 0.129X_3 + 2.858X_4 - 0.543X_5 + 0.116X_6 - 6.099 \quad (9.24)$$

将新加密待判区块的 5 个参数代入 Bayes 判别函数得到判别函数值，哪个类的值最大就分入哪个类。

通过将 22 个加密区块的评价参数回代入 Fisher 判别和 Bayes 判别函数，判别函数的回代错判率很小，说明两个判别函数的效能较高，其判别结果能够较好地反映各区块实际加密效果，可以作为朝阳沟油田不同加密效果的判别函数，为今后加密区块加密效果的判断提供依据。

9.4.5.5 井网加密效果评价结果

基于 29 个油田或区块的精细油藏描述成果，开展了加密调整技术研究，实施效果明显，大幅夯实了油田稳产基础。目前加密 29 个区块，钻加密井 1127 口，含油面积为 141.6km², 地质储量为 8595×10^4t。加密井年产油量达到 26.4×10^4t，占外围总产量的 5.1%，占调整区产量 48.8%，加密井累计产油量为 105.2×10^4t，加密井增加可采储量为 472×10^4t。

依据加密区块开采效果和经济效益，对 15 个加密区块进行了综合评价，加密效果可分为三类[7]。

一类：开采效果和经济效益好，为裂缝发育的特低渗透扶余油层。有朝 55、朝 1—朝气 3、朝 631、朝 61、茂 11 及朝 522 等 6 个区块。初期采油速度平均提高 1 个百分点，加密井第一年平均日产油2.8t，高于加密井经济极限日产量1.8t。提高水驱控制程度10.2个百分点，提高采收率7.1个百分点。

二类：开采效果和经济效益较好，为中低渗透萨葡油层。有宋芳屯试验区、升132、龙20-15及升154共4个加密区。已进入中高含水期，采出程度较高，加密井含水整体上低于老井10个百分点以上，加密区第一年平均日产油2.3t，单井日产量较一类低，但仍高于加密井初期经济极限日产量2.0t。平均提高水驱控制程度6.9个百分点，提高采收率4.4个百分点。

三类：开采效果和经济效益差，主要是裂缝不发育的特低渗透和致密扶杨油藏。有芳483井区、树322、东14和茂8-13等共5个区块。加密后第一年平均日产油1.3t，低于加密井初期经济极限日产量2.2t。提高水驱控制程度5.7个百分点，提高采收率5.5个百分点（表9.19）。由此可见，裂缝不发育特低渗透扶杨油层需要继续研究加密的可行性和有效性。

表9.19　井网加密区块效果分析表

类别	层位	区块（个）	加密开采时间（a）	空气渗透率（mD）	有效厚度（m）	初期提高采油速度（%）	加密井第一年产量（t/d）	经济极限产量（t/d）	提高水驱控制程度（%）	提高采收率（%）
一类	FY	5	1.4~4.9	1.36~12.7	8.9~15.3	0.58~1.48	2.3~6.0	2~2.5	10.6	6.7
二类	SP	3	3.2~6.0	87.0~213.0	4.6~5.8	0.21~1.01	2.2~3.3	2.1~3	7.5	4.4
三类	FY	4	1.3~4.1	0.78~2.76	15.1~19.3	0.03~0.37	1.1~1.6	2.4~3.2	6.2	4.5

参 考 文 献

[1] 李莉，周锡生，李艳华. 低渗透油藏有效驱动体系和井网加密作用分析 [J]. 中国科学技术大学学报，2004（z1）：95-101.

[2] 韩德金，张凤莲，周锡生，等. 大庆外围低渗透油藏注水开发调整技术研究 [J]. 石油学报，2007（01）：83-86.

[3] 李莉. 大庆外围油田注水开发综合调整技术研究 [D]. 北京：中国科学院研究生院（渗流流体力学研究所），2006.

[4] 李莉，董平川，张茂林，等. 特低渗透油藏非达西渗流模型及其应用 [J]. 岩石力学与工程学报，2006（11）：2272-2279.

[5] 钱深华，李永伏，袁成章. 油田加密调整经济合理井网密度的确定 [J]. 大庆石油地质与开发，2000（04）：23-25.

[6] 刘淑霞，周锡生，金春海，等. 大庆外围油田萨葡油层加密井井位优选方法 [J]. 大庆石油地质与开发，2008，27（06）：46-49.

[7] 周锡生，李莉，韩德金，等. 大庆油田外围扶杨油层分类评价及调整对策 [J]. 大庆石油地质与开发，2006（03）：35-37.

10 低渗透油藏注采结构调整技术

注采结构调整是注水开发油田普遍采用的调整方法。对于低渗透油田，地质条件复杂，开发经济效益差，注采结构调整是低渗透油田改善开发效果，实现控水稳油目标的一种有效手段[1]。注采结构调整主要分注水结构调整和产液结构调整，在注水结构调整方面主要是细分调整、注水方案调整、周期注水、注水井措施，在产液结构调整方面主要是油井措施调整等。根据低渗透油田开发区块地质和动态实际，运用油藏工程方法，研究出了各类区块注采结构界限、注采结构调整方法和油井动态分类方法，创新形成了低渗透油藏注采结构调整技术，制定了油水井调整对策，提高了油水井增产增注效果，实现了"一井一工程"的开发调整。

10.1 注采结构调整技术经济界限

通过对已开发区块调整效果分析，研究出了注采结构调整合理工作制度，确定了合理注水界限、油水井措施选井选层原则及经济界限，提出了注采结构调整方法[6]。

10.1.1 压力界限

10.1.1.1 合理流动压力

(1) 影响流动压力的因素分析。

油井流动压力是井筒液柱的回压，其直接影响储层渗流能力、油井产量。对于抽油机采油，要使油井正常生产，必须保持抽油机的泵效。

①油井最低允许流动压力。

由于低渗透油层储层渗透率低，油井注水受效差、产能低，因而油井往往流动压力低于饱和压力，流体为油、气、水三相流动。描述这一流动状况的数学表达式如下：

对于油相，

$$q_o = \frac{J_o (1 - f_w)}{1 + (1 - f_w)R} (p_R - p_{wf}) \qquad (10.1)$$

式中　J_o——采油指数，$t/(d \cdot MPa)$；

　　　f_w——含水率；

　　　R——井底附近油层出口端气油比，m^3/m^3；

　　　p_R——地层压力，MPa；

　　　p_{wf}——流动压力，MPa。

由公式(10.1)可知，当流动压力高于饱和压力时，油井产量与流动压力呈线性关系，即随着流动压力的降低，生产压差增大，产油能力增加，流动符合达西定律；当流动压力低于饱和压力时，流动不符合达西定律，开始流动压力在饱和压力附近，采油指数降低，

202

产量增加速度减慢, 直至产量达到最高点, 此时对应的流动压力, 即为油井最低允许流动压力。之后井底附近脱气严重, 生产压差的贡献小于采油指数对产量的影响, 随着流动压力的降低, 产量也随之下降。因此, 开发过程中, 要求流动压力尽量保持在饱和压力以上。

对于液相,

$$q_{\mathrm{L}} = \frac{J_{\mathrm{o}}}{1 + (1 - f_{\mathrm{w}})R} (p_{\mathrm{R}} - p_{\mathrm{wf}}) \tag{10.2}$$

通过对式(10.2)求解导数, 并令其为零, 可得到油井最低允许流动压力:

$$p_{\mathrm{wfmin}} = \frac{1}{1 - n} \left[\sqrt{n^2 p_{\mathrm{b}}^2 + (1 - n) \cdot np_{\mathrm{b}} \cdot p_{\mathrm{R}}} - np_{\mathrm{b}} \right] \tag{10.3}$$

其中

$$n = \frac{\alpha \bar{t}}{B_{\mathrm{o}}} (1 - f_{\mathrm{w}})$$

$$\bar{t} = 0.1033 \frac{ZT}{293}$$

式中 α——天然气溶解系数, $\mathrm{m^3/(m^3 \cdot MPa)}$;

        Z——天然气压缩系数;

        T——油层绝对温度, K;

        B_{o}——原油体积系数, $\mathrm{m^3/m^3}$;

        p_{b}——饱和压力, MPa;

        p_{R}——地层压力, MPa。

由式(10.3)计算, 朝阳沟油田平均地层压力为8.08MPa, 含水率为28.32%, 油井最低允许流动压力为2.4MPa。头台油田平均地层压力为5.42MPa, 含水率为25.32%, 油井最低允许流动压力为2.1MPa。

研究表明, 在地层压力保持水平一定时, 随含水率上升, 油井最低允许流动压力下降; 而地层压力保持水平不同时, 油井最低允许流动压力在不同含水率条件下其变化趋势不同。从朝阳沟油田来看, 在含水率低于40%时, 地层压力越低, 其最低允许流动压力越高; 当含水率大于40%时, 地层压力越高, 其最低允许流动压力越高, 也即对部分中高含水井, 由于这部分井地层压力较高, 其流动压力可以适当提高(图10.1)。

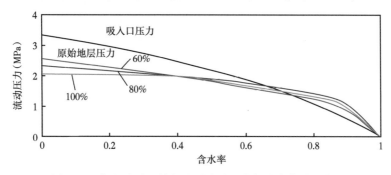

图10.1   朝阳沟油田扶杨油层流动压力与含水率关系曲线

②抽油泵吸入口压力。

从抽油机本身工作状况分析，当流动压力低于饱和压力时，井底附近开始脱气。当井底自由气量过多，泵吸入口的含气率超过一定界限，则泵效降低，以致欠载停泵，甚至停产。因此，油井最低流压界限既要保证一定的产油量，还要保证井底脱气量不超过允许的自由气量，即用分离气体体积占油、气、水三相总体积的百分比来度量。随着油井含水率的上升，含水也成为计算最低允许流动压力界限不可忽视的一个重要因素。在一定气液百分比条件下，油井抽油泵吸入口处的压力计算公式为：

$$p_\lambda = \frac{\left(\dfrac{1}{G} - 1\right) \times 3.53 \times 10^{-4} TZ\,(S_{gi} - S_g)}{B_o + \dfrac{f_w}{1 - f_w}} \tag{10.4}$$

式中　　p_λ——泵吸入口压力，MPa；

　　　　G——气液体积分数；

　　　　T——油层绝对温度，K；

　　　　Z——天然气压缩系数；

　　　　S_{gi}——原始溶解气油比，m^3/t；

　　　　S_g——吸入口压力的溶解气油比，m^3/t；

　　　　B_o——原油体积系数；

　　　　f_w——含水率。

计算朝阳沟、头台油田平均泵吸入口压力分别为 2.8MPa、2.3MPa。同样油井泵吸入口压力，随含水率增加而降低，即随开发时间的延续油井流动压力也将随之降低。但在中低含水阶段泵吸入口压力大于油层允许流动压力，而在高含水阶段则泵吸入口压力小于油层允许流动压力。显然油田仍处于中低含水阶段，合理流动压力下限主要以泵吸入口压力为界。若油田进入高含水后以油层允许流动压力为合理流动压力的下限。

根据合理的吸入口压力，以及泵口至油层中部深度的液柱压力，计算合理的流动压力。在保证储层最低允许流动压力之上的条件下，使油井抽油泵能在最佳流动压力下工作，同时考虑脱气半径的影响。油井脱气半径随流动压力降低而增加，而渗流阻力随油井脱气半径增加而增加。因此，综合储层与泵吸入口压力以及油田处于中低含水的实际，其合理流动压力以油层中部的泵吸入口压力为其下限值。朝阳沟、头台油田合理流动压力分别为 2.5MPa、3.9MPa（表10.1）。而朝阳沟、头台油田实际流动压力均小于合理流动压力下限，尤其是朝阳沟油田实际流动压力小于储层最低允许流动压力，均需要通过增加注水量，提高注采比，提高流动压力，才能保持油井合理采油。

表 10.1　朝阳沟、头台油田合理流动压力表

油田	中部深度（m）	最低允许流动压力（MPa）	泵深（m）	泵入口压力（MPa）	合理流动压力（MPa）	实际流动压力（MPa）	合理—实际流动压力（MPa）
朝阳沟	1088	2.4	1119	2.8	2.5	1.3	1.2
头台	1465	2.1	1285	2.3	3.9	2.3	1.6

10. 1. 1. 2 合理注水压力

注水压力是油田注水开发的重要驱动力,合理的注水压力是提高油田开发水平和经济效益的重要保证[2]。特别是对于低渗透裂缝性油藏,确定适合不同井距、井网、裂缝走向与井排方向、不同开发阶段的注水压力,对于提高和改善类似油藏的开发效果至关重要。

(1)合理注水压力影响因素分析。

从提高油藏注水开发效果分析,对于多油层油藏合理的注水压力首先要保证与油井连通的层吸水,并力求使吸水油层的吸水厚度最大。注水压力与油层破裂压力密切相关,而破裂压力与油层上覆岩压和油层的力学性质有关。即

$$p_Z = \frac{(p_A - p_r)\gamma}{1 - \gamma} + p_r \tag{10.5}$$

其中

$$p_A = 0.098\rho H/10$$

式中 p_A——上覆岩压,MPa;

γ——岩石泊松比;

ρ——岩石密度,kg/m^3;

H——油藏埋深,m。

由式(10.5)可以看出,油层上覆岩压越高,破裂压力也越高。随注水时间增加,注水井地层压力和破裂压力也随之增加,合理注水压力也可以适当提高。破裂压力除与上覆岩压有关外,还随地层压力增加而增加。而对于低渗透油藏,由于储层致密,压力传导慢,往往随着注水压力的提高,注水井井底压力大幅度提升。如朝阳沟油田原始油层压力为9.5MPa,而注水井井底压力为21.89MPa,高于原始地层压力12.4MPa。

(2)合理注水压力确定原则。

①对于裂缝不发育的常规砂岩油藏,传统的合理注水压力界限为油层破裂压力的0.9倍,但开发实践表明在0.9倍破裂压力下注水,即使裂缝不发育的高渗透储层,也会产生套损。因此,从减少套管损坏出发,提出了注水井合理注水压力应小于油藏原始地层压力。

②对于裂缝发育的低渗透油藏,若初期采用反九点注水,或裂缝方向未搞清楚时,应根据注采动态反映确定动态破裂压力,使注水压力小于动态破裂压力的0.9倍。

③对于裂缝不发育的低渗透油藏,若实施线状注水,则应根据地应力和裂缝间的关系确定合理的注水压力。

(3)合理注水压力确定。

根据朝阳沟、头台油田各区块上覆岩压、破裂压力,结合注水压力对开发效果的影响,确定朝阳沟和头台油田平均合理注水压力为12.6MPa、12.51MPa(表10.2)。

表 10.2 朝阳沟、头台油田合理注水压力研究结果表

区块	中部深度(m)	最大主应力(MPa)	垂直主应力(MPa)	0.9倍破裂压力(MPa)	原始地层压力(MPa)	当时注水压力(MPa)	合理注水压力(MPa)	需降低注水压力(MPa)
葡萄花	500			4.8	4.5	6.6	4.8	1.8
主体	1010	15.8	13.2	9.7	8.8	12.3	11.7	0.5
朝1-55	1028	16.0	13.5	9.9	8.9	12.6	11.9	0.7

区块	中部深度（m）	最大主应力（MPa）	垂直主应力（MPa）	0.9倍破裂压力（MPa）	原始地层压力（MPa）	当时注水压力（MPa）	合理注水压力（MPa）	需降低注水压力（MPa）
翼部	1112	17.3	14.6	10.7	9.7	13.6	12.9	0.7
杨大城子	1316	20.5	17.2	12.7	11.4	12.4	12.7	-2.8
朝阳沟	1088	17.0	14.3	10.5	9.5	12.6	12.3	0.3
头台	1465	21.9	16.9	16.4	15.5	11.3	12.5	-1.2

油田合理注水压力界限是衡量油田整体注水压力水平的一个平均值。而对于具体注水井，由于所处构造位置、埋藏深度不同，其地应力、地层压力和破裂压力也不同。特别是裂缝性油藏在油藏原始条件下，由于储层中天然裂缝的发育程度不同，其破裂压力值在同一深度内变化很大（图10.2）。

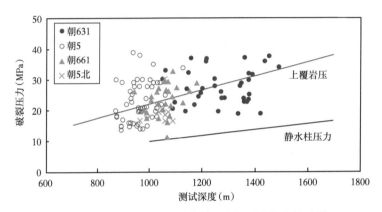

图10.2 朝阳沟油田油层破裂压力与测试深度关系图

10.1.2 注水界限

10.1.2.1 合理注采比

注采比是注水开发油田合理配置注水量的重要依据[3]。合理注采比是保持合理地层压力，使油田具有旺盛产油能力，降低能耗并提高采收率的重要保证[4]。合理注采比应满足以下条件：一是注水初期，能够保证地层压力水平稳定或稳定恢复，促进油井及早见到注水效果；二是油井受效后能够保持地层压力稳定回升，在保持产量稳定的条件下，延迟油井见水时间[5]。朝阳沟和头台油田注水开发以来，针对油藏渗透率低，压力传导慢的特殊性，采用了较高注采比注水开发，取得了一定的开发效果。但随着开发的不断深入，尤其是注水压力随注采比和累计注采比的提高而不断提高，油藏裂缝开启数量和延伸长度不断增加，使油水运动不均匀性增加、驱油效率降低、套管损坏速度加快，最终导致油田含水上升速度加快、产量下降幅度加大，油田整体开发效果变差。

（1）注采比数值模拟。

①数值模型建立。

朝阳沟油田构造轴部的朝45等主体区块与构造翼部翻身屯等区块存在较大的差异，主体区块储层渗透性相对较好，砂体规模较大，裂缝发育。开发过程中采用了较低注采比，开发效果较好。而翼部地区为低—特低渗透储层，砂体分布零散，裂缝发育差，总体上注采比高、开发效果差。因此，分别在轴部和翼部选取了具有代表性的朝45断块和朝691断块的一部分建立了地质模型。朝45断块模型选取朝90排至98排、50列至62列，模拟面积为3.15km²，石油地质储量244×10⁴t，共有油水井34口。其中采油井19口，注水井15口。朝691模拟区块的面积为3.31km²，石油地质储量206×10⁴t，采油井16口，注水井14口。

模拟合层及网格划分：朝45断块钻遇的油层有FI2、FI3、FI5、FI6、FI7、FⅡ1、FⅡ2、FⅡ3、FⅡ4、FⅡ5、FⅢ1、FⅢ2、FⅢ3、FⅢ5共14个油层，其中主力层为FI3、FI7、FⅡ1；朝691区块钻遇的油层有FI2、FI3、FI4、FI5、FI6、FI7、FⅡ1、FⅡ2、FⅡ3、FⅡ4、FⅡ5、FⅢ1、FⅢ2、FⅢ3、FⅢ、FⅢ5共16个油层，其中主力层为$FI5_1$、FI7、FⅡ1。

模拟合层遵循的原则是：主力油层单独作为一个模拟层；非主力油层在同油层组内相邻小层合并，纵向上跨度不大于50m，合并水驱控制程度增加少于5个百分点。根据上述原则，朝45区块、朝691区块均合并成8个模拟层（表10.3、表10.4）。

表10.3　朝45区块模拟合层数据表

合层号	小层号	有效厚度（m）	孔隙度（%）	渗透率（mD）
1	FI2	2.52	19.44	20.6
2	$FI3_1$、$FI3_2$	2.28	18.83	21.4
3	FI5、FI6	1.34	18.66	20.2
4	FI7	2.61	19.34	21.3
5	FⅡ1	3.55	18.38	20.1
6	FⅡ2、FⅡ3	2.08	18.10	14.4
7	FⅡ4、FⅡ5	1.51	18.17	16.3
8	FⅢ1、FⅢ2、FⅢ3、FⅢ5	1.1	18.56	18.6

表10.4　朝691区块模拟合层数据表

合层号	小层号	有效厚度（m）	孔隙度（%）	渗透率（mD）
1	FI2、FI3、FI4	1.22	16.57	8.2
2	$FI5_1$	2.08	17.06	10.2
3	$FI5_2$、FI6	1.83	16.75	11.5
4	FI7	3.07	16.82	9.2
5	FⅡ1	2.41	16.19	7.2
6	FⅡ2、FⅢ3、FⅡ4、FⅡ5	1.64	16.09	7.2
7	$FⅢ3_1$、$FⅢ3_2$	1.9	15.95	7.0
8	$FⅢ3_3$、FⅢ4、FⅢ5	1.51	15.77	6.4

②数值模型初始值赋值。

分别选用了与模拟区相近区块的油水相渗透率曲线。朝 45 模拟区选用了朝 45 井的 45-2 岩样,空气渗透率为 22mD;朝 691 模拟区选用朝 5 井的 5-6¹ 岩样,空气渗透率为 16mD,静态参数如高压物性等,采用朝阳沟油田有关实测资料,油水井动态资料采用模拟区油水井核实数据,注水井注水压力采用现场实测数据。

通过反复修改渗透率、传导率、油水相渗透率曲线和油水井污染系数,使模型历史拟合的主要指标误差小于 5%,模型精度较高。

(2)注采比关系预测模型。

①无效注水量分析。

影响注采比的因素很多,既有地面计量误差,又有窜流到油层外等无效注水量,而真正起到有效驱油作用的注入量也受到储层物性和原油性质等因素的影响。

计量误差包括注入水和产液量误差。注入水误差主要有两方面的原因:一是水表计量精度低,造成计量的水量与注入的水量不符;二是地面管网的跑、冒、漏等误差。产液量误差主要是油水井作业放液量一般计量不准,有时甚至未计量。对于未计量的井,主要是油井未见水前,无法计量产水量,而一般在 3~4 年后油井明显见水,才开始计算产水量,这必然导致计量和含水的误差。

从油田注水开发实际出发,分析注入水应由两部分组成,即无效注水和有效注水量。无效注水量主要是各种原因外窜到油层外的注水量,包括沿断层和套管损坏处外溢量以及扩射砂岩的吸水量等。对于低渗透油藏,为了提高注水开发效果,往往采用强化注水,注水量大幅增加,无效注水量也随之增大。如朝 45 和朝 691 模拟区数值模拟表明,模拟累计注水量仅是实际累计注水量的 44.4% 和 50.4%。若综合考虑模型采油量和采液量、井口和核实计量间的输差,模型累计注水量为实际累计注水量的 41.2% 和 47.7%,考虑误差 5%,由此测算朝阳沟油田无效注水在 36%~43% 之间。油田实际累计注采比分别为 2.07 和 4.43,模型注采比分别仅为 1.13、1.99。同时也表明随着开发时间的延续,无效注水量加大,而注采比越大,无效注水量也越大。在注水开发的过程中,表现为注采比越大其实际注采比与有效注采比相差越大。如朝 691 围岩吸水厚度从 1992 年的 9.1m 逐年增加到 2000 年的 20.7m,对应围岩吸水量占总吸水量的比例从 10.9% 增加到 25.1%(表 10.5)。朝 45 模拟区 1992 年到 1996 年期间由于转线状注水等原因围岩吸水的量有所下降外,之后由于注采关系变化不大,且随注水量的增加围岩吸水也有增大的趋势(表 10.6)。

表 10.5 朝阳沟油田朝 691 模拟区注水井吸水状况统计表

时间	不含油砂岩		有效厚度		泥岩		围岩吸水	
	吸水厚度 (m)	吸水百分比 (%)	吸水厚度 (m)	吸水百分比 (%)	吸水厚度 (m)	吸水百分比 (%)	吸水厚度 (m)	吸水百分比 (%)
1992 年	7.1	8.9	66..3	89.9	0.9	2.0	9.1	10.9
1995 年	10.7	11.0	79.8	87.2	3.4	1.8	14.1	12.8
1997 年	9.3	9.4	66.0	79.0	8.8	11.6	18.1	21.0
2000 年	6.4	8.3	59.6	74.9	14.3	16.8	20.7	25.1

注:统计 9 口井。射开厚度 147.2m,有效厚度 127.5m,砂岩厚度 19.7m。

表 10.6　朝阳沟油田试验区北块朝 45 模拟区注水井吸水状况统计表

时间	统计井数 （口）	日注水量 （m^3）	单井日注水 （m^3）	吸水厚度 （m）	有效吸水百分比 （%）	围岩吸水百分比 （%）
1988 年	5	165	33	93.3	78.9	21.1
1993 年	6	303	50.5	68.8	85.8	14.2
1996 年	8	318	40.0	67.3	94.5	5.5
1999 年	6	265	44.2	60.2	79.1	20.95
2000 年	6	195	32.5	31.8	86.08	13.92

注：统计 9 口井。射开厚度 132.5m，有效厚度 102.1m。

　　有效注水量是指在水驱控制范围内，能够真正起到水驱油作用的注入水，主要包括油层的存水量和从油井采出的量。在存水中，一是天然和人工裂缝存水，特别是天然裂缝随注水压力提高逐渐开启，开启数量及宽度也逐渐增加，存水量随之增加；二是人工压裂缝本身也存水。油层弹性存水量，它主要与油层的体积、综合弹性系数和平均油层压力有关，其通用的数学表达式为：

$$Q_{弹} = V\phi C_t \left(p_i - p_{ave} \right) \tag{10.6}$$

其中

$$V = Sh$$

式中　$Q_{弹}$——弹性存水量，m^3；

　　　V——油层体积，m^3；

　　　ϕ——孔隙度；

　　　S——含油面积，m^2；

　　　h——有效厚度，m；

　　　p_i——原始地层压力，MPa；

　　　p_{ave}——平均地层压力，MPa。

　　由于朝阳沟油田储层物性差，压力传导慢，加上注水压力高，注水井附近憋压严重，导致油层平均压力高于原始地层压力，且渗透率越低其压力越高。所以，储层单位体积存水量比例大。朝阳沟油田油井地层压力和注水井地层压力分别为 8.04MPa 和 21.3MPa，若只考虑有效层则存水量为 $316 \times 10^4 m^3$，也就是说其值占总注采比的 12%，若考虑砂岩吸水则更大。

　　②注采比关系模型的建立。

　　根据物质平衡方程式和最优化方法可以推导出注采比关系模型：

$$IPR = c_1 \frac{(p_o - p_i)}{Q_L} + c_2 \frac{1}{f_w} - c_3 \frac{1}{Q_L} + \frac{\Sigma Q_L}{Q_L} \left(1 - CIPRt \right) + CIPRt \tag{10.7}$$

式中　IPR——本年注采比；

　　　CIPRt——上年累计注采比。

　　由此模型在已知地层压力等动态资料的条件下，可以建立不同开发区的注采比预测模型。

　　(3)合理注采比确定。

　　①对油田注采比的认识。

　　对于低渗透油藏，初期采用较高注采比，稳产结束后应逐渐降低注采比。对于像朝阳沟扶扬油层这样的低—特低渗透油藏，油层渗流阻力大，压力传导慢，需要及早注水，补充地层能量。根据朝691模拟区不同注水时机压力和累计注采比随时间的变化关系分析，认为注水时间越早，压力保持水平越高。如同步注水地层压力高于滞后半年注水的压力保持水平。因此，对于朝阳沟油田扶扬油层应采用同步注水或超前注水。

但随着累计注采比的增加，油井地层压力增加，启动压力也增加，导致注水压力提高，而注水压力不能无限提高，还受合理注水压力的制约。若超合理注水压力注水，其地层压力也不应超过原始地层压力，否则会造成开发效果变差。而从式（10.7）分析，当注水压力一定时，随着开发时间的延续，油井含水增加，产液量和注采比是减少的。因此，在注水压力达到合理注水压力界限时应适当降低注水压力。

储层物性或原油物性不同的油层、区块或井组应采用不同的注采比。由于朝阳沟油田已开发的扶扬油层，在同一油层不同区块或井区所处构造部位储层渗透性和地质复杂程度不同，其注采比也应不同。低渗透油藏注采压差大，产液量低，实际注采比都大于1。如位于构造高部位的朝5和朝50断块注采比一直在2左右，而翼部注采比大多在3以上。

油田注采比受注采压差的制约，应控制在合理注水压力及合理流动压力范围内。注采压差越大，注采比越高；渗透率越低，注采比越高。另外从注水开发油田本身分析，影响开发效果的主要是注水压力。采用高压或超破裂压力注水，会带来裂缝开启、延伸，使油井快速水淹，以及套管损坏等一系列的不利影响，因此，注水开发过程中，需要严格控制注水压力。

②地层压力保持水平分析

对于注水开发的裂缝发育低渗透油藏，合理地层压力保持水平就是使油井具有旺盛的生产能力。其合理地层压力上限小于原始地层压力。

一般来说，地层压力随累计注采比增加而增加，但增加的幅度与储层物性和无效注水的比例有关。如朝阳沟油田主体区块由于储层物性相对较好，无效注水的比例较小，地层压力为8.8MPa，已超过原始地层压力0.2MPa，显然，对于朝阳沟油田主体区块其累计注采比不能超过1.86。而翼部和朝1-55区块尽管累计注采比目前近2.8和2.9，但地层压力分别为7.7MPa和7.46MPa，比原始地层压力低1.0MPa和1.1MPa，从关系曲线看若继续增加注采比即增加累计注采比，其地层压力必然增加。因此，需要通过降低注采比来降低地层压力和注水压力。但降低注采比必然要降低产液量，也可能降低产油量。如朝45模拟区注水压力分别为20MPa、21MPa和22MPa，在相同时间其注水压力越低则累计注采比越低，但由于含水上升快采出程度低，即采油速度低，经济效益也不理想。因此，无论是注采比或地层压力都应保持在合理的水平。

③朝阳沟油田各区块合理注采比的确定。

朝阳沟油田主体区块、朝1-55区块和翼部地区资料比较齐全。根据多元回归分别建立了注采比预测模型（表10.7）。

表10.7　朝阳沟油田各大区块注采比模型参数表

区块	C_1	C_2	C_3	C_4	R
主体区块	34.0242	6.545	−0.0531	2.6335	0.978
朝1-55区块	11.3232	−2.1435	−0.2395	5.3456	0.880
翼部地区	143.2276	−12.752	−0.317	10.5991	0.991

由表 10.7 可见，资料越多其相关性越好，但总体上还是可以满足预测要求。

建立了预测模型后，要预测其注采比变化及其合理值，还必须预测开发指标。

a. 含水率的预测。

数值模拟计算结果和朝阳沟油田实际开采资料表明，含水率与采出程度成凹型，其数学表达式为：

$$\ln (f_w) = A + B\ln (R_i) \tag{10.8}$$

其中

$$R_i = (R_{i-1} + v_o)$$

式中　R_i，R_{i-1}——分别为上年和本年采出程度；

　　　v_o——当年采油速度。

据数值模拟和实际数据分析，朝阳沟油田扶杨油层产量递减类型为指数递减，即存在如下关系式：

$$v = v_o e^{(-at)} \tag{10.9}$$

b. 产液量和累计产液量。

$$Q_{Li} = vN_o/(1 - f_w) \tag{10.10}$$

$$\Sigma Q_{Li} = \Sigma Q_{Li-1} + Q_{Li} \tag{10.11}$$

累计注采比与注采比的关系：

$$CIPR = (\Sigma Q_{Li-1}CIPRt + Q_{Li}IPR)/\Sigma Q_{Li} \tag{10.12}$$

式中　CIPR——本年累计注采比；

　　　IPR——本年注采比；

　　　CIPRt——上年累计注采比；

　　　Q_{Li-1}——上年累计产液量，$10^4 m^3$；

　　　Q_{Li}——本年产液量，$10^4 m^3$；

　　　ΣQ_{Li}——本年累计产液量，$10^4 m^3$。

由区块递减规律预测产量后，便可预测含水、产液和注采比以及累计注采比(表 10.8)。

表 10.8　主体区块注采比预测数据表

开发时间	主体区块		朝 1-55 区块		翼部地区	
	注采比	累计注采比	注采比	累计注采比	注采比	累计注采比
2002 年	1.75	1.88	2.13	2.69	2.80	2.78
2003 年	1.66	1.84	1.99	2.62	2.59	2.77
2004 年	1.59	1.79	1.90	2.56	2.41	2.75
2005 年	1.50	1.78	1.84	2.50	2.28	2.72
2006 年	1.41	1.78	1.79	2.44	2.14	2.69

10.1.2.2 细分注水界限

（1）分层井现状分析。

2009年底，五个示范区注水井总数393口，分层井数339口，分注率86.3%。其中升平油田及朝阳沟油田朝55区块的分注率较低，分别是80.2%和70.2%（表10.9）。

表10.9 长垣外围油田示范区2009年分注率统计表

示范区	注水井总数（口）	分层井数（口）	分注率（%）
升平油田	162	130	80.2
龙虎泡萨高合采区	110	110	100.0
朝55	57	40	70.2
东18	21	18	85.7
茂11	43	41	95.3
合计	393	339	86.3

从分层情况看，一级二段97口井，占分注井总数的28.6%；二级三段132口井，占分注井总数的38.9%；三级四段84口井，占分注井总数的24.7%；四级五段26口井，占分注井总数的7.8%（表10.10）。

表10.10 长垣外围油田示范区2009年分层井分层情况统计表

分层数	示范区	井数（口）	层段数（个）	注水压力（MPa）	日配注（m³）	日实注（m³）	累计注水（10⁴m³）
一级二段	升平油田	58	116	9.7	2955	438	
	龙虎泡萨高合采区	8	16	15.3	75	86	39.9
	朝55	25	50	12.9	475	410	
	东18	3	6	19.1	30	20	13.7
	茂11	3	6	14.9	45	25	8.1
	小计	97	194	11.4	3580	979	61.7
二级三段	升平油田	60	180	9.5	3052	541	
	龙虎泡萨高合采区	32	96	17.8	735	609	250.3
	朝55	14	42	12.8	285	227	
	东18	11	33	18.4	140	98	77.7
	茂11	15	45	14.1	435	335	15.3
	小计	132	396	13.1	4647	1810	343.3
三级四段	升平油田	12	48	8.7	1385	170	
	龙虎泡萨高合采区	48	192	15.9	1317	1249	435.5
	朝55	1	4	13.4	20	18	
	东18	4	16	18.1	35	35	17.4
	茂11	19	76	13.2	490	460	21.2
	小计	84	336	14.3	3247	1932	474.1

分层数	示范区	井数（口）	层段数（个）	注水压力（MPa）	日配注（m³）	日实注（m³）	累计注水（10⁴m³）
四级五段	升平油田	0	0				
	龙虎泡萨高合采区	22	110	15.9	660	641	290.6
	朝55	0	0				
	东18	0	0				
	茂11	4	20	14.9	185	185	7.9
	小计	26	130	13.4	845	826	298.4
合计		339	1056	13.0	12319	5547	1177.6

（2）细分调整界限。

为了更好地控制无效、低效注水，提高低水淹层段的注水量，有必要更好地开展细分注水界限研究。应用注水井吸水剖面资料，通过数学统计方法及数值模拟研究，分析了吸水厚度与单卡油层数、单卡油层厚度、渗透率变异系数等之间的关系，确定了合理的细分注水界限（表10.11、图10.3至图10.5）。

表10.11 长垣外围油田分油层细分界限表

细分界限	葡萄花油层	扶杨油层
层段隔层厚度下限（m）		≤0.8
层段单卡油层数（个）	≤3	≤3
层段内渗透率变异系数	<0.4	<0.5
层段单卡砂岩厚度（m）	≤5	

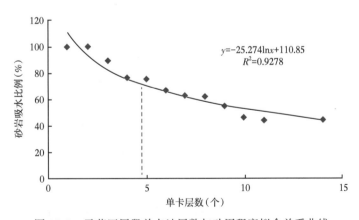

图10.3 示范区层段单卡油层数与动用程度拟合关系曲线

各示范区依据细分界限研究成果，认真开展注水井细分调整工作，见到了明显效果。开展细分注水123口，增加169个层段。配注量增加160m³/d，实注量增加196m³/d。周围受效油井144口，平均单井日增液0.77t，日增油0.28t，综合含水下降0.90%（表10.12、表10.13）。

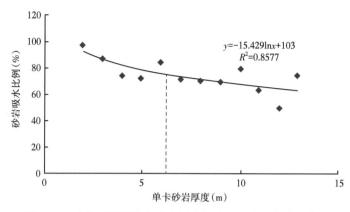

图 10.4　示范区层段单卡砂岩厚度与动用程度拟合关系曲线

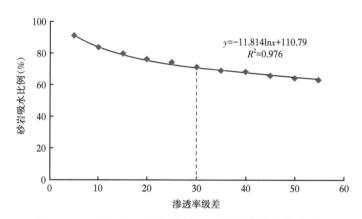

图 10.5　示范区层段渗透率级差与动用程度拟合关系曲线

表 10.12　长垣外围油田示范区 2010—2012 年细分注水工作量统计表

示范区	细分井				
	井数（口）	层段变化（段）		注水量变化（m³/d）	
		细分前	细分后	配注差	实注差
升平油田	35	61	93	20	35
龙虎泡油田萨高合采井区	47	127	204	145	128
朝 55	30	47	97	5	27
东 18 扶杨	11	28	38	−10	6
合计	123	263	432	160	196

表 10.13　长垣外围油田示范区细分注水效果分析表

示范区	受效井（口）	见效前			见效后			差值		
		日产液（t）	日产油（t）	综合含水（%）	日产液（t）	日产油（t）	综合含水（%）	日产液（t）	日产油（t）	综合含水（%）
升平油田	30	3.85	1.65	57.14	4.09	1.88	53.89	0.24	0.23	−3.15
龙虎泡萨高合采井区	77	7.43	1.71	77.00	8.75	2.07	76.40	1.32	0.36	−0.67

示范区	受效井（口）	见效前			见效后			差值		
		日产液（t）	日产油（t）	综合含水（%）	日产液（t）	日产油（t）	综合含水（%）	日产液（t）	日产油（t）	综合含水（%）
朝55	11	2.34	1.01	0.57	2.51	0.93	0.63	0.17	−0.07	0.06
东18扶杨	26	2.48	1.28	48.30	2.50	1.53	38.80	0.02	0.25	−9.50
合计	144	5.40	1.57	71.00	6.17	1.85	70.10	0.77	0.28	−0.90

10.1.3 经济界限

10.1.3.1 选井选层原则

（1）油井措施选井选层原则。

根据低渗透油藏历年及示范区油水井措施实施效果，并参考以往经验及各类参考文献，综合确定油水井措施选井选层原则。这些选井选层原则可以作为以后油水井措施选井选层的依据。采油井措施选井选层原则中包括通用原则及各采油厂的特殊原则，措施类别涉及油井压裂、油井补孔、油井堵水、油井换泵等措施（表10.14）。

表10.14 长垣外围油田采油井措施选井选层原则表

措施类型	通用原则	特殊原则
油井压裂	（1）选择注采关系完善、潜力大的低产液、低含水井； （2）井组平面矛盾突出，井组累计产油量差异在20%以上； （3）对高产液高含水油井，选择增产潜力大的产水层，开展堵压结合	第八采油厂：构造位置较高、距离断层较远； 第九采油厂：潜力层有效厚度大于3m；潜力层连通水井强度与受效强度比值≥2；水驱方向≥2个；地层压力在饱和压力之上； 榆树林：扶杨二类油层厚度大于6m，扶杨三类油层厚度大于10m
油井补孔	（1）投产初期未射开有效厚度层、只射开砂岩或判断油水同层的井，若后期产量较低，实施补孔； （2）测井曲线显示为油水同层或加密井水淹较严重的层投产初期不射孔，投产后其他层含水较高后，封堵高含水井后，补开这些层	第七采油厂：葡南扶余考虑上部葡萄花层射孔潜力； 第八采油厂：两套及以上层系开发的井，初期只射开一个层系，后期可实施补孔； 第九采油厂：潜力层有效厚度大于1.2m
油井堵水	（1）初期产量高，供液能力强，动用程度较低； （2）水驱控制程度高，波及体积大的区域内高含水井； （4）井单层厚度较大，剩余可采储量大的井； （4）油井固井质量好，无层间窜槽井	第八采油厂：出水层位清楚，但因夹层厚度小或井下有套变无法进行机械堵水的井，或发育及连通状况相近，见水层位难以判断的井，采用选择性堵水； 第九采油厂：潜力层有效厚度大于2.0m，剩余可采储量大于1500t堵水； 头台：扶余油层两排水井夹三排油井中距离水井排较近的一线井封堵高渗透层
油井换泵	（1）沉没度连续2个月大于500m，泵效大于40%，冲程已经最大，冲次为中等及以上，功图正常或者抽喷； （2）连通水井的注入量已上调（建议沉没度连续2个月大于600m可放宽条件）； （3）换前扭矩利用率≤80%	

（2）注水井措施选井选层原则。

注水井措施选井选层原则中涉及的措施类别包括水井细分和调剖（表 10.15）。

表 10.15　长垣外围油田注水井措施选井选层原则表

措施类型	措施选井选层原则
水井细分	（1）层段隔层厚度下限≤0.8m； （2）层段单卡油层数≤3 层； （3）层段内渗透率变异系数<0.4； （4）层段单卡砂岩厚度≤5m
水井调剖	（1）注水井注入压力有 1MPa 以上余地，周围采油井含水在 85% 以上； （2）吸水剖面很不均匀，有三个以上的明显高渗透层，且多年分层却控制不住或无法细分单卡的井； （3）有明显单层突进层，长期停注，并且赔停层较多的井； （4）套损井吸水不均匀，又无法分层的井

10.1.3.2　油水井措施经济界限

（1）确定方法。

根据盈亏平衡原理，油田增产措施经济模式数学表达式为：

$$P_r = P_Q - (C_F + C_V Q)(1 + i_r) \tag{10.13}$$

式中　P_r——利润，元；

　　　P_Q——原油销售价格，元/t；

　　　Q——措施增油量，t；

　　　C_F——措施投入费用，元；

　　　C_V——单位原油操作成本，元/t；

　　　i_r——收益率，%。

当 $P_r = 0$，$i_r = 0$ 时，可以计算出各类措施在不同油价下的经济极限增产油量：

$$Q = C_F / (P - C_V) \tag{10.14}$$

（2）油井措施界限。

各油田油井措施累计增油经济界限存在较大差异，原油价格为 70 美元/bbl 情况下，油井压裂累计增油界限为 186.2~318.5t，补孔累计增油极限为 13.7~99.1t，油井大修累计增油界限为 111.7~294.6t。低渗透油田压裂措施平均单井累计增油界限为 238.9t，补孔措施单井累计增油界限为 46.2t，换泵措施单井累计增油界限为 18.6t，堵水措施单井累计增油界限为 31.8t，大修措施单井累计增油界限为 197.7t（表 10.16）。

表 10.16　低渗透油田各项措施单井累计增油界限表　　　　　　　　（单位：t/井次）

采油厂	压裂	补孔	换泵	堵水	大修
第八采油厂	220.2	51.2	10.5	23.5	272.2
第九采油厂	318.5	99.1	42.5	47.1	212.4
第十采油厂	229.2	50.9	13.1	31.8	254.7
榆树林采油厂	240.4	13.7	13.7	27.5	137.3
头台采油厂	186.2	16.0	13.3	29.3	111.7
平均	238.9	46.2	18.6	31.8	197.7

（3）注水井措施界限。

原油价格为70美元/bbl情况下，注水井压裂累计增油界限为159.2~318.5t，酸化累计增油界限为30.1~68.7t，补孔累计增油界限为13.7~94.1t，细分累计增油界限为6.5~51.5t，浅调剖累计增油界限为27.2~137.3t，注水井大修累计增油界限为133.0~291.1t，转注累计增油界限为70.8~206.0t（表10.17）。

表10.17　长垣外围油田水井各项措施累计增油界限表　（单位：t/井次）

采油厂	压裂	酸化	补孔	细分	浅调剖	重组	大修	转注
第八采油厂	201.5	34.1	45.5	6.5	31.7	6.5	272.2	97.5
第九采油厂	318.5	42.5	94.1	21.2	120.3	21.2	212.4	70.8
第十采油厂	159.2	44.6	50.9	31.8	41.4	31.8	254.7	95.5
榆树林采油厂	240.4	68.7	13.7	51.5	137.3	51.5	206.0	206.0
头台采油厂	186.2	31.9	16.0	26.6	47.3	26.6	133.0	79.8
平均	221.2	44.4	44.0	27.5	75.6	27.5	215.7	109.9

10.2　注采结构调整方法

注采结构调整方法是在基本保持注采平衡的前提下，通过调整吸水剖面，合理调配各套层系、各个注水层段和各个注水方向的注水量，扩大注入水的波及体积，提高注入水利用率，使低压层的压力逐步回升，高含水层的注水量得到控制；同时利用各种工艺措施，控制高含水井的产液量，提高低含水井的产液量，挖掘各类油层潜力，增加油田可采储量，使油田产液量在适度增长的情况下，控制含水上升率，保持油田长期稳产。

10.2.1　采液结构调整方法

10.2.1.1　油井流压调整方法

（1）流动压力现状分析及建议。

①抽油泵下得过低，动液面和流动压力低，在一定程度上影响了油井的产能。

统计朝阳沟油田25个区块，平均油井泵下入深度在油顶之上的仅有朝501区块，高出油顶80.1m。在射开井段之间的有9个区块，而低于油底的有15个区块，整体低于油底7m。由于泵下入低，因而动液面低，如各区块平均动液面为897.68m，流动压力为0.74~2.5MPa，平均为1.29MPa，同时泵效也低，平均仅0.16。

朝阳沟和头台油田平均流动压力分别为1.3MPa、1.18MPa，低于其他低渗透油田。如采油八厂、榆树林油田平均流动压力分别为1.76MPa、1.53MPa。

②流动压力低于合理流动压力。

对比分析，朝阳沟油田流动压力整体上低于合理流动压力。从各区块看，仅朝2断块流动压力较高，而其他区块均小于合理流动压力，主要原因是泵下得太低。朝5北区块流动压力为0.7MPa，而合理流动压力为2.3MPa，相差1.6MPa。

（2）流动压力调整。

由于低渗透油藏储层物性差，地层压力低，油藏供液不足，将下泵深度低于油层中部进行深抽，必然导致流动压力低，致使油井井底严重脱气，开发效果变差。因此，必须合理进行调整，改善开发效果。朝阳沟油田各区块射开油顶和油底跨度平均为103m，由于泵下入较低，油井动液面低，因而造成有部分井动液面深度低于油顶而裸露开采，如朝5北区块泵挂深度为1134.23m，低于射孔底界40m。从理论上分析，裸露开采油层无回压，必然脱气半径大，油层渗流阻力大，产油能力低。根据流动压力低的实际情况，建议将泵挂深度在油层中部以下的油井上提到油层中部以上。

10.2.1.2 油井采液调整方法

建立水驱前缘距离与累计注水强度关系图版，依据砂体受效和见水特征，将受效井点划分为安全区、风险区、见水区。安全区采取加强注水，见水区控制注水，重点对风险区油井采取超前调整（表10.18、图10.6）。

表10.18　龙虎泡油田萨高合采示范区不同砂体类型受效及见水情况表

砂体接触类型 （水井—油井）	受效状况		见水状况	
	见效强度 （m³/m）	受效井点 （个）	见效强度 （m³/m）	受效井点 （个）
主体—主体	500~600	37	1200~1500	10
主体—非主体	600~1000	9	1500~1800	2
非主体—主体	800~1200	6	1700~2100	2

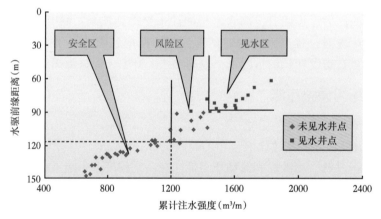

图10.6　水驱前缘距离与累计注水强度关系图版

朝阳沟油田共实施超前调整28井次，日注水减少255m³，周围24口目的井，日产液由432t稳定在428t，日产油由69.1t稳定在69.3t，综合含水由84.0%稳定在83.8%。

10.2.2　注水结构调整方法

10.2.2.1 注水压力调整方法

油田合理注水压力的确定应以注水井为单元，在确定注水压力时应结合注水井组注水压力与井组油井的动态关系而定，同时考虑注水井施工破裂压力和动态破裂压力以及地应力。

（1）为实现与油井连通的油层都吸水的目标，要加强分层注水，注水压力按小层控制。扶杨油层为砂泥岩薄互层，不仅各层渗透率存在一定的差异，同时与油井连通和采油状况也存在一定的差异。特别是注水开发后对应油井生产状况好的层，注采间压差小，而与油井连通开发效果不好的层，憋压严重，油层压力高，启动压力也高。因此，若井筒采取同一压力注水，必然导致各层吸水不均匀。一方面，注入水主要进入渗流阻力小的油层，造成突进；另一方面，渗流阻力大的油层，启动压力高，注水压力高，吸水能力差。

（2）对与油井不连通的层应停止注水。

与油井不连通的层主要是注水井钻遇的孤立砂体和与别的注水井相连通的只注不采的油层，油层无泄压点，离注水井较远的油层压力较高，特别是对于套管已经损坏或靠近断层的位置，极易引起注入水窜入泥岩或沿断层面窜流，不但增加无效注水而且导致泥岩引起套管损坏。

10.2.2.2　细分注水调整方法

通过统计分析纵向和平面上各因素对砂岩吸水厚度比例的影响程度，以单次吸水厚度比例60%为目标，确定龙虎泡油田萨高合采示范区细分注水标准（图10.7、图10.8）。

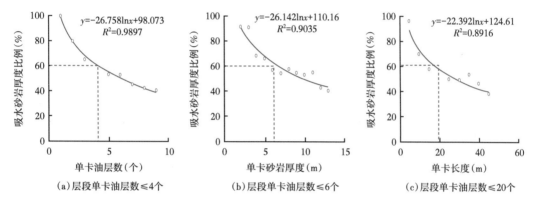

图10.7　纵向上各影响因素与吸水厚度比例关系曲线

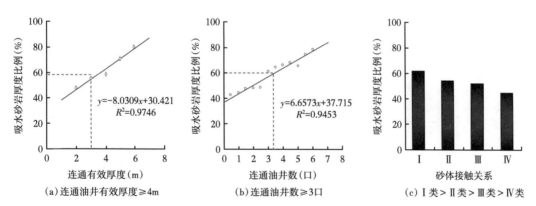

图10.8　平面上各影响因素与吸水厚度比例关系曲线

砂体接触关系：Ⅰ—主体对主体；Ⅱ—主体对非主体；Ⅲ—非主体对主体；Ⅳ—非主体对非主体

油田共实施细分重组64口井，占总井数的54.5%。调整井砂岩吸水厚度比例由41.6%提高到49.4%（表10.19）。

表 10.19　龙虎泡油田萨高合采示范区 2010—2012 年细分重组调整前后对比表

类型	井数（口）	调整前				调整后			
		层数（个）	平均单卡层段数（个）	平均单卡层段砂岩厚度（m）	砂岩吸水厚度比例（%）	层数（个）	平均单卡层段数（个）	平均单卡层段砂岩厚度（m）	砂岩吸水厚度比例（%）
细分	52	180	5.6	7.7	41.2	230	4.4	6.0	49.6
重组	12	47	4.4	5.9	43.6	47	4.4	5.9	48.3
合计/平均	64	227	5.3	7.3	41.6	277	4.4	6.0	49.4

10.2.2.3　注水强度调整方法

注采系统调整后，依据生产动态特征，将跟踪调整分为转注初期、受效、见水、含水上升四个阶段。针对不同的开发阶段制定相应的宏观注水政策和对应油井调整对策。

根据数值模拟及经验公式，确定调整初期和受效、见水、含水上升阶段的合理注采比，匹配新老井注水强度，分步实现均衡动用（表 10.20）。

表 10.20　龙虎泡油田萨高合采示范区不同阶段跟踪调整参数表

分阶段	注采比		配注强度 [m³/(m·d)]		调整方向
	主力层	非主力层	新井	老井	
转注初期	2.9	2.6	3.3	2.4	恢复地层压力主力层优先受效
受效	2.0	2.2	3.6	1.7	主力层均衡受效改善平面差异
见水	1.5	2.2	3.0	1.5	非主力层受效改善层间差异
含水上升	1.5	2.0	2.4	2.0	控制主力层含水均衡动用各方向

2012 年龙虎泡油田针对受效层见水后含水上升加快的实际，重点开展注水周期、注采比及注水方式优化，控制含水上升速度（表 10.21、图 10.9 至图 10.12）。

表 10.21　龙虎泡油田萨高合采示范区不同含水级别新老井注水周期及配注强度优化表

砂体类型	含水级别	新井		老井	
		注水周期（mon）	配注强度 [m³/(m·d)]	注水周期（mon）	配注强度 [m³/(m·d)]
主体席状砂	含水≥90%	注4停6	2.5	注2停8	2.6
	90%>含水≥80%	注6停4	2.6	注4停6	3.0
	含水<80%	注8停4	3.0	注6停4	3.2
非主体席状砂	含水≥90%	注4停6	3.0	注2停8	3.2
	90%>含水≥80%	注6停4	3.0	注4停6	3.6
	含水<80%	注8停4	3.6	注6停4	3.6

周期注水方式优化：针对油井平面动用不均衡，采取高水淹与低水淹方向交替周期注水；针对注水井主流线、分流线受效程度差异，实施油水井对应调整，注水半周期，主流线油井采取调小参数；停注半周期，主流线油井正常生产（图 10.13、图 10.14）。

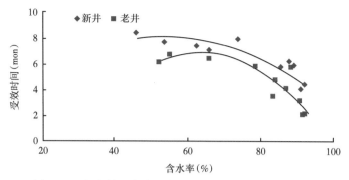

图 10.9　新老井注水半周期见效时间与含水率关系图版

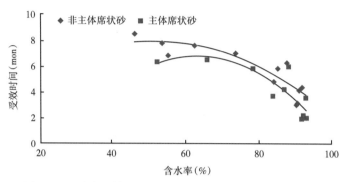

图 10.10　分类砂体注水半周期见效时间与含水率关系图版

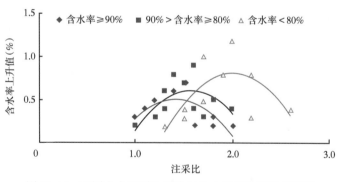

图 10.11　不同含水级别注采比与含水率变化值关系图版

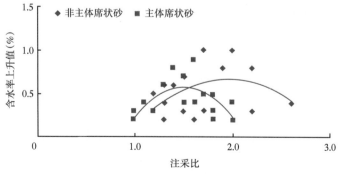

图 10.12　分类砂体注采比与含水率变化值关系图版

221

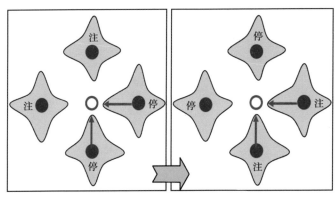

图 10.13　高、低水淹方向交替周期注水示意图

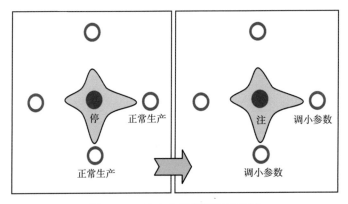

图 10.14　油水井对应调整示意图

按照以上思路,龙虎泡油田萨高合采示范区 2012 年进行方案调整 102 井次,百口井工作量比例 86.8%,平均单井日增油较第九采油厂高 0.1t,含水率下降值多 0.21 个百分点。

10.2.3　注采井对应调整方法

10.2.3.1　注采比调整

从数值模拟和矿场资料分析,尽管近年来注采比有所降低,但仍然较高,需要进一步降低注采比。由于各区块地质条件、开发状况存在一定的差异,因此降低注采比的调整方法和途径也应不同。具体主要有以下方式。

(1)减少配注量,降低注水压力。

减少配注量是降低注采比的最直接、最有效的方法。尤其适合注水压力高、渗透率低、裂缝不发育以及周期注水效果较差的区块。

在具体实施时应逐渐降低注水量,避免大起大落,减少对储层及井筒的不利影响。

(2)井网加密。

朝阳沟油田井网加密试验区,通过加密井网,降低注采比,取得了较好的开发效果。井网加密更适合注水压力高、储层厚度大、渗流阻力大,油井见效差的区块。

在加密时要着重对开发动态特征进行全面的分析,搞清油水运移规律,分析裂缝发育程度、方向以及对加密方式带来的影响。

（3）油井压裂。

油井压裂主要是提高油井产液量，释放油层压力，减少油层存水量，达到降低注采比的目的，是降低局部注采比高的一种有效方法。

实施的关键是选井和选层。在选好层后，应进行压前培养，恢复地层压力，压后及时返排和投产，以降低压裂的伤害，最大限度地提高压裂效果。

总之，油田注采比受多种因素制约，还受所选参数的影响，需跟踪油田开发动态，使注采比更加合理和完善。

10.2.3.2 "一井一工程"措施挖潜方法

按照"提高单井效益产量"的要求，将示范区措施井的实施精细到每个环节，力求措施得当，经济有效。

（1）量化选井选层标准是保证压裂效果的基础。

总结以往措施井效果，量化常规选井选层标准。针对措施潜力逐年变小的实际，积极转变观念，实现两个"突破"，扩宽措施挖潜空间，提高措施增油量。以注采系统调整建立起新的注采关系为契机，强化潜力井层注水培养，根据潜力井层特点与注水培养方式，优化潜力井层措施时机标准，龙虎泡油田共优选压裂井 58 口、补孔井 33 口。

（2）地质与工程相结合是保证压裂效果的关键。

通过"三个结合"，即剩余油与裂缝方向相结合、水驱前缘与压裂缝长相结合、隔层遮挡性与缝高相结合，实现地质方案与工程设计由"垂直式"前后衔接向"融合式"同步推进转变，做到地质方案结合工程设计，工艺设计满足地质需求，保证压裂效果。

（3）培养与保护是实现措施增油量的保障。

措施前，针对不同类型的剩余油采取相应的培养方式，确保措施井层注水能量，同时不断释放挖潜空间。针对注水井吸水差导致的动用程度低的油层，通过细分重组、调剖、酸化等实施培养，挖潜吸水差未动用型剩余油；针对非水驱优势方向动用程度低的油层，通过封堵高水淹层，改变液流方向实施培养，挖潜水驱动用差部位剩余油；针对水驱优势方向，单向或多向水淹动用程度高的油层，通过沿裂缝方向拉水线，向两侧驱油，挖潜原来非主流线上的剩余油。

在注采系统调整井区，通过原注采方向控制注水，新注采方向加强注水实施培养，挖潜高含水层新水驱方向剩余油；在未注采系统调整井区，通过注水井周期停注，低水淹方向压裂引效，改变液流方向实施培养，挖潜高含水层低水淹方向剩余油。之后根据措施效果，采取加强低含水方向注水、停注见水层、换大泵、调参等保护措施，保持油井产液强度，控制含水上升。

按照"一井一工程"做法，龙虎泡油田萨高合采示范区共实施压前培养 66 井次，其中方案调整 48 井次，细分重组 10 井次，措施调整 8 井次。优选 58 口油井实施压裂，措施效果逐年提高。实施保护措施 18 井次，其中方案调整 14 井次，措施调整 4 井次（图 10.15）。

（4）油水井对应调整，合理调整产液结构。

依据油井生产动态，将油井分为未受效井、受效未见水井、受效见水井。分析形成原因，制定相应的油水井对应调整对策（表 10.22）。

龙虎泡油田萨高合采示范区共实施油水井对应调整 94 井次，其中注水井调整 58 井次，注水井调剖 7 井次，油井压裂 9 口井、换泵等措施 12 口井。

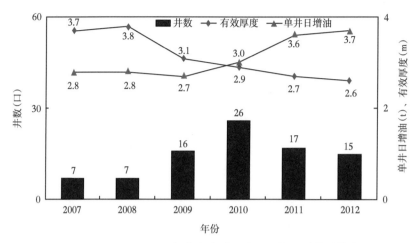

图 10.15   2007—2012 年萨高合采示范区油井压裂效果曲线

表 10.22   龙虎泡油田萨高合采示范区油水井对应调整对策表

分类	原因分析	挖潜对策	具体措施
未受效	新老注水井平面干扰	平衡新老方向 改变液流方向	老方向控水、新方向加强注水、高水淹方向堵水、未受效方向换泵、调参
	储层非均质	增注提液	转注井加强注水、压裂引效
	层间干扰 吸水差	加强差层	细分加强注水、压裂引效
受效未见水		提控结合 油井提液	受效层新方向超前调整/未受效层细分加强注水、油井换泵、调参
受效后见水	新方向注水突破	平衡新老方向 改变液流方向	新方向控制注水、老方向恢复注水、未受效方向压裂引效

10.3   注采结构调整整体效果评价

10.3.1   油水井单项措施经济效益评价

应用措施有效期、措施收益、措施增量投入产出比、措施有效率等指标，评价了油水井措施的经济效益。

10.3.1.1   单项措施评价方法

（1）措施有效期。

措施有效期，是指措施效果持续的时间。反映该项措施对油水井生产的影响，并且直接关系到经济效益。通常认为是从油水井措施时刻 t_1 开始，至产量下降且不再实施措施之前的时刻 t_n 终止（图 10.16）。

（2）措施收益。

措施收益，是指在措施有效期内由措施增加的产量所产生的增量经济效益。它是评价措施经济效益的重要指标。计算公式为：

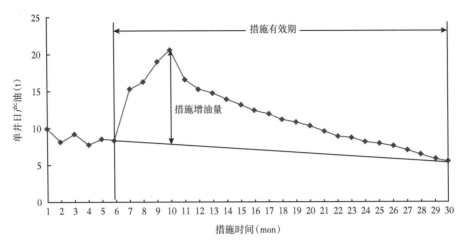

图 10.16　油井措施有效期评价示意图

$$P_r = \sum\nolimits_{t=1}^{n} \left[\Delta q_t \left(P - T_{ax} \right) - \Delta C_t \right] - I \qquad (10.15)$$

$$\Delta C_t = \Delta q_t \left(C_1 + C_2 + C_3 + C_4 \right) + \Delta q_y \left(C_5 + C_6 \right) + \Delta w \times C_7 \qquad (10.16)$$

式中　P_r——措施收益，元；

P——原油价格（不含税），元/t；

Δq_t——月增油量，t；

I——措施直接成本，元；

T_{ax}——吨油税费（教育附加，城建税，资源税，矿场资源补偿费），元/t；

n——措施有效期，月；

ΔC_t——有效期内第 t 月单项措施增量成本，元；

C_1——燃料费，元/t；

C_2——运输作业，元/t；

C_3——厂矿管理费，元/t；

C_4——其他费用，元/t；

C_5——动力费，元/t 液；

C_6——油气处理费，元/t 液；

C_7——注水费用，元/t；

Δq_y——月增液量，t；

Δw——月增注水量，t。

（3）措施增量投入产出比。

措施增量投入产出比，是指措施投入和措施增量的产值比。其中措施投入包含增液量操作成本和措施投资。它也是评价措施经济效益的重要指标。计算公式为：

$$R = \frac{\sum\nolimits_{t=1}^{n} \Delta q_t \left(P - T_{ax} \right)}{1 + \sum\nolimits_{t=1}^{n} \Delta C_t} \qquad (10.17)$$

（4）措施投入回收期。

措施投入回收期，是指措施投入的时间所带来的经济收益。它是评价措施经济回收能力的重要指标。其表达式为：

$$\sum_{t=1}^{P_t} \left[\Delta q_t \left(P - T_{ax} \right) - \Delta C_t \right] = I \qquad (10.18)$$

式中 P_t——投资回收率期1年。

（5）措施有效率。

措施有效率包括地质有效率、经济有效率和最低增油量三项指标。

①措施地质有效率，是指地质有效措施井数占总措施井数的比例[6]。它是评价措施效果的重要指标。计算公式为：

$$\eta_{地质} = \frac{N_{地质}}{N_{总}} \times 100\% \qquad (10.19)$$

式中 $N_{地质}$——措施地质有效井次，井次；

$N_{总}$——措施总井次，井次。

②措施经济有效率，是指经济有效措施井数占总措施井数的比例。它是衡量措施经济效益的重要指标。计算公式为：

$$\eta_{经济} = \frac{N_{经济}}{N_{总}} \times 100\% \qquad (10.20)$$

式中 $N_{经济}$——措施经济有效井次，井次；

$N_{总}$——措施总井次，井次。

③措施最低增油量，是指抵偿措施投入的最低增油量[10]。计算公式为：

$$\Delta q_{lim} = \frac{1 + \sum_{t=1}^{n} \Delta C_t}{P - T_{ax}} \qquad (10.21)$$

式中 Δq_{lim}——措施最低增油量，t。

10.3.1.2 单项措施评价结果

（1）油井措施效果。

截至2012年9月，各示范区的油井措施经济效益评价结果见表10.23。最优经济措施为化学透析和油井补孔，平均单井措施收益分别为101.02万元和22.53万元；最差经济措施为径向钻孔，平均单井措施收益为-1.84万元。

表10.23 油井各项措施经济评价结果表

评价项目	压裂	补孔	换泵	堵水	微生物	化学透析	径向钻孔	热气酸	水力穿透射孔	电热管
单井措施收益（万元）	73.01	101.02	50.08	65.36	6.6	22.53	-1.84	22.14	11.99	3.28
投入产出比	1:3.30	1:4.88	1:5.1	1:5.45	1:3.18	1:4.82	1:0.94	1:4.17	1:2.54	1:2.96
投资回收期（mon）	4.9	1.6	0.6	0.9	9.3	1.2	U	1.5	11.3	2.5
地质有效率（%）	95.4	96.2	69.3	83.7	100	100	100	50	82.7	100
经济有效率（%）	65.3	83.1	66.2	73.9	79.6	100	20.0	49.8	66.9	100

（2）注水井措施效果。

各示范区的注水井措施经济效益评价结果见表10.24。最优经济措施为细分注水，平均单井措施收益为20.17万元；最差经济措施为注水井压裂，平均单井措施收益为－19.79万元。

表 10.24　注水井各项措施经济评价结果表

评价项目	压裂	酸化	补孔	细分	浅调剖	重组	转注
单井措施收益（万元）	－19.79	9.1	18.73	20.17	13.39	29.6	46.58
投入产出比	1:0.89	1:3.48	1:2.93	1:4.46	1:3.28	1:4.73	1:3.42
投资回收期（mon）	U	2.1	1.9	0.8	2.6	0.4	1.6
地质有效率（%）	78.6	75.3	82.9	80.0	83.8	66.7	85.9
经济有效率（%）	32.0	48.7	66.7	62.7	68.2	66.7	72.0

（3）油水井措施效果综合评价。

综上所述，整体评价结果，示范区的油井措施优于注水井措施。对各示范区的增产措施进行评定，给出了各个区块油水井经济效果最优与最差的措施，由此可以指导类似区块的措施优化，以达到最优的生产效果（表10.25）。

表 10.25　长垣外围示范区油水井措施综合评价结果表

示范区	采油井		注水井	
	经济最优措施	经济最差措施	经济最优措施	经济最差措施
升平油田	堵水	水力穿透射孔	浅调剖	压裂/补孔
龙虎泡油田萨高合采区	补孔	压裂	重组	补孔
朝55	堵水	电热管	压裂/浅调	酸化
东18	补孔	微生物	细分	转注
茂11	化学透析	径向钻孔	—	

10.3.2　区块综合经济效益评价

10.3.2.1　区块综合经济效益评价方法

当有两种或两种以上措施的技术指标均达到要求时，应选择具有最高经济效益的措施最先实施。然而，油田通常只考虑措施投入和预计措施增油量这两项指标，实施措施投入少和增油量大的措施。但两个指标还不足以评价经济效益的好坏。因此，从以下5个方面考虑，采用指标 P 进行综合评定，P 值越大，措施效果越好，适合优先采用。评价指标计算公式为：

$$P = a \sum_{i=1}^{k} P_i \qquad (10.22)$$

式中　P——评价指标；

　　　a——权重值；

　　　P_i——各项评价指标取值；

　　　k——项目代码。

根据式（10-22）可知，计算出油田经济评价指标（表10.26）。

表 10.26　油田经济指标优选表

级别	I	II	III	IV	V	权重	项目代码
评价指标（P_i）	0.8	0.6	0.4	0.2	0	a	k
单井措施平均收益（万元）	≥10.5	7~10.5	3.5~7	0~3.5	≤0	0.3	1
措施增量投入产出比	≥2.5	2~2.5	1.5~2	1~1.5	≤1	0.3	2
措施投入回收期（mon）	0~2.5	2.5~5	5~7.5	≥7.5	≤1	0.2	3
地质有效率（%）	0.8~1	0.6~0.8	0.4~0.6	0.2~0.4	0~0.2	0.1	4
经济有效率（%）	0.8~1	0.6~0.8	0.4~0.6	0.2~0.4	0~0.2	0.1	5

10.3.2.2　区块综合经济效益评价结果

截至 2012 年 9 月，5 个示范区措施油水井 635 口，累计增油 14.07×10^4 t，单井措施收益为 30.06 万元，投资回收期为 3.96 个月，地质有效率为 91.3%，经济有效率为 73.6%，总投资 9015.1 万元，总产出 41997.53 万元，投入产出比为 1:4.67，总利润为 19089.57 万元（表 10.27）。

表 10.27　示范区综合评价结果表

示范区	总措施井数（口）	累积增油（10^4t）	单井措施收益（万元）	投资回收期（mon）	地质有效率（%）	经济有效率（%）	总投资（万元）	总产出（万元）	投入产出比	总利润（万元）
升平油田	203	4.57	37.33	2.5	81	66	2249.8	13632.4	1:6.1	7577.8
龙虎泡油田萨高合采区	257	6.96	34.39	1.9	97.5	78	4116.8	20761.8	1:5.0	8840.35
朝55	86	1.03	8.73	7.8	94.1	79.4	1292	3085.8	1:2.4	750.88
东18	43	0.87	25.33	4.2	93.7	62.5	708.5	2608.4	1:3.7	1089.38
茂11	46	0.64	18.06	3.4	90.2	79.3	648.0	1909.13	1:3.0	831.16
合计	635	14.07	30.06	3.96	91.3	73.6	9015.1	41997.53	1:4.67	19089.57

10.3.3　历年油水井措施效果评价

10.3.3.1　油水井措施情况

从 2001 年到 2011 年，油田共实施油水井措施 6476 井次，有效 5260 井次，有效率 81.2%。其中油井 4102 井次，有效 3240 井次，有效率 79.0%；注水井 2374 井次，有效 2020 井次，有效率为 85.1%（表 10.28）。

表 10.28　油田历年油水井措施实施情况统计表　　　　　（单位：井次）

措施项目	井别	采油井			注水井			合计
	油层	萨葡	扶杨	小计	萨葡	扶杨	小计	
压裂	措施井	1839	457	2296	103	56	159	2455
	有效井	1443	390	1833	86	34	120	1953
酸化	措施井	69	602	671	664	359	1023	1694
	有效井	62	585	647	506	259	765	1412

措施项目	井别		采油井			注水井			合计
	油层	萨葡	扶杨	小计	萨葡	扶杨	小计	
补孔	措施井	251	109	360	76	36	112	472
	有效井	198	87	285	74	26	100	385
微生物吞吐	措施井	37	15	52				52
	有效井	21	12	33				33
调剖	措施井				684	396	1080	1080
	有效井				655	380	1035	1035
堵水	措施井	485	238	723				723
	有效井	308	134	442				442
合计	措施井	2681	1421	4102	1527	847	2374	6476
	有效井	2032	1208	3240	1321	699	2020	5260
	有效率(%)	75.8	85	79	86.5	82.5	85.1	81.2

10.3.3.2 评价结果

(1)油井措施效果。

油田历年油井措施前后对比,平均单井日增油1.4t,综合含水下降16.2个百分点,单井累计增油420.5t(表10.29)。其中压裂及补孔措施效果较好,堵水、酸化、微生物吞吐效果次之。

表10.29 油田油井各类措施效果分析表

措施	分油层	措施井数(井次)	有效井数(井次)	措施有效率(%)	措施前			措施后			单井累计增油(t)
					日产液(t)	日产油(t)	含水(%)	日产液(t)	日产油(t)	含水(%)	
压裂	SP	1839	1443	78.5	4.1	1.3	68.8	10.8	3.8	65.3	571.6
	FY	457	390	85.3	2.0	1.7	14.5	5.0	3.9	22.6	706.5
堵水	SP	485	308	63.5	8.8	0.5	94.2	7.2	1.6	77.3	571.8
	FY	238	134	56.3	11.5	0.5	96.1	6.9	1.4	79.3	303.6
补孔	SP	251	198	78.9	2.5	0.8	67.5	6.5	2.8	57.5	849.7
	FY	109	87	79.8	2.3	1.5	36.2	6.9	3.9	43.0	543.5
酸化	SP	69	62	89.9	1.5	1.0	35.0	2.9	1.7	40.2	149.7
	FY	602	585	97.2	1.7	1.3	25.0	3.1	2.2	30.1	214.3
微生物吞吐	SP	37	21	56.8	4.9	1.9	61.0	6.8	2.8	58.0	120.7
	FY	15	12	80.0	1.7	1.4	17.2	2.7	2.3	16.9	173.8
小计	SP	2681	2032	75.8	4.3	1.1	74.9	6.8	2.5	62.8	452.7
	FY	1421	1208	85.0	3.8	1.3	67.3	4.9	2.7	44.4	388.3
合计		4102	3240	79.0	4.1	1.2	71.3	5.9	2.6	55.1	420.5

补孔、压裂整体效果好于其他措施。随着注水开发时间延长,各种措施效果有变差的趋势(表10.30)。

表 10.30 油田各类油井措施单井增油量分析表　　　　　　　　　　（单位：t）

开发时间	补孔		压裂		堵水		酸化		微生物吞吐	
	萨葡	扶杨	萨葡	扶杨	萨葡	扶杨	萨葡	扶杨	萨葡	扶杨
2001 年	881.8	385.5	920.5	1143.8	603.2	260.8	19.5	280.8	75	
2002 年	1305.7	600.0	880.8	610.1	968.0	132.2	212.7	120.5	280	
2003 年	1491.9	1125.0	949.7	654.6	719.8	57.4	57.0	219.4	63	
2004 年	653.2	796.0	723.5	323.5	1550.7	711.9	178.7	123.3	12	
2005 年	87.5	447.3	686.2	1875.5	1307.5	355.7	82.3	422.5	4	
2006 年	358.7	638.1	534.1	789.0	36.6	218.9	127.8	243.1		
2007 年	2399.8	260.5	614.9	554.3	64.5	1.1	666.0	329.8		
2008 年	832.4	96.1	312.6	413.4	394.2	900.4	99.2	155.1	206.0	120.8
2009 年	901.0	543.5	371.0	475.3	417.3	366.4	0.0	246.4	23.0	165.5
2010 年	322.4	385.5	220.4	512.8	145.0	261.6	54.3	158.1	177.0	235.0
2011 年	112.4	600.0	188.9	296.3	82.9	73.2		58.1	247.0	
合计	849.7	1125.0	571.6	706.5	571.8	303.6	149.7	214.3	121	173.8

（2）注水井措施效果。

中低渗透萨葡油层补孔、酸化效果好，而特低渗透扶杨油层压裂、补孔效果好（表10.31）。萨葡油层补孔井措施有效率为97.4%，单井累计增注6157.1m³。酸化井措施有效率为76.2%，单井累计增注2214.1m³。扶杨油层压裂井单井累计增注2188.4m³。

表 10.31 油田历年水井措施效果统计表

措施	油层	措施井数（井次）	有效井次（井次）	措施有效率（%）	措施厚度		单井日注水（m³）		单井累计增注（m³）
					砂岩厚度（m）	有效厚度（m）	措施前	措施后	
补孔	萨葡	76	74	97.4	9.5	2.7	20.7	32.6	6157.1
	扶杨	36	26	72.2	9.3	5.7	13.4	23.2	1672.4
酸化	萨葡	664	506	76.2	9.1	3.9	18.4	30.7	2214.1
	扶杨	359	259	72.1	11.4	8.0	8.4	16.6	1539.7
压裂	萨葡	103	86	83.5	5.9	2.4	10.2	17.0	1408.3
	扶杨	56	34	60.7	11.6	9.0	6.0	20.1	2188.4
小计	萨葡	843	666	85.7	8.2	3.0	16.5	26.7	3259.8
	扶杨	451	319	68.4	10.8	7.6	9.3	20.0	1800.1
合计		1294	985	77.0	9.5	5.3	12.9	23.4	2530.0

近年萨葡油层注水井压裂、补孔、调剖效果变好，而扶杨油层注水井采取压裂、酸化的措施整体较好（表10.32）。

230

表 10.32 油田历年水井效果单井措施增油量统计表 （单位：t）

开发时间	压裂		酸化		补孔		调剖	
	萨葡	扶杨	萨葡	扶杨	萨葡	扶杨	萨葡	扶杨
2001 年	1410.5	2342.3	2458.8	1350.7	1934.5	2603.3	350.7	30.6
2002 年	3262.3		2573.8	2999.5	3535.5		230.2	21.0
2003 年	1571.0		3913.5	1388.4	2596.7		100.8	21.8
2004 年			4324.9	992.0	3717.3		86.1	17.9
2005 年		294.0	788.0	691.1	0.0		66.6	18.8
2006 年		2070.0	1095.5	1266.7	960.0		6.9	13.8
2007 年		1971.7	427.8	784.0	5124.0		43.1	6.5
2008 年			1833.5	1984.0	39298.5	2372.5	41.1	12.3
2009 年			2587.1	2333.7	5491.5	1500.0	28.8	18.5
2010 年	628.2	5370.7	3255.7	2061.3	2489.6	1463.3	33.8	52.4
2011 年	1577.9	1654.3	1096.8	1085.0	2580.0	422.8	125.4	17.7
合计	1408.3	2188.4	2214.1	1539.7	6157.1	1672.4	101.2	21.0

参 考 文 献

［1］ 巢华庆．大庆低渗透油田开发技术与实践 ［J］．大庆石油地质与开发，2000（05）：1-3+67.

［2］ 穆剑东．大庆低渗透油田注水开发调整技术研究 ［D］．成都：西南石油大学，2005.

［3］ 钟德康．注采比变化规律及矿场应用 ［J］．石油勘探与开发，1997（06）：65-69，118.

［4］ 郑俊德，姜洪福，冯效树．萨中地区合理注采比研究 ［J］．油气地质与采收率，2001（02）：55-57，2-1.

［5］ 张玉林．大庆西部外围特低渗透油田开发技术研究 ［D］．大庆：大庆石油学院，2002.

［6］ 周锡生．大庆外围已开发油田综合调整对策及部署研究 ［D］．成都：西南石油大学，2006.

11 低渗透稀油油藏蒸汽采油技术

蒸汽采油作为热采技术之一，是一项成熟的稠油开采技术，拥有从室内到现场配套的研究、设计、评价方法，国外一些油田针对渗透率、黏度均相对较低的油藏进行过注蒸汽开采原油的矿场试验。1973年美国克恩河油田进行了蒸汽驱矿场试验，油层深度260m，平均厚度48.8m，油层渗透率140mD，孔隙度20.5%，油层温度下（41℃）原油黏度6mPa·s，16℃下密度为0.855g/cm³，注蒸汽后试验区原油产量增加，五年内累计产油36700m³，油汽比大于0.25。我国蒸汽采油技术主要应用于稠油油藏的开采。2005年大庆油田在朝阳沟油田开展了低渗透高黏稀油油藏注蒸汽的室内实验和现场试验工作。通过黏土膨胀和隔热等室内实验，明确了稀油油藏蒸汽驱可行性；确定了稀油油藏蒸汽驱油油藏界限，优化设计了稀油油藏蒸汽驱油试验方案。现场试验表明，蒸汽吞吐和蒸汽驱明显好于与水驱开发效果。

11.1 蒸汽采油机理及可行性实验

朝阳沟油田属于低渗—特低渗透油藏。根据储层物性、流度和裂缝发育程度，将已投产区块划分为三类[1-2]。一类区块地质储量为3551×10⁴t，基质渗透率大于15mD，原油流度大于1.0mD/（mPa·s），原始含油饱和度为59%，裂缝较发育；二类区块地质储量为6851×10⁴t，原始含油饱和度为54%，基质渗透率为5.0~12.6mD，原油流度为0.5~1mD/（mPa·s），局部发育裂缝；三类区块地质储量为6082×10⁴t，裂缝不发育，油层埋藏深，基质渗透率为2.6~5.0mD，原始含油饱和度只有52%，原油流度小于0.5mD/（mPa·s）（表11.1）[3]。

表 11.1 朝阳沟油田区块分类表

分类	地质储量（10⁴t）	油层中深（m）	有效厚度（m）	空气渗透率（mD）	有效孔隙度（%）	含油饱和度（%）	流度[mD/（mPa·s）]	地层原油黏度（mPa·s）
一类区块	3551	900~1000	9.0~12.0	15.4~22.5	17~19.3	58~59	>1	8.5
二类区块	6851	1000~1100	8.0~9.5	5~12.6	15~19.3	51~58	0.5~1	10.4
三类区块	6082	1100~1200	8.0~12.0	2.6~5	14.8~16	51~54	<0.5	12.6

一类区块储层物性、流体性质相对较好，开发效果明显好于二类和三类区块。二类和三类区块储量规模大，占全油田总储量的78.5%。由于原油黏度高、流度低，开发效果较差，影响了油田整体开发效果。虽然实施了提高注水压力、高注采比注水、重复压裂以及化学清防蜡等技术措施，但效果不明显。为探索通过改变注入介质来改善流体流动性质、降低油层内部原油渗流阻力、提高原油渗流能力的新技术、新方法，开展了蒸汽驱油技术可行性研究与现场试验。

朝阳沟油田二类区块渗透率平均为 9.9mD，孔隙度为 15.0%~19.3%。在渗透率如此低的油藏进行蒸汽驱油试验，没有查到相关报道。针对油层黏土含量高、渗透率低、油层厚度相对较薄、油层埋藏较深和常规套管完井特点，开展了室内研究、评价和论证。首先，通过室内储层导热性、原油对温度的敏感性和提高采收率作用效果等室内可行性评价，认为油层还具有储层导热性较好、原油对温度的敏感性较强、析蜡温度较高等蒸汽驱油的有利条件。其次，应用数值模拟技术优选了注采参数和配套技术研究，优化了油层组合，论证了注汽过程中采取隔热管柱、注氮隔热技术可以有效减少热量损失和保护套管，并针对朝阳沟油田的地层条件优选了防止黏土膨胀的预处理防膨剂配方。

根据室内研究成果，编制了现场试验方案，以及针对各种可能出现的安全问题所采取的安全预案。2006—2008 年共对二类区块 3 口井实施了蒸汽驱油试验，取得了增油 1.81×10^4t，增产油汽比 0.27 的较好效果。

11.1.1　蒸汽驱油主要机理

综合分析国内外研究成果，稀油油藏注蒸汽的开采机理，与常规的稠油注蒸汽的开采机理有所不同。常规稠油注蒸汽热采的机理主要为原油热降黏作用、热膨胀作用、蒸汽的蒸馏作用、混相驱作用等，而稀油油藏由于原油黏度较低，原油中蒸馏馏分较高，注蒸汽开发的机理主要表现为蒸汽的蒸馏作用，其次才是热降黏作用和其他开采机理的作用[4-5]（图 11.1）。

D. N. Meehan 等在单管模型上模拟的稀油油藏蒸汽驱实验表明：蒸汽驱可以采出大部分剩余油[6]。Chu 利用数值模拟方法对稀油油藏蒸汽驱效果进行了综合研究，表明对 30°API（60%可蒸馏）的原油来说，蒸汽蒸馏作用占 37%；原油黏度降低作用占 12%[7]。

驱油机理研究认为，在蒸汽驱过程中，由于在蒸汽存在的情况下，轻质碳氢化合物的汽化分压力降低而更容易蒸馏汽化出来，蒸馏出的轻馏分凝结在蒸汽带前

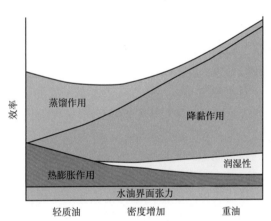

图 11.1　热流体替代冷水时不同驱油机理的作用

缘，形成与原油混合的溶剂混相带，并被蒸汽推向前进，不断再蒸馏，再捕集残余油，使残余油饱和度降到比重质油层蒸汽驱或轻质油层普通水驱低很多的程度。此外，稀油油藏蒸汽驱也有加热降黏、原油热膨胀及蒸汽汽相的汽驱作用[5]。

11.1.1.1　蒸馏机理

蒸汽的蒸馏作用是蒸汽驱开采原油的作用机理之一。在油层形成的蒸汽带中，原油受高温作用部分汽化，蒸馏出的轻质组分和蒸汽的混合物向前推进，遇到温度较低的油层岩石时油和水的蒸汽凝结成液体，形成热水和蒸馏混合带。随着蒸汽的连续注入，总烃含量开始回升甚至超出原来的水平，而非烃和沥青质含量明显减少（图 11.2）。

国内外研究结果[4, 6-11]认为：（1）原油的组分控制着其蒸汽蒸馏量，蒸汽蒸馏量与其°API 和黏度有直接关系。原油中的轻质组分越多，黏度越低，蒸汽蒸馏量越高；（2）蒸汽蒸馏量与多孔介质、初始含油体积及注入速度无关。

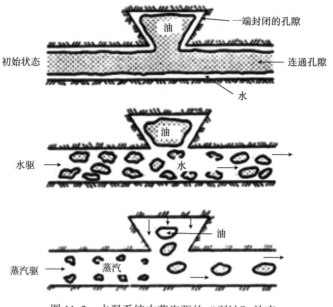

图 11.2　水湿系统中蒸汽驱的"剥蚀"效应

总之，蒸汽蒸馏作用是稀油油藏注蒸汽开采的主要机理之一，原油相对密度越小，黏度越低，原油中的轻质组分含量越高，蒸馏作用就越显著。Willman 等人估算，对不同的油藏，在温度达到 270℃ 时，蒸馏机理的采收率达 5%~19%[12]，S M, Farouq Ali 和 R F, Meldau 估算，蒸汽蒸馏作用占整个稠油蒸汽驱采收率的 5%~10%[13]。

对于稠油而言，其蒸汽蒸馏率一般小于 15%，对于稀油油藏，其蒸汽蒸馏率一般大于20%。由实验结果可以看出，随着温度的提高，蒸馏率进一步提高，在 300℃ 时蒸馏率为26%。如果考虑蒸汽蒸馏率，初步估计为 30% 以上。蒸馏出的大量轻质组分有利于降低汽驱的残余油饱和度，提高驱油效率。

11.1.1.2　热膨胀机理

热膨胀作用是蒸汽驱开采原油的主要机理之一。在蒸汽进入砂岩孔隙后，原油受热膨胀，把水驱阶段残留在死角和死通道毛细孔道里的一部分非烃和沥青质驱出，并剥离岩石表面的油膜及孔隙死角的油滴，进入流动孔道汇集成可动油，使汽驱初期总烃含量升高，动力黏度上升。

11.1.1.3　降黏机理

高温蒸汽可以显著降低原油黏度，提高采油速度。原油黏度从 60℃ 的 32.87 mPa·s 降到 200℃ 的 2.12 mPa·s，这相当于原油黏度不变时地层渗透率提高近 20 倍；原油黏度的降低，改变了油水流度比，使油水的渗流向有利于采油的方向发生改变，进一步提高了驱替流体的波及系数。同时，由于高温作用凝析出的轻质馏分对地层原油的稀释作用和地层原油溶解气量的增多，也起到了一定的降黏作用。

11.1.2　室内实验可行性评价

11.1.2.1　油层导热能力

朝阳沟油田朝 44 井的岩石热参数实验测定结果表明（表 11.2），油层导热系数大于上覆岩层和夹层，而油层热容量小于上覆岩层和夹层。这说明油层的传热能力强，油层易于加热，且上覆岩层和夹层的热能损失相对较小；同时加热油层所需热量相对较少，在相同的蒸汽温度下，油层升温快，这有利于加热原油使之降黏。可见油层、上覆岩层和夹层的导热性特点有利于注蒸汽开采。

表 11.2　岩样、油样热参数测定结果表

井号	部位	导热系数 ［W/（m·℃）］	比热容 ［J/（g·℃）］	密度 （g/cm³）	热扩散系数 （m²/h）	热容量 ［kcal/（m³·℃）］
朝44	上覆	1.809	0.918	2.4073	0.00294	528.68
	夹层	1.998	0.881	2.4105	0.00338	508.05
	油层	2.028	0.865	2.1862	0.00335	452.41

11.1.2.2　原油对温度敏感性

朝阳沟油田二类区块原油的析蜡温度为 49～52℃。从朝 44 区块原油黏温曲线看出（图 11.3），当油层温度降至 45℃后，原油黏度急剧增加，原油在油层中的流动阻力迅速增大。

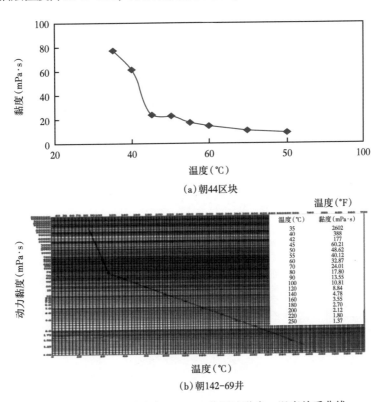

(a) 朝44区块

(b) 朝142-69井

图 11.3　朝 44 区块和朝 142-69 井原油黏度—温度关系曲线

从朝 142-69 井原油黏度—温度关系曲线测定结果看，随着温度的变化，原油黏度变化较大。当温度由 35℃上升到 50℃时，黏度由 2602mPa·s 降低到 48.62mPa·s，下降了 53.5 倍；温度上升到 100℃时，黏度可降到 10.81mPa·s，降低了 240.7 倍（表 11.3）。可见原油对温度敏感性强，升温的结果改善了原油在油层中的流动性，蒸汽采油有利于降低原油黏度，改善区块开发效果。

表 11.3　朝 142-69 井原油黏度—温度关系

性质	非牛顿流体							牛顿流体					
温度	35	35	40	40	42	45	45	50	55	100	200	220	250
剪切速率（L/s）	5	10	10	20	50	50	100	100	100	200	400		
黏度（mPa·s）	4767	2602	473	366	177	92.56	60.21	48.62	40.12	10.81	2.12	1.8	1.37

11.1.2.3　岩心驱油效率

选取岩心长 7.0cm，直径为 2.5cm，孔隙度为 18.05%，水相渗透率为 7.05mD，开展室内驱油效率实验。结果表明，在相同温度条件下，随着注入孔隙体积倍数的增加，驱油效率增大；在相同注入孔隙体积倍数下，随温度的升高，残余油饱和度降低，驱油效率增大。当注入孔隙体积倍数为 1PV 时，温度从 55℃ 升高至 200℃，残余油饱和度降低了 34.1%，驱油效率提高 50.4%（图 11.4、表 11.4）。分析认为，主要是温度升高，原油黏度降低，岩石的润湿性发生改变。

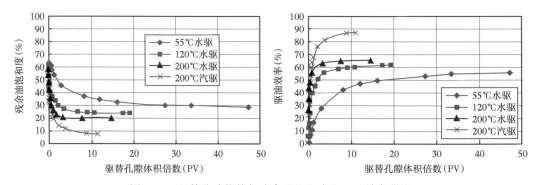

图 11.4　驱替孔隙倍数与残余油饱和度和驱油效率曲线

表 11.4　朝 44 区块扶余油层驱油实验结果

注入孔隙体积倍数（PV）	55℃水驱		120℃水驱		200℃水驱		200℃蒸汽驱	
	驱油效率（%）	残余油饱和度（%）	驱油效率（%）	残余油饱和度（%）	驱油效率（%）	残余油饱和度（%）	驱油效率（%）	残余油饱和度（%）
0	0	63.5	0	59.8	0	57	0	57.5
0.25	3.3	61.4	14.3	51.2	19.9	45.7	21.7	45
0.5	7.9	58.5	28.7	42.6	39.9	34.3	43.5	32.5
0.75	11.4	56.3	39.7	36.1	54.5	25.9	60	23
1	14	54.6	42.9	34.1	57.1	24.5	64.4	20.5
2	22.6	49.1	51.3	29.1	61.3	22.1	75.6	14
3	28.4	45.5	54.5	27.2	63	21.1	79.9	11.6
5	36.1	40.6	57.6	25.4	64.4	20.3	83.8	9.3
50	56.2	27.8	62.1	22.7	66.3	19.2	89.5	6

236

11.1.2.4 相对渗透率

根据选取的岩心、油样和水样，分别测得了 55℃、120℃、200℃时的油水相对渗透率曲线和 200℃时油气相对渗透率曲线（图 11.5）。从测定结果看，随着温度的升高，含水饱和度由 72.1% 增大到 81.1%，残余油饱和度由 27.9% 下降到 18.9%。分析认为，随着温度升高，岩心的束缚水饱和度增大，岩石表面亲水性增加，亲油性降低；温度升高，水驱岩心的残余油饱和度降低，在同一含水饱和度下，油相渗透率明显增大，油相的流度和油水流度比增加，水驱最终采收率随之提高。

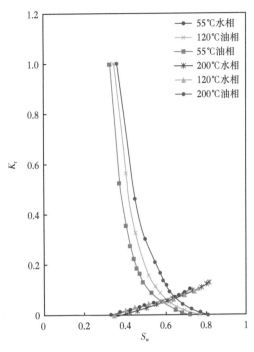

图 11.5 不同温度条件下油水相对渗透率曲线

11.1.3 配套工艺实验研究

为了提高蒸汽驱油效果，在地层预处理和注汽工艺配套技术方面进行了研究。针对朝阳沟油田黏土含量高的特点，通过室内实验优选了防膨剂。同时，为减少注汽过程井筒内的热损失，提高井底蒸汽干度，模拟优化了"隔热管柱、油套环形空间注氮"的隔热技术。

11.1.3.1 地层预处理防止黏土膨胀

朝阳沟油田扶杨油层蒙脱石含量较高，遇高温、低矿化度的注入蒸汽后，很容易出现黏土膨胀，对油层产生伤害。为了保护油层，提高蒸汽驱油效果，进行了黏土防膨剂配方的优选。

(1) 储层敏感因素分析。

朝阳沟油田扶杨油层为一套不等粒混杂碎屑硬砂质长石砂岩，空气渗透率低。朝 142 -69 井区扶杨油层黏土矿物组成中蒙脱石—绿泥石混合层占 73.0%，伊利石占 17.7%，高岭石为 5.0%。

蒙脱石—绿泥石混合层：是由蒙脱石转化而来的，以薄膜形式贴附在碎屑颗粒表面，具有蒙脱石和绿泥石的特性，对水有极强的敏感性，遇水膨胀，进一步水化后便松散、脱落。在外来流体作用下发生运移，堵塞渗流孔道，致使油层遭到损害。

高岭石：在砂岩孔隙中呈完整的假六边形片状的自形晶体，常呈书页状、蠕虫状。由于高岭石集合体对碎屑颗粒的附着力很差，集合体内各晶片之间的结合力很弱，在注水开发过程中，在高速流体的剪切应力作用下，能使高岭石集合体从碎屑颗粒底座上脱落，容易造成孔隙喉道的堵塞。

伊利石：呈纤维状、毛发状、条片状在孔隙中交错分布，在外来流体的高速剪切、冲击下，易破碎脱落，堵塞喉道。

以上三种黏土矿物遇水后，在水中易解离、扩散可交换阳离子，形成扩散双电层，使表面带负电，使晶层之间互相排斥，产生黏土膨胀、分散运移，堵塞地层，降低油层的渗透率。

（2）防膨剂作用原理。

防膨剂在水中溶解、解离，可以在黏土矿物表面形成多点吸附层，中和黏土表面的负电性，抑制扩散双电层的形成，减少黏土水化、膨胀的趋势。同时还可通过静电吸力和氢键将黏土微粒桥连起来，抑制黏土矿物晶层之间的互相排斥，减少黏土的分散运移，从而达到保护地层孔隙不受伤害的目的。

（3）防膨剂配方优选。

首先对20多种常见的不同种类黏土防膨剂进行初选，初选条件包括货源是否广泛，成本在3万元/t以内，有无毒性，是否易燃等。其次，对初步选出的防膨剂按标准在室内进行配伍、分散、防膨三个方面的实验。

①配伍性实验。

将各种防膨剂用朝阳沟油田注入水配制成浓度为1%的溶液，观察与注入水的配伍性。从实验结果中看，LH防膨剂与注入水配伍性较差，其他防膨剂与注入水的配伍性良好（表11.5）。

表11.5　配伍性实验结果

样品	SD1-3	NW3-7	LH	GNW-4	CYF-2	P216
浓度（1%）	1	1	1	1	1	1
配伍性	基本稳定	基本稳定	溶液稍有混浊	基本稳定	基本稳定	基本稳定

②分散性实验。

在实验温度为150℃条件下，对初步选出的防膨剂进行了不同浓度的分散实验。通过计算分散实验的回收率，确定防膨剂种类及最佳浓度点，其结果见表11.6。

表11.6　防膨剂在150℃温度下分散性实验

样品	浓度（%）	回收率（%）	备　　注
GNW-4	0.6	93.1	最佳浓度点为2%
	1	93.8	
	2	94.9	
	3	94.8	
	5	92.2	
LH	0.6	91.0	最佳浓度点为1%~2%，溶液中及岩屑上有白色絮状沉淀
	1	95.7	
	2	95.1	
	3	94.1	
	5	89.4	
CYF-2	0.8	96.8	最佳浓度点为3%，1.2%时的回收率即高于其他防膨剂
	1.2	97.3	
	2	97.9	
	3	98.1	
	5	97.8	

样品	浓度（%）	回收率（%）	备 注
P216	0.6	74.6	最佳浓度点为2%
	1	76.6	
	2	77.4	
	3	72.7	
	5	72.9	
NW3-7	0.6	86.8	最佳浓度点为6%
	1	86.9	
	2	86.6	
	3	90.7	
	5	92.9	
	6	94.2	
	8	93.1	
SD1-3	0.6	88.5	最佳浓度点为6%
	1	89.6	
	2	90.7	
	3	92.5	
	5	93.5	
	6	93.7	
	8	93.0	
清水	—	73.5	—

实验表明，在150℃高温条件下，清水空白的回收率为73.5%，说明清水对天然岩屑的分散破碎较大；GNW-4与LH防分散效果较好，在浓度为2%时，回收率为95%，而后随浓度的增大，回收率降低，但LH与注入水配伍性不好，150℃条件下对岩屑有吸附作用，有白色絮状沉淀产生，溶液产生混浊，有可能对岩石孔隙造成伤害；而CYF-2（复配）的回收率值最高，浓度在1.2%~3%之间时回收率即达到97%以上，高于其他防膨剂。

在此实验的基础上，进一步优选配方，进行了200℃、250℃、270℃和300℃四种温度条件下的分散实验。在温度为300℃的条件下，CYF-2的回收率也高于其他防膨剂（图11.6）。

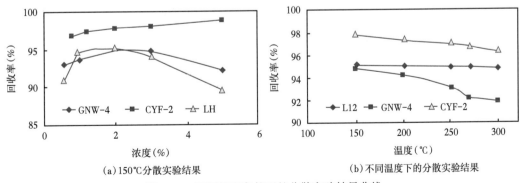

(a) 150℃分散实验结果　　　　　(b) 不同温度下的分散实验结果

图11.6　不同温度条件下的分散实验结果曲线

由上述不同温度下的分散实验结果可知，在150℃到300℃之间，CYF-2的回收率最高，2%浓度时回收率在96%以上。

③防膨实验。

对上述三种防膨剂进行膨胀实验，观察其导致天然岩屑膨胀的情况。以清水作空白样进行对比，实验表明，CYF-2（复配）防膨剂的膨胀量最小，膨胀高度为0.25mm，膨胀率仅为4.31%，防膨效果较好（表11.7、图11.7）。

表11.7　不同防膨剂防膨效果对比表

种类	浓度	膨胀前岩心高度（mm）	膨胀高度（mm）	线形膨胀率（%）	备注
清水	—	5.8	0.70	12.07	
CYF-2	2%	5.8	0.25	4.31	最佳
LH	2%	5.8	0.26	4.48	
GNW-4	2%	5.8	0.40	6.89	

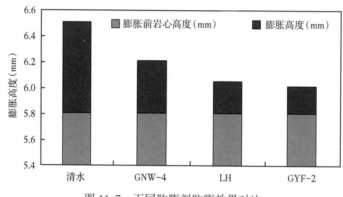

图11.7　不同防膨剂防膨效果对比

④岩心实验。

为更准确地评价防膨剂的性能，又进行了岩心伤害实验。取朝44井柱塞形岩心（25mm×25mm），洗油、烘干，测岩心气体渗透率，并将岩心抽空，饱和标准盐水，测其岩心孔隙体积后备用。注15PV标准盐水后测渗透率（K_e），再注入15PV的3%防膨剂溶液，流量控制在小于临界流速（0.5mL/min）值以内。停止4h后，测其稳定状态下的渗透率K_1值。以注入水作空白样。

从实验结果看（表11.8、图11.8），注防膨剂后压力上升0.01MPa（14.2%），伤害率为11.12%，注入水后压力上升0.04MPa（57.1%），伤害率为36.36%，以上数据说明CYF-2防膨剂对朝44区块的岩心伤害程度远低于注入水。

表11.8　岩心实验结果表

序号	孔隙体积（mL）	渗透率（mD）	渗透率（mD）	伤害率（%）
挤注防膨剂	2.55	2.545	2.262	11.12
注入水空白	2.53	2.885	1.836	36.36

注：实验温度60℃，注入流速0.5mL/min，以上数据均为三块岩心平均值。

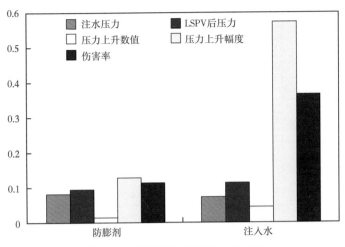

图 11.8　防膨剂岩心实验结果对比

综合上述实验结果分析，CYF-2防膨剂与注入水的配伍性好、回收率高、膨胀率低；同时，其使用浓度较低，经济合理，可以作为油田蒸汽驱油前地层预处理防膨剂。

根据研究结果，对注入井进行了黏土防膨地层预处理，从三年来的现场注入情况看，注汽压力稳定，说明黏土防膨地层预处理达到设计要求。

11.1.3.2　注汽隔热

蒸汽驱油主要是将高温高干度蒸汽通过注汽管柱注入井底，把热量带入地层，降低原油黏度，提高原油流动能力。因此，应尽量减少井筒中的热量损失，保证井底注汽干度，提高蒸汽驱油效果。朝阳沟油田油层埋藏深，渗透率低，采油井为常规完井，这些不利因素都对蒸汽驱油开采带来很大的难度，需要解决的主要注汽工艺问题是如何减少井筒热损失，提高注入蒸汽的热利用率，提高注入蒸汽的质量，以及如何保护套管不发生变形，保证注蒸汽后采油井的正常生产。为此，利用井筒温度模拟软件 Wellbore Temperature Simulation Packet（WTSP），对深度1300m的油层，在封隔器条件下，模拟计算了油管注汽与使用隔热油管注汽、注氮气隔热与不注氮气条件下的井底注入参数，优化了注汽过程中的隔热配套技术，即隔热管柱和环空注氮隔热技术。

（1）采用隔热管柱，可以减少热损失。

通过对普通管柱与隔热管柱注汽效果对比（表11.9），在注汽速度120t/d条件下，蒸汽干度由0%提高到42.7%，热损失由30.5%降低到14.3%，普通管柱比隔热管柱热损失大1倍多，即隔热管柱提高了井底干度，减少了热损失。因此，在蒸汽驱油注汽时，为减少井筒热损失，采用高效隔热管柱。此外，使用隔热管柱，还能使套管保持较低温度，减少套管和水泥护层上的热应力，预防由热应力造成的套管断裂。

（2）采用油套环空注氮气隔热，可以提高井底干度，保护套管。

在采用了高效隔热注汽管柱、防热变伸缩管的基础上，为了降低热蒸汽对原套管管柱的影响，减少热损失，提高井底干度，对环空隔热介质和方式进行了研究。在相同注汽条件下，分别计算环空介质为水、甲烷、空气、氮气四种情况下的注汽效果，结果表明（图11.9），环空介质为氮气或空气时的套管温度沿程相差不大，环空介质为水时，套管温度最高。

表 11.9　普通油管与隔热管柱注汽效果对比表

分类	注汽速度 （t/d）	压力 （MPa）	温度 （℃）	干度 （%）	热损失 （%）
隔热 油管	24	23.0	202.5	0.0	59.3
	48	20.4	317.5	0.0	35.7
	72	18.5	359.8	9.0	24.2
	96	17.3	354.4	30.7	18.0
	120	16.3	349.3	42.7	14.3
普通 油管	24	25.0	87.9	0.0	81.9
	48	23.0	192.4	0.0	62.4
	72	21.3	279.5	0.0	48.4
	96	19.9	323.3	0.0	37.7
	120	18.5	348.8	0.0	30.5

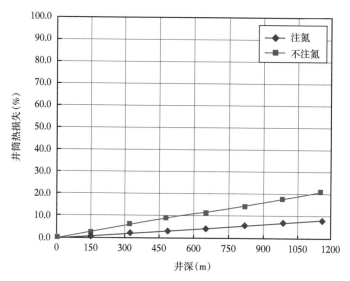

图 11.9　不同环空介质条件下注汽效果

　　同时，应用数值模拟技术对比环空介质分别为氮气和空气时，井下干度变化和热损失情况（表 11.10、图 11.10）。模拟结果表明，环空注氮后井筒热损失、井底干度、井底温度以及套管温度等指标都比不注氮好，环空介质为氮气时的井筒热损失较小，干度较高（图 11.11）。因此，采用"环空注氮气隔热"可以减少热损失，有利于提高井底干度，保护油井套管。

表 11.10　注氮与不注氮隔热效果综合对比

环空隔热方式	井筒热损失 （%）	井底干度 （%）	井底温度 （℃）	套管温度 （℃）
充氮气	7.7	58.7	359.8	125
低压空气	21.0	42.1	330.8	149

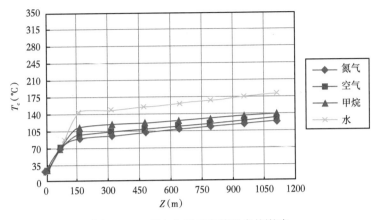

图 11.10 环空介质对套管温度的影响

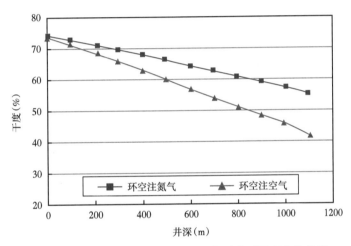

图 11.11 环空介质分别为氮气和空气时井下干度变化曲线

通过隔热技术研究，现场采用高温真空隔热油管结合油套环形空间注氮气隔热技术，有效地减少了注入蒸汽的热损失。

11.2 蒸汽驱油试验区概况

11.2.1 开发区块概况

朝 119-52 先导试验区位于朝 601 区块，该区块含油面积为 4.8km²，地质储量为 335×10⁴t，初期采用反九点面积井网布井，目前共有油水井 99 口，其中采油井 66 口，开井 59 口，注水井 33 口，开井 23 口，水驱控制程度为 71.3%。1989 年 9 月投产，初期单井日产油 3.9t。1990 年 7 月转入注水开发，转注前单井日产油降至 1.7t。1991 年 4 月采油井开始受效，1992—1993 年达到受效高峰，受效高峰日产油量为 2.7t。目前该区日产油 69.8t，平均单井日产油 1.1t（总井平均只有 1.0t），采油速度为 0.69%，采出程度为 14.80%，综合含水为 26.8%，日注水 382m³，平均单井日注水 17m³，注水压力为 14.5MPa，月注采比为

2.81，累积注采比为 2.18。原始地层压力为 8.4MPa，目前地层压力为 6.87MPa。

11.2.1.1 构造特征

朝 601 区块位于朝阳沟油田翼部地区，为一被断层复杂化的断块构造。构造内断层发育，断层密度为 0.42 条/km^2，断层以近南北走向为主，延伸长度一般在 0.9~3.3km，断距为 8.5~55.0m；受断层影响，区块被分割成若干个面积 0.3~3.6km^2 的单斜或断背斜，区块北部断层较多，断块面积一般在 0.45~6.3km^2；区块总体上北部高、南部低；扶余油层顶平均海拔为-782.0m，最高点海拔为-704.5m，平均油层中深为 1058.7m。

11.2.1.2 沉积特征

本区扶余油层沉积环境为河流相沉积，岩石成分为不等粒混杂型碎屑砂岩，粒度中值为 0.097~0.118mm，碎屑中石英占 30.0%，长石占 34.0%，岩屑占 25.0%。砂岩以泥质胶结为主，泥质含量为 12.91%~16.25%。

通过区块油藏精细研究，本区扶余油层划分为 41 个沉积单元，发育砂体的共 38 个沉积单元。根据各单元测井相模式及岩石特性分析，识别出以下几种沉积类型。

应用精细储层描述技术，在沉积背景研究的基础上，以开发井资料为基础，根据"相控旋回等时"的原则，进行单砂体等时对比，将区块扶余油层细分为 41 个沉积单元；根据"岩电对应"原则建立的朝阳沟油田统一测井相模式，结合平面相组合特征和动态反映，进行微相识别划分，平面上划分出主河道砂、废弃河道砂、分流河道砂、决口河道砂、决口扇、天然堤、河漫滩、河间淤泥、湖沼相砂等 9 种沉积微相。识别出辫状河道砂体、低弯曲分流河道砂体、网状分流河道砂体、顺直分流河道砂体、三角洲枝状分流河道砂体、湖沼相砂体等 6 种沉积模式。其中区块一、二类主力油层砂体以辫状河道、低弯曲分流河道及网状分流河道砂体沉积为主。

区块 F II$_1$ 单元属于辫状河道沉积，河道砂体全区分布，宽度一般在 1000m 以上，沉积厚度为 2~6m，宽/厚比一般大于 250。河流边界较平直，砂体内部连续性好，仅在边部见有少量废弃河道及溢岸砂体沉积。主体带垂向加积，块状韵律为主，正韵律为辅，渗透率的垂向变化相对均匀，边部厚度薄仅 1~2m，渗透性相对变差。

区块 F I6$_2$、F I7$_1$ 单元属于低弯曲分流河道砂体沉积，砂体规模较大，宽度一般为 500~1000 m，厚度为 2~5 m，宽厚比一般为 150~250，弯度（波长/振幅）为 1.3~1.5，弯曲段侧积，顺直段垂积，以正韵律为主。平面上，河道呈低弯度带状摆动，分流间发育决口和溢岸沉积。剖面上，为不对称透镜状，河流下切处沉积厚度大。

区块 F I7$_2$、F II$_3$ 单元属于网状分流河道砂体沉积，以垂积、填积为主，侧积为辅。砂体宽度一般为 300~500 m，厚度为 1~4m，宽厚比一般为 60~150，平面上，河道砂体呈分叉—合并的网状分流形式，弯曲段及顺直段并存，河道间距离很大，分流间存在着厚度较薄的不稳定砂体，一部分因物性较差未被解释为储层。剖面上，为透镜状，正韵律沉积。

区块顺直分流河道沉积主要包括 F I3$_1$—F I6$_1$、F II4$_1$—F II5$_3$ 等沉积单元，单砂宽度一般小于 300m，厚度为 1~4 m，只是在局部合并处宽度可达到 500m 以上，宽/厚比小于 60~100。平面上形态为顺直—微弯的鞋带状，或断续的豆荚状。剖面上呈顶平下凸的透镜状。以垂向充填为主，只在较厚的主体段显示块状均匀层特征，其余段渗透率垂向演变以正渐变为主。

区块 F I2$_1$、F I2$_2$ 单元属于三角洲枝状分流河道沉积，砂体宽度十分窄小，小于 300m，

244

呈多条河道向湖内延伸的形态,砂体厚度一般为 1~4m。渗透率分布与厚度和微相分布具有较好的一致性,表现为明显的条带性和方向性,厚度较大的部位也是渗透率较高的部位。

区块湖沼相沉积主要是 $FI1_1$—$FI1_5$、$FⅢ1_1$—$FⅢ5_6$ 等沉积单元,砂体分布以小于 1m 薄层为主,零散分布面积一般为 1~3 口井,很少数为大于 5 口井面积的薄层席状砂。

11.2.1.3 储层裂缝发育情况

(1)天然裂缝发育情况。

朝 601 区块位于朝阳沟背斜向大榆树鼻状构造过渡的部位,北部与朝 45 区块相邻,南部与大榆树地区相邻,井排方向与东西向夹角为 27.5°。

朝 45 区块通过岩心观察描述、地层倾角测试、地面电位测井及脉冲试井、现代测井解释、注示踪剂、同位素测井等多种方法研究,认为区块裂缝主要发育方向为近东西向,即北东 85°。

朝 44 区块南部的朝 184-56 井岩心古地磁测试裂缝走向为 52°~81°,倾角测井解释裂缝走向为 210°~290°。裂缝方向以近东西向为主(表 11.11)。

表 11.11　朝 184-56 井裂缝测试解释结果表

层位	古地磁测试		地层倾角测井解释			
	深度(m)	裂缝方位(°)	井段(m)	厚度(m)	裂缝性质	裂缝方位(°)
扶Ⅰ2	669	54	675.0~676.0	1.0	高角度裂缝	240
	674	81				
	679	52				
扶Ⅱ2			770.0~772.0	2.0	高角度裂缝	210
扶Ⅱ3			777.0~779.0	2.0	高角度裂缝	290
平均		62.3(242.3)				247(67)

(2)人工压裂裂缝方位。

该区块朝 148-68 井应用人工压裂裂缝实时监测技术,对压裂的人工裂缝方位进行了监测。结果表明,$FⅡ1$ 层和 $FI5_2$ 层人工压裂裂缝方位分别为北西 72.3°、74.5°,$FI4$ 层人工压裂裂缝方位为北东 79.5°。人工压裂裂缝方位为北东 79.5°~107.7°,平均为 97.5°。即该区人工压裂裂缝方位为近东西向(表 11.12)。

表 11.12　朝 148-68 井人工压裂裂缝方位测试结果表

序号	层位	井深(m)	裂缝方位(°)
1	$FⅡ1$	1059.5	-72.3
2	$FI5_2$	1000.0	-74.5
3	$FI4$	988.8	79.5

因此,根据裂缝监测结果、生产动态和人工压裂裂缝监测结果,该区块天然裂缝为近东西向,人工压裂裂缝与天然裂缝方向一致,为近东西向,即与井排方向夹角为 22.5°(图 11.12)。

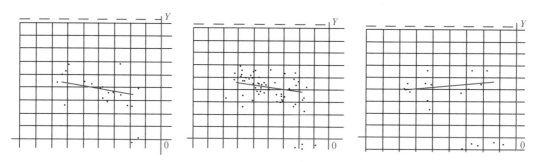

图 11.12 朝 148-68 井 FⅢ1 层、FⅠ5$_2$、和 FⅠ4 层人工压裂裂缝方位图

11.2.1.4 流体特征

（1）地面原油性质。

统计本区 45 口井原油物性分析资料，地面原油黏度为 18.3～96.5mPa·s，平均为 34.2mPa·s，地面原油密度为 0.8415～0.8716t/m^3，平均为 0.8599t/m^3，凝固点为 30.0～34.0℃，平均为 31.4℃，含蜡量为 15.9%～25.9%，平均为 22.4%，含胶量为 11.3%～18.1%，平均为 13.9%（表 11.13）。

表 11.13 朝 44—朝 601 区块地面原油性质表

井数（口）	黏度（mPa·s）	密度（t/m^3）	含蜡（%）	含胶（%）	凝固点（℃）
45	18.3～96.5	0.8415～0.8716	15.9～25.9	11.3～18.1	30.0～34.0

（2）地层原油性质。

根据相邻的朝 45 区块 5 口井的高压物性分析结果，饱和压力为 6.82MPa，地层原油密度为 0.820t/m^3，地层原油黏度为 14.1mPa·s，体积系数为 1.076，原始气油比为 23.0m^3/t（表 11.14）。

表 11.14 朝 45 区块 5 口扶余油层井原油性质表

井号	饱和压力（MPa）	地层油密度（t/m^3）	地层油黏度（mPa·s）	体积系数	压缩系数（10^{-4}MPa^{-1}）	原始气油比（m^3/t）	溶解系数［m^3/（m^3·MPa）］	收缩率（%）
朝 102-54	7.05	0.818	13.0	1.080	7.9	24.7	0.302	7.4
朝 104-54	6.90	0.822	15.8	1.071	11.3	23.1	0.287	6.7
朝 106-54	7.30	0.828	16.0	1.068	6.8	19.1	0.226	6.4
朝 104-56	6.30	0.811	11.0	1.088	7.1	25.0	0.341	8.1
朝 108-56	6.55	0.820	14.6	1.071	8.0	22.9	0.297	6.6
平均	6.82	0.820	14.1	1.076	8.2	23.0	0.291	7.0

11.2.2 蒸汽驱油试验区概况

朝 119-52 试验区含油面积为 0.73km^2，地质储量为 63.75×10^{4}t，共有油水井 19 口。其中油井 14 口、注入井 5 口（图 11.13）。平均单井有效厚度 11.8m，连通厚度 8.4m，水驱控制程度 71.2%。试验区油井初期平均单井日产油 4.0t，试验前日产液 2.4t，日产油

2.2 t，含水 16.0%，累计产油 14.36×10⁴t，采出程度 15.91%（表 11.15）。

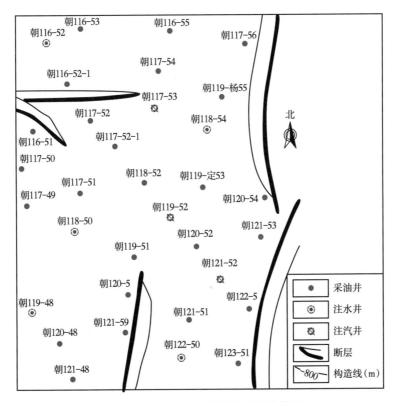

图 11.13 朝 119-52 蒸汽驱井组井位图

表 11.15 蒸汽驱井区水井情况统计表

序号	井号	有效厚度（m）	连通有效厚度（m）	注汽前			
				油压（MPa）	日配注（m³）	日实注（m³）	累计注水（m³）
1	118-50	7.2	7.2	15.2	20	11	122383
2	118-54	18.4	11.4	待大修			170759
合计 4 口		12.8	9.3	15.2	20	58	204483

11.2.2.1 储层物性

从总体上看，该试验区储层物性与原油物性均较差，属于中孔低渗透、黏度相对较高的稀油油藏。渗透率为 8.0mD，孔隙度为 16.1%，含油饱和度为 57.0%，地面原油黏度为 22.6mPa·s，原始地层压力为 8.4MPa，饱和压力为 6.87MPa。地温梯度为 5.2℃/100m，地层压力系数为 0.8，原始地层温度为 53.8℃，20℃时平均原油密度为 0.8429t/m³。

11.2.2.2 流体性质

原油凝固点为 30.25~33.25℃，含蜡量为 22.7~27.3%，蜡熔点为 41℃，析蜡温度为 49.86℃，含胶量为 10.2%。平均油层中深为 1034.0m，胶结物中黏土含量较高，达到 30% 左右，黏土矿物中蒙脱石—绿泥石含量较高（与试验区相邻区块的朝 44 井含量达到 73%）。

247

11.3 蒸汽采油注入参数优化

蒸汽驱效果主要受注汽速度、蒸汽干度等参数的影响。应用 STARS 数值模拟软件，在建立地质模型和历史拟合的基础上，研究了实际油藏条件下的不同注汽参数对注蒸汽驱效果的影响，优化设计了注汽参数。

11.3.1 注汽参数优选

11.3.1.1 注汽速度

为了研究注汽速度对蒸汽驱开发效果的影响，分别研究了注汽速度为 30t/d、50t/d 和 70t/d 时的蒸汽驱的开发效果。研究表明，随着注汽速度的增加（由 30t/d 升至 50t/d），采出程度也有所增加。当注汽速度达到 50t/d 时，再增加注汽速度，采出程度增加幅度变小。因此，建议蒸汽驱时注汽速度大于 50t/d（表 11.16）。

表 11.16 不同注汽速度时的注蒸汽开发效果对比表

注汽速度（t/d）	产油量（t）	注汽量（t）	油汽比	阶段采出程度（%）
30	20664	75000	0.275	17.22
50	26832	123500	0.217	22.36
70	27984	165000	0.170	23.32

11.3.1.2 蒸汽干度

蒸汽干度关系到单位时间内注入油层中热量的大小，蒸汽干度越高，汽化潜热越大，向油层补充的热量越多。为了对比不同蒸汽干度时的蒸汽驱的开发效果，预测了当注汽速度为 50t/d，蒸汽干度分别为 0.2、0.3 和 0.5 时的开发指标。研究表明，随着蒸汽干度的增加，蒸汽驱的油汽比和采出程度均增加，开发效果变好。因此。在注汽过程中应尽量提高井口蒸汽干度、降低井筒内的热损失以提高井底蒸汽的干度（表 11.17）。

表 11.17 不同注汽干度时的注蒸汽开发效果对比表

注汽干度（t/d）	产油量（t）	油汽比	阶段采出程度（%）
0.2	26832	0.217	22.36
0.3	27336	0.221	22.78
0.5	29172	0.236	24.31

从以上研究可以看出，在蒸汽驱时注汽速度越高、井口蒸汽干度越高，井底蒸汽的干度越高，开发效果越好。因此，在蒸汽驱时应尽量提高注汽速度、提高蒸汽干度，减少井筒内的热损失，以最大限度地改善油田开发效果。

11.3.1.3 注汽温度

鉴于温度越高，蒸汽携带热量越高，考虑锅炉的承受能力，确定注汽温度大于 330℃。

11.3.2 注汽方式确定

通过数值模拟方法，对比研究常规水驱、不连续汽驱和连续汽驱的开发效果，并进行经济效益评价。结合技术经济指标，综合确定合理的驱替方式。

设计了四个方案：分别是常规水驱、汽驱3年之后水驱、汽驱5年之后水驱和连续汽驱。

模拟结果；方案二、三、四较方案一提高采收率3.96%~13.36%（表11.18）。

方案二与方案三对比：方案三多汽驱两年，多花费2300万元，多采出2.08%，多产出2.15×10⁴t。当油价40美元/bbl，操作成本800元/t，多收入2623万元，方案三效益略好于方案二；当油价60美元/bbl，操作成本800元/t时，多收入4795万元，方案三效益好于方案二。

方案三与方案四对比：方案四为连续汽驱，与方案三相比，多汽驱20年，多耗费2.3亿元（年注汽成本1150万元），多产出原油9.56×10⁴t。当油价40美元/bbl，操作成本800元/t时，多收入1.17亿元，方案四效益较差；当油价60美元/bbl，操作成本800元/t时，多收入2.13亿元，方案四效益较差；当吨油成本1102元/t，油价按5245元/t计算，多收入3.96亿元，效益较好。因此，在油价低于60美元/bbl时，方案三效益好于方案四。

对比经济指标，方案三（汽驱五年后转水驱）经济效益最好。

表11.18　不同蒸汽驱方式10年开发指标对比表

开发指标 驱替方式		阶段累计产油量（m³）	阶段累计增油量（m³）	含水率（%）	采出程度（%）	较水驱采出程度提高值（%）	采收率（%）	较水驱采收率提高值（%）
方案一	常规水驱	171816.81	——	57.96	14.74	——	21.09	——
方案二	汽驱3年转水驱	201191.19	29374.38	58.36	18.26	3.52	25.05	3.96
方案三	汽驱5年转水驱	221823.2	50006.39	59.57	20.03	5.29	27.13	6.04
方案四	连续汽驱	254577.96	82761.15	60.16	21.84	7.1	34.45	13.36

11.3.3　先导性试验效果

2005年在二类区块的朝119-52井组开展了蒸汽驱油现场试验，2007年注汽井增加到3口，累计注汽9.6×10⁴t，阶段累计增油1.81×10⁴t。

（1）注汽压力稳定，注汽井油层吸汽能力较强。

朝117-53、朝119-52、朝121-52井于2007年2月进行注汽试验，注汽压力为18.6~19.2MPa，平均单井注汽速度为55~60t/d，平均注汽强度达7.02t/（d·m），油层吸汽能力较强（表11.19）。

表11.19　3口井吸汽情况统计表

井号	有效厚度（m）	2007年2月		2007年12月	
		吸汽量（t/d）	吸汽强度[t/（d·m）]	吸汽量（t/d）	吸汽强度[t/（d·m）]
朝117-53	8.4	60	4.14	60	7.14
朝119-52	7.4	55	7.43	54	7.3
朝121-52	8.4	55	6.55	54	6.43
合计	24.2	170	7.02	168	6.94

（2）注汽井各层均有一定的吸汽能力。

从3口井吸汽剖面测试结果来看，各层均有一定的吸汽能力。例如朝119-52井共发育3个油层，其中 FⅠ6_2 层有效厚度为1.2m，渗透率为4.7mD；FⅠ71 层有效厚度为2.0m，渗透率为6.1mD；FⅡ1层有效厚度为4.2m，渗透率为8.1mD。该井注汽后各层均吸汽，相对吸汽百分数为21.9%~43.7%。而朝117-53井、朝121-52井相对吸汽百分数分别为20.4%~54.1%、29.7%~70.3%（表11.20至表11.22）。

表 11.20　朝 119-52 井吸汽剖面测试结果表

层位	厚度 （m）	孔隙度 （%）	渗透率 （mD）	相对吸汽百分数（%）		
				2006 年 8 月	2007 年 4 月	2007 年 8 月
FⅠ6_2	1.2	16.6	4.7	34.4	32.25	31.2
FⅠ7_1	2	16	6.1	43.7	37.35	33.1
FⅡ_1	4.2	15.4	8.1	21.9	30.4	35.7
合计	7.4	—	—	100	100	100

表 11.21　朝 117-53 井吸汽剖面测试结果表

层位	厚度 （m）	孔隙度 （%）	渗透率 （mD）	相对吸汽百分数（%）		
				2007 年 4 月	2007 年 8 月	2008 年 5 月
FⅠ3_2	2.0	19.2	28.9	48.9	54.1	26.0
FⅠ6_2	1.6	16.5	6.6	26.7	20.4	29.0
FⅠ7_2	4.8	16.5	8.1	24.4	25.5	45.0
合计	8.4			100	100	100

表 11.22　朝 121-52 井吸汽剖面测试结果表

层号	厚度 （m）	孔隙度 （%）	渗透率 （mD）	相对吸汽百分数（%）	
				2007 年 4 月	2007 年 8 月
FⅡ1	5.4	14.1	4.9	64.4	70.3
FⅡ3	3.0	14.5	3.6	35.6	29.7
合计	8.4			100	100

11.4　蒸汽驱油增油效果

11.4.1　与水驱开发效果对比

11.4.1.1　试验区效果

试验井区共连通14口油井，注汽3个月见到明显注汽效果。日产液由2007年2月的32.7t上升到受效高峰56.2t，日产油由29.6t上升到48.5t。2009年1月日产液为46.9t，日产油为42.1t。按照双曲递减预测水驱开发指标，对比注汽与水驱的开发效果，注汽试验累计增油 $1.81×10^4$ t，油汽比提高0.27。

11.4.1.2 对比分析

为了进一步验证蒸汽驱效果，选择与蒸汽驱试验区同一区块、位置相邻、主力油层发育一致的朝 122-44、朝 123-46 井区进行对比。该区共有注水井两口，其中朝 122-44 井为老注水井，到 2006 年 10 月已累计注水 $12.0 \times 10^4 \text{m}^3$（图 11.14），而朝 123-46 井是加密后新投注水井。两口注水井共连通油井 7 口，2005 年 5 月 6 口井日产液 22.1t，日产油 14.3t，含水 35.3%。到 2008 年 10 月 6 口井日产液降到 14.6t，日产油 8.9t，含水 39.0%。从井区生产动态来看，该井区产液量和产油量逐步降低。与注蒸汽驱井区的产量大幅度上升截然不同。说明注蒸汽驱试验井区见到了明显的注汽效果。

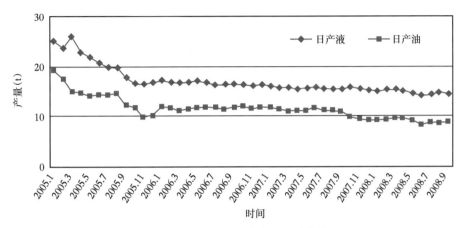

图 11.14　朝 122-44 井水驱开采曲线

11.4.2　试验区井区受效规律

（1）注汽三个月后井区见到注汽效果。

试验井区注汽三个月后，周围油井初步见到注汽效果。试验井区共连通 14 口油井，日产液由 2007 年 2 月的 32.7t 上升到 2007 年 5 月的 42.5t；日产油由 29.6t 上升到 36.1t，上升 6.5t；含水由 9.5% 到 15.1%。到 2007 年 10 月日产液 47.2t，日产油 46.5t，上升 16.9t，含水 1.5%。

注汽井与周围连通油井之间井距分别有 334m，227m，141m 三种情况。以注汽较早的朝 119-52 井组为例，不同井距油井均见到注汽效果，距离注汽井近的油井先受效，井距相同时储层物性好的油井先受效、裂缝方向油井先受效。分析受效情况如下。

一是，距离注汽井近的油井先受效。距离注汽井朝 119-52 井最近的油井朝 118-52 井和朝 120-52 井在注汽两个月就见到注汽效果，而其他井受效相对较晚。例如朝 120-52 井，有效厚度为 19.7m，连通厚度为 10.4m，主力油层为 FⅠ7₁ 层和 FⅡ1 层。该井注蒸汽前日产液 2.8t，日产油 2.3t，含水 17.9%，注汽 2 个月见到注蒸汽效果。2005 年 7 月日产液上升到 3.0t，日产油 2.8t，含水 6.7%；到 2009 年 1 月该井日产液上升到 5.1t，日产油 5.0t，含水 0.9%，日增油 2.2t。

二是，井距相同时储层物性好的油井先受效。注汽井朝 119-52 井与油井朝 119-定 53 井和朝 119-51 井距离均是 227m，但两口井受效状况不同，储层物性好的朝 119-51 井先受效，增油量较多。

朝 119—定 53 井有效厚度为 4.8m，连通厚度为 4.8m。于 2005 年 1 月投入开发，投产初期日产液 1.9t，日产油 1.8t，含水 3.0%。由于储层物性差及厚度薄，产量递减较快，蒸汽驱前日产液 0.5t，日产油 0.5t，含水 0.9%。该井在注汽后 4 个月才见到注汽效果，日产油由注汽前的 0.5t 上升到 2005 年 10 月的 1.5t，2009 年 1 月该井日产油 1.4t，日增油 0.9t。

朝 119-51 井有效厚度为 9.6m，连通厚度为 7.0m，于 2005 年 1 月投入开发，投产初期日产液 2.6t，日产油 2.5t，含水 4.0%。由于储层物性相对较好，产量递减较缓，蒸汽驱前日产液 1.9t，日产油 1.8t。该井在注汽后 3 个月就见到注汽效果，日产油由注汽前的 1.9t 上升到 2005 年 9 月的 3.6t，2009 年 1 月该井日产油 4.2t，日增油 2.4t（表 11.23）。

表 11.23　朝 119-51 井与朝 119—定 53 井储层物性对比表

井号	层号	有效厚度（m）	孔隙度（%）	含油饱和度（%）	渗透率（10mD）
朝 119—定 53	F II 1	4.8	15.25	52.75	3.6
朝 119-51	F I 6_2	3.8	16.5	59.15	8.1
	F I 7_2	1	16.5	58.14	7.1
	F II 1	2.2	17.13	60.13	10.4

三是，井距相同时裂缝方向油井先受效。注汽井朝 119-52 井与油井朝 120-54 井和朝 121-53 井距离均是 334m，但受效状况不同，位于裂缝方向的朝 120-54 井先受效，增油量较多。

朝 121-53 井，该井与注蒸汽井朝 119-52 井相距 334m，有效厚度为 18.4m，连通厚度为 17.2m。该井注蒸汽前日产液 3.8t，日产油 3.7t，注汽 3 个半月后见到注蒸汽效果。2005 年 9 月日产液上升到 4.7t，日产油 4.6t。2009 年 1 月该井日产液上升到 3.8t，日产油 3.7t。

朝 120-54 井，该井位于注蒸汽井朝 119-52 井裂缝方向，相距 334m，有效厚度为 10.8m，连通厚度为 8.4m。1989 年 10 月投产，初期日产液 4.0t，日产油 4.0t，蒸汽驱前累计产油 1.28×10^4t。该井注蒸汽前日产油 1.2t，不含水。注汽 2 个月左右见到注蒸汽效果。2005 年 8 月日产油上升到 2.1t。2009 年 1 月该井日产液上升到 4.4t，日产油 4.3t。

四是，吸汽好的层对应的连通油井产量上升幅度较大。例如朝 119-52 井发育 3 个油层，其中 F I 6_2 层有效厚度为 1.2m，渗透率为 4.7mD，F I 7_1 层有效厚度为 2.0m，渗透率为 6.1mD，F II 1 层有效厚度为 4.2m，渗透率为 8.1mD，该井 F I 7_1 层吸汽较多，占 43.7%，而 F II 1 层吸汽相对较少，占 21.9%。与该井连通的油井朝 121-53 井，F I 7_1 层产液量由注汽前的 0.6t 上升到 2006 年 5 月的 2.2t，产量上升幅度达 266%，F II 1 层产液量由 1.1t 上升到 2.4t，产量上升幅度为 118%（表 11.24）。

表 11.24　朝 121-53 井环空测试结果

层位	厚度（m）	孔隙度（%）	渗透率（mD）	注汽前产液量（t）	日产液（t）	
					2006 年 5 月	2007 年 7 月
F I 7_1	3.6	15.87	6.0	0.6	2.2	1.5
F II 1	7.4	15.25	6.5	1.1	2.4	2.2
F II 3	6.2	16.50	7.5	0.6	0.7	1.5

五是，多向受效井效果好于单向受效井。例如，朝 119-51 井与朝 119-52 和朝 121-52 两口井连通。2005 年朝 119-52 井进行蒸汽驱，朝 121-52 井水驱。2007 年朝 121-52 井转蒸汽驱，朝 119-51 井产量明显高于只有朝 119-52 一口井驱时产量。

（2）由于维修锅炉停注，导致井区产量下降。

2007 年 10 月由于汽水分离器和安全阀损坏，锅炉维修，井区停注（停注近 6 个月），停注初期产量较稳定。2008 年随着停注时间延长，井区产量递减逐渐加快，日产液由 2007 年 10 月的 47.2t 下降到 2008 年 5 月 28.5t，日产油由 46.5t 下降到 23.4t，产量降低 1/2。

（3）恢复注汽后，井区产量开始回升。

2008 年 4 月恢复注汽，随着注汽量增加，井组产量开始恢复。2008 年 5 月日产液 28.5t，日产油 23.4t。2008 年 10 月产量有所恢复，日产液上升到 41.5t，日产油上升到 36.5t。

11.5 蒸汽驱油界限与潜力研究

11.5.1 矿场试验分析

（1）蒸汽吞吐效果表明，油层吸汽和产油状况较好。

朝 142-69 井 $FII2_2$ 层与周围井不连通，储层渗透率只有 2.1mD，选择该井进行了蒸汽吞吐试验。从吞吐前后产液剖面对比来看，$FII2_2$ 层相对吸汽百分数为 10.53%，该层由吞吐前的不出油到吞吐后的日产液 1.2t。而 $FI7_2$ 和 $FII1$ 两个层，日产液分别由吞吐前 1.3t、1.9t，到吞吐后 3.8t、5.9t，增产效果更为明显。说明该类储层适合蒸汽采油（表 11.25）。

表 11.25 朝 142-69 井吸汽情况统计表

层位	射孔井段 (m)	油 层 参 数				吸汽 百分数 （%）	日产液（t）		
		厚度 (m)	含油饱和度 (%)	孔隙度 (%)	渗透率 (mD)		吞吐前	吞吐后 一个月	吞吐后 半年
$FI7_2$	1080.4~1083.2	2.8	59.0	17.8	7	22.49	1.3	3.8	0.7
	1084.2~1085.2	1	58.8	17.2	5				
$FII1$	1090.4~1093.3	2.0	58.2	16.6	10	35.53	1.9	5.9	1.7
	1094.3~1097.2	3.2	58.6	16.6	10	31.45			
$FII2_2$	1103.6~1106.0	2	52.4	16	2.1	10.53	0	1.2	1.1

（2）蒸汽驱油效果表明，渗透率 5mD 左右的油层吸汽和产油状况较好。

根据三口注汽井高温四参数测试结果，渗透率 5mD 左右油层吸汽状况较好。如朝 119-52 井的 $FI6_2$ 层厚度为 1.2m，渗透率为 4.7mD，注汽后该层相对吸汽百分数为 34.4%；朝 121-52 井 $FII1$ 层厚度为 5.4m，渗透率为 4.9mD，注汽后该层相对吸汽百分数为 79.3%（表 11.26）。

表 11.26　三口注汽井各层吸汽情况统计表

井号	朝 117–53			朝 119–52			朝 121–52	
层号	FⅠ3₂	FⅠ6₂	FⅠ7₂	FⅠ6₂	FⅠ7₁	FⅡ1	FⅡ1	FⅡ3
厚度（m）	2	1.6	4.8	1.2	2	4.2	5.4	3
孔隙度（%）	19.2	16.6	17.0	16.6	16.0	15.4	14.1	14.5
渗透率（mD）	28.9	6.6	8.1	4.7	6.1	8.1	4.9	3.6
含油饱和度	0.65	0.58	0.54	0.58	0.57	0.55	0.54	0.56
相对吸汽百分数（%）	48.9	26.7	24.4	34.4	43.7	21.9	79.3	20.7

根据朝 121–53 井产液剖面来看，该井 FⅡ1 层厚度为 7.4m，渗透率为 4.9mD，该层产液量由注汽前的 1.1t 上升到 2006 年 5 月的 2.4t，2007 年 7 月测试仍保持在 2.2t，见到较好的增油效果（表 11.27）。

表 11.27　朝 121–53 井环空测试结果

层号	厚度（m）	孔隙度（%）	渗透率（mD）	含油饱和度（%）	注汽前产液量（t）	日产液（t）	
						2006 年 5 月	2007 年 7 月
FⅠ7₁	3.6	15.87	6.0	0.57	0.6	2.2	1.5
FⅡ1	7.4	15.25	4.9	0.55	1.1	2.4	2.2
FⅡ3	6.2	16.50	7.5	0.58	0.6	0.7	1.5

从现场试验效果分析，渗透率高的油层吸汽量和增油量较高；渗透率 5mD 左右、含油饱和度大于 0.5、孔隙度大于 16%、净总厚度比大于 0.2 的油层开展蒸汽驱油可以取得较好的效果。

11.5.2　蒸汽驱技术界限

11.5.2.1　渗透率下限

蒸汽驱油试验区内朝 119–52 井、朝 117–53 井为注入井，其周围有 13 口受效油井。在历史拟合的基础上，进行不同渗透率级别下的产液量、产油量、含水率、采出程度等开发指标预测。研究了平均渗透率分别为 1mD、2mD、5mD、8mD、10mD、15mD、30mD 7 种不同方案的蒸汽驱开发效果，并对比不同渗透率级别下常规水驱及连续注蒸汽驱油开发效果。预测蒸汽驱油试验区在不同驱替方式下的开发指标（表 11.28）。

表 11.28　不同渗透率级别不同驱替方式下 10 年开发指标对比表

渗透率（mD）	驱替方式	累计产油量（m³）	累计增油量（m³）	含水率（%）	采出程度（%）	较常规水驱采出程度提高值（百分点）	较常规水驱采收率提高值（百分点）
1	常规水驱	122277	—	21.72	10.49	—	—
	连续汽驱	127172	4896	8.72	10.91	0.42	4.35
2	常规水驱	137896	—	31.07	11.83	—	—
	连续汽驱	147571	9675	17.54	12.66	0.83	6.91

渗透率 （mD）	驱替方式	累计产油量 （m³）	累计增油量 （m³）	含水率 （%）	采出程度 （%）	较常规水驱采 出程度提高值 （百分点）	较常规水驱 采收率提高值 （百分点）
5	常规水驱	159344	—	48.33	13.67	—	—
	连续汽驱	214013	54669	47.9	18.36	4.69	10.26
8	常规水驱	171117	—	57.98	14.68	—	—
	连续汽驱	233363	62246	56.07	20.02	5.34	11.46
10	常规水驱	179860	—	63.63	15.43	—	—
	连续汽驱	251081	71221	62.37	21.54	6.11	12.98
15	常规水驱	188136	—	71.22	16.14	—	—
	连续汽驱	271596	83461	66.92	23.3	7.16	14.45
30	常规水驱	208535	—	79.99	17.89	—	—
	连续汽驱	316591	108056	77.05	27.16	9.27	16.82

分析表中数据，随储层渗透率降低，常规水驱及连续注蒸汽驱的采出程度均降低，累计产油量降低，注蒸汽驱在不同渗透率级别下采出程度提高量降低。从不同渗透率数值模拟结果曲线来看，渗透率大于 5mD 后采出程度大幅度提高。因此，确定蒸汽驱油渗透率下限为 5mD（图 11.15）。

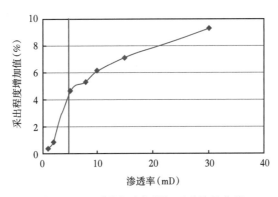

图 11.15　不同渗透率增加可采储量曲线

11.5.2.2　净总厚度比下限

为了便于研究油层净总厚度比对蒸汽驱开发效果的影响，选取试验井组地质数据和原油、岩石物性参数，建立了朝 119-52 试验区地质模型。利用 CMG 软件进行数值模拟。其中平面上 X 方向划分 43 个网格，Y 方向划分 40 个网格，油层纵向划分 5 个模拟层（三个夹层，两个油层，其有效厚度分别为 2.2m、4.4m），建立了三维网格系统，共 8600 个节点。网格步长 30×30m。油层在平面上为均质，纵向上为非均质。

按照隔层厚度分别为 1m、2m、5m、10m、20m、50m，即净总厚度比值分别为 0.7，0.5，0.3，0.2，0.1 和 0.04 进行模拟计算。分常规水驱和连续汽驱两种驱替方式，分别计算出累计产油量、累计增油量、累计油汽比、含水率、采出程度、较常规水驱采出程度提高幅度和较常规水驱采收率提高值。结果表明，随净总厚度比增加，累计增油量和较常规水驱采收率提高幅度越大，如净总厚度比为 0.7 时，连续汽驱比常规水驱提高采收率

20.64 个百分点 (表 11.29)。

表 11.29 截至 2017 年不同净总厚度比、不同驱替方式下开发指标对比表

净总厚度比	驱替方式	累计产油量（m³）	累计增油量（m³）	累计油汽比（m³/m³）	含水率（%）	采出程度（%）	较常规水驱采出程度提高量（%）	较常规水驱采收率提高值（%）
0.7	常规水驱	63080	—	—	72.95	19.16	—	—
	连续汽驱	112992	49911	0.22	78.21	34.32	15.16	20.64
0.5	常规水驱	63080	—	—	72.95	19.16	—	—
	连续汽驱	109337	46257	0.21	78.87	33.21	14.05	18.31
0.3	常规水驱	63080	—	—	72.95	19.16	—	—
	连续汽驱	100217	37137	0.2	80.1	30.44	11.28	15.13
0.2	常规水驱	63080	—	—	72.95	19.16	—	—
	连续汽驱	90736	27655	0.17	83.36	27.56	8.4	12.37
0.1	常规水驱	63080	—	—	72.95	19.16	—	—
	连续汽驱	85139	22058	0.16	83.95	25.86	6.7	9.72
0.04	常规水驱	63080	—	—	72.95	19.16	—	—
	连续汽驱	75953	12873	0.15	85.51	23.07	3.91	5.43

注蒸汽开发效果均高于常规水驱开发效果，且随着油层净总厚度比增加，含水上升速度减缓，采油速度上升加快，采出程度大幅度提高 (图 11.16)。

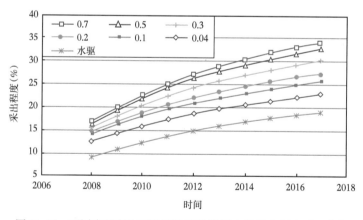

图 11.16 不同净厚度比下连续汽驱及常规水驱采出程度对比曲线

净总厚度比在 0.3~0.7 时，累积油汽比均较高，达 0.2 以上。随着净总厚度比的增加，采收率增加；截止到 2017 年，净总厚度比 0.3 时，较常规水驱采出程度提高 11.28%；净总厚度比 0.5 时，较常规水驱采出程度提高 14.05%；净总厚度比为 0.7 时，较常规水驱采出程度提高 15.16%。说明热能利用率较高，发挥了极佳的驱油作用。

净总厚度比小于 0.2 时，蒸汽驱效果急剧变差，表现为累积油汽比、累计产油量、累计增油量、采油速度、采出程度均急剧下降，较常规水驱采出程度提高值低于 10%；净总厚度比 0.04 时，蒸汽驱基本无效。由此，对于水驱油藏，转蒸汽驱的净总厚度比下限值选为 0.2。这是因为油层相对较薄时，隔夹层的热损失所占比例较大，导致热利用率降低，汽驱的经济效益变差。

11.5.2.3 含油饱和度下限

分别研究了饱和度为 0.35、0.40、0.45、0.50、0.57 情况下汽驱生产情况。从不同饱和度下的采收率变化来看，当含油饱和度从 0.4 升高到 0.45 时，蒸汽驱采收率大幅度提高。研究表明，含油饱和度界限为 0.45（表 11.30、表 11.31）。

表 11.30 不同含油饱和度蒸汽驱指标对比表

含油饱和度（%）	产油量（t）	注汽量（t）	采出程度（%）	净增油量（t）	汽驱油气比
35	887	22389	5.5	-712	0.04
40	1272	26128	6.8	-594	0.05
45	3120	29580	14.9	1007	0.11
50	3740	32420	16.1	1424	0.12
57	4550	36475	17.2	1945	0.125

表 11.31 蒸汽驱油油藏条件下限对比表

项目	国内	国外	试验结果
渗透率（mD）	>200	>200	<5
含油饱和度（%）	>0.5	>0.5	>0.5
原油黏度（mPa·s）	50~10000	$Kh/\mu>30$	14.1
净总厚度比	>0.5	>0.5	>0.2
有效孔隙度（%）	>0.2	>0.15	>0.155
油藏埋深（m）	<1400	<1400	<1400

朝阳沟油田二类区块朝 119-52 井区蒸汽驱油现场试验，突破了国内外蒸汽采油技术的界限，渗透率下限由大于 200mD 降到大于 5mD，孔隙度由大于 20% 降低到大于 15%；净总厚度比由大于 0.5 以上降到大于 0.2。

11.5.3 蒸汽驱油潜力

潜力一：可在已加密的一、二类区块实施。

朝阳沟油田已加密一、二类区块以特低渗透为主，渗透率在 6.5~16mD，原油黏度较高，地下原油黏度在 7.4~16.4mPa·s，有效厚度较大，单井有效厚度为 9.1~11.4m（表 11.32）。

表 11.32 已加密区蒸汽驱油潜力分析表

单元	有效厚度（m）	孔隙度（%）	渗透率（mD）	原油黏度（mPa·s）		含油饱和度（%）	主力油层
				地面	地下		
朝5—朝5北	11.4	16.0	16	30.4	11.8	57	FI$_2$、FI6$_2$、FⅢ1
朝1-55	9.2	15	11.4	28.7	7.4	50	FI7$_2$、FⅢ1
朝2—朝202	9.9	16	8	24.4	16.4	56	FI7$_2$、FⅢ1
朝44-661	9.1	16	9.6	25.7	17	54	FI7$_2$、FⅢ1
朝661-80	10.7	15	6.5	19.2	11.1	50	FI5$_1$、FI6$_2$、FⅢ1

潜力二：可在下步加密井区实施。

朝阳沟油田未加密井区渗透率在 6.4~44.7mD，原油黏度和有效厚度与已加密区接近，地下原油黏度在 7.7~11.8mPa·s，单井有效厚度为 7.1~11.2m（表 11.33）。

表 11.33　未加密井区蒸汽驱油潜力分析表

单元	有效厚度（m）	孔隙度（%）	渗透率（mD）	原油黏度（mPa·s）		含油饱和度（%）	主力油层
				地面	地下		
朝 50	11.2	17.0	22.4	27.8	9.7	57	FI6$_2$、FI7$_2$、FⅢ1
朝 45	9.6	17.0	18.5	25.6	11.8	58	FI3$_1$、FI7$_2$
朝 503	7.1	15	9.5	28	6.8	51	FⅢ1
双 30	8.3	15	6.4	26.4	7.7	54	FⅢ1、FⅡ2$_1$
双 301	9.5	15	6.4	26.4	7.7	54	FI4、FI5$_1$、FⅢ1
长气 2-6	6.6	20	44.7	24.5	13	58	FI4、FI5$_1$、FI5$_2$

潜力三：可在油田新区实施。

朝阳沟油田未开发新区有长 10 和超 59 区块，渗透率比较低，分别为 10.0 mD 和 4.9mD，原油黏度和有效厚度也较低，地下原油黏度分别为 7.5 mPa·s 和 13mPa·s，单井有效厚度分别为 8.0 m 和 6.6m（表 11.34）。

表 11.34　朝阳沟油田新区蒸汽驱油潜力分析表

单元	有效厚度（m）	孔隙度（%）	渗透率（mD）	原油黏度（mPa·s）		含油饱和度（%）	主力油层
				地面	地下		
长 10	8.0	15.5	10.0	23.4	7.5	49	FI4、FI5$_1$、FI7$_1$、FI7$_2$
朝 59	6.6	20	4.9	74.8	13	47	FI4、FI5$_1$、FI5$_2$

研究认为，朝阳沟油田扶杨油层共有 13 个区块具有蒸汽驱油潜力。

参 考 文 献

［1］冯大晨，王文明，赵向国，等．特低渗透扶杨油层可动用储量评价研究［J］．大庆石油地质与开发，2004，23（2）：39-42.

［2］郭会坤，高彦楼，吉庆生．特低渗透扶杨油层有效动用条件研究［J］．大庆石油地质与开发，2004（03）：38-40.

［3］周锡生，李莉，韩德金，等．大庆油田外围扶杨油层分类评价及调整对策［J］．大庆石油地质与开发，2006（03）：35-37.

［4］韩军，刘洪涛，孙建国．葡北油田稀油油藏蒸汽驱现场试验研究［J］．大庆石油地质与开发，2005（05）：84-86.

［5］张义堂，计秉玉，廖广志，等．稀油油藏注蒸汽热采提高开采效果［J］．石油勘探与开发，2004（02）：112-114.

［6］Meehan D N, Crichlow D E, Crichlow H B. A Laboratory Study of Water Immobilization for Improved Oil Recovery［J］. SPE. 1978；6515.

［7］Chieh C. A Comprehensive Simulation Study of Steam flooding Light Oil Reservoirs After Water flood［J］.

SPE. 1988: 16738.

[8] Yang R, Yang S, Zou Z, et al. Tests of Conversion into Steam Stimulation Following Water Flooding in Karamay Conglomerate Oilfield [J]. SPE. 1998: 50894.

[9] 于立君, 岳清山. 克拉玛依油田水驱后期转蒸汽驱开发效果分析 [J]. 石油大学学报(自然科学版), 1999, 23(01): 58-61.

[10] 赵彦宇. 朝阳沟油田二类区块蒸汽采油技术评价 [D]. 大庆: 东北石油大学, 2010.

[11] Sarathi P S, Roark S D, Stryker A R. Light-Oil Steamflooding: A Laboratory Study [J]. SPE. 1990: 17447.

[12] Willman B T, Valleroy V V, Runberg G W, et al. Laboratory Studies of Oil Recovery by Steam Injection [J]. Society of Petroleum Engineers. 1961: 1537.

[13] S M F A, R F M. Current Steamflood Technology [J]. Society of Petroleum Engineers. 1979: 7183.

12 低渗透油藏微生物采油技术

经过几十年的发展，微生物采油技术已经成为继热力驱、化学驱和聚合物驱之后的又一提高采收率新技术，以其成本低、适应性强、绿色环保等优势受到石油界专家的关注。低渗透油藏注水开发难以有效驱动，开展了微生物采油技术研究。本文根据低渗透油藏储层环境和流体特征，开展了微生物室内降黏和物理模拟驱油等室内实验，研究了菌种作用前后原油组分变化，筛选出了微生物驱菌种，研究了微生物驱油效果，进行了微生物吞吐和微生物驱油矿场试验，试验见效明显，有望成为低渗透油藏新兴的开发技术。

12.1 微生物采油机理

12.1.1 菌种的筛选

根据朝阳沟油田储层环境和流体特征，从本源菌中筛选菌种，进行优化组合，再通过室内原油实验，筛选出效果最好的一组菌种。实验表明，该组微生物适合朝阳沟储层条件，筛选的菌种与本源菌具有较好的相容性。通过能谱测试表明微生物作用后，原油组分发生明显变化，菌种作用前后原油含蜡、含胶量发生变化，原油流变特性变好[1]。

12.1.1.1 地层水筛选

从朝阳沟油田 3 口井的油样中分离的地层水，总矿化度在 2320~1640mg/L，pH 值和各项离子的含量都符合微生物生长的条件（表 12.1）。

表 12.1 朝 61-Y121 井水质分析表

检验项目	检验结果		检验项目	检验结果 (mg/L)
	（mg/L）	（mol/L）		
氢氧根	0.00	0.00	溴离子	0.00
碳酸根	8.61	1.43	碘离子	0.00
重碳酸根	9.92	1.63	硼	2.21
氯离子	7.09×10	2.00	脂肪酸	1.96
硫酸根	7.68	8.00×10^{-2}	钾	4.88
钙离子	8.02	2.00×10^{-1}	镁	
镁离子	5.83	2.40×10^{-1}	铁	1.90×10^{-1}
钾钠和	4.69×10^2	2.04×10	锰	6.00×10^2
总矿化度	1.64×10^3		锌	3.00×10^{-2}
pH 值	8.43		锶	1.49
水类型	$NaHCO_3$		铜	

12.1.1.2 菌种相容性分析

将筛选的菌种与分离出的地层水中的本源菌放在一起培养，观察活菌数的生长情况。实验结果说明，筛选菌种与地层中的本源菌兼容性良好，经显微镜观察已筛选的目的菌种为优势菌种。地层水中的本源活菌数在 $10^2 \sim 10^3$ 个/mL，在进行了相容性实验后筛选的目的菌种数可达到 $10^9 \sim 10^{10}$ 个/mL。通过细菌生长稳定性实验，可以明显观察到，单菌种和混合菌都能在固定的培养基中生长，在 3~5 天达到对数生长，进入稳定生长期能保持 40天，然后进入衰减期。如果在衰减期加入营养剂又重新激活菌种繁殖(图 12.1)。

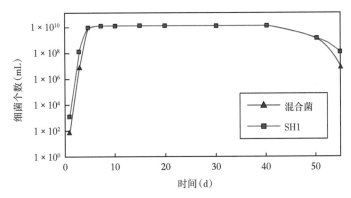

图 12.1　细菌生长稳定性实验曲线

12.1.1.3 培养温度的影响

将无机盐培养基溶液加入发酵罐，定容体积 25L，121℃高温灭菌 20min。将无菌培养基温度分别设定在 20℃、30℃、37℃、45℃、55℃、65℃条件下，接种量 5%。取不同培养时间菌液，测定细菌生长数量。

结果表明，细菌类型Ⅰ和细菌类型Ⅱ在 37~55℃之间生长较快。其中 45℃左右条件下最为适合(细菌数量最高可达 10^9 级)，当温度高于 55℃或低于 30℃时，细菌生长开始变缓(表 12.2)。

表 12.2　不同温度下细菌生长速率变化

时间 温度	接种 12h		接种 24h		接种 48h		接种 72h	
	菌种Ⅰ	菌种Ⅱ	菌种Ⅰ	菌种Ⅱ	菌种Ⅰ	菌种Ⅱ	菌种Ⅰ	菌种Ⅱ
20℃	1.1×10^2	0.9×10^2	0.8×10^4	1.3×10^4	2.0×10^5	1.5×10^5	5.3×10^5	3.8×10^5
30℃	1.8×10^2	1.4×10^2	1.4×10^3	3.5×10^3	2.7×10^5	2.1×10^6	1.0×10^6	3.5×10^7
37℃	1.0×10^2	1.2×10^2	2.8×10^5	2.2×10^4	3.4×10^7	1.3×10^6	4.2×10^8	2.9×10^9
45℃	1.8×10^2	1.9×10^3	4.8×10^7	2.1×10^7	1.8×10^8	2.6×10^8	1.5×10^9	3.1×10^9
55℃	1.4×10^2	2.8×10^2	1.6×10^6	2.3×10^6	5.0×10^7	1.5×10^8	1.0×10^8	1.7×10^9
65℃	1.1×10^2	1.3×10^2	2.0×10^3	1.5×10^3	3.3×10^5	2.1×10^5	1.3×10^6	1.0×10^7

12.1.1.4 遗传学角度分析

微生物在没有诱变剂的条件下，基因自己发生突变，叫自发突变。自发突变的频率很低，在 $10^{-6} \sim 10^{-10}$ 范围，即 $10^6 \sim 10^{10}$ 个细菌细胞平均分裂 1 次形成一个突变体，因此这个概率是很低的。即使有发生突变的个体，在菌液中所占的比例也很低。但是如果微生物是基因构件的工程菌，菌种遗传状况不稳定的情况发生的概率将大大增加。这是因为不同菌种之间存在进化、遗传上的同源性或亲源性。当另外一种遗传物质进入菌体后，根据它们的同源性或亲源性，将出现不同程度的排斥或排它性，可能在遗传几代后，后导入的基因丢失。同时这种基因控制的某一性状也将随之消失。而从油层中筛选的本源菌是在自然状态下长期生长，就不存在这一问题。

12.1.2 室内降黏实验

12.1.2.1 原油组分变化

将菌种作用前后的原油做色谱分析，发现菌种作用前后的原油的烷烃组分发生了不同程度的变化。从菌种作用前后原油烷烃的分布曲线可以明显地看到，朝 61-Y121 井菌种作用后原油 C_{13} 以前的组分增加，作用后组分从 C_{21} 后减少[1]。从上述分析证明菌种作用原油，使烷烃曲线向轻组分方向移动（图 12.2）。

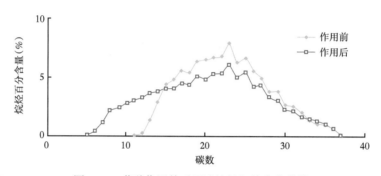

图 12.2 菌种作用前后原油烷烃组分变化曲线

12.1.2.2 菌种作用前后含蜡、含胶变化

菌种作用前后原油的蜡质和胶质的含量都有不同程度的变化[1,2]，菌种作用后朝 61-Y121 原油含蜡量由 35.7% 下降至 14.9%，含胶量由 21.6% 下降至 18.6%（表 12.3）。

表 12.3 菌种作用前后原油蜡、胶的变化表

样品名称		含蜡（%）	含胶（%）
朝 61-Y121	空白	35.7	21.6
	作用后	14.9	18.6
朝 62-128	空白	15.2	20.4
	作用后	11.2	19.4
朝 61-Y125	空白	20.2	23.0
	作用后	14.1	19.7
朝 60-128	空白	18.0	23.3
	作用后	14.7	19.4

12.1.2.3 菌种作用前后原油族组成分析

作用前后原油的饱和烃、芳香烃、非烃、沥青的含量都有不同程度的变化。朝 61-Y121 油样菌种作用后饱和烃增加了 6.30%，芳香烃降低了 1.78%，沥青质降低了 4.54%，这些变化对原油在地下的流动是有利的（表 12.4）。

表 12.4 族组成检验报告表

样品名称		饱和烃（%）	芳香烃（%）	非烃（%）	沥青质（%）
朝 61-Y121	空白	60.13	19.12	14.01	6.74
	作用后	66.43	17.43	14.03	2.20
朝 62-128	空白	61.10	16.20	9.73	2.36
	作用后	65.12	16.31	12.04	1.60
朝 61-Y125	空白	58.40	15.51	8.49	2.14
	作用后	62.07	18.00	10.97	1.20
60-128	空白	61.88	16.80	9.66	2.40
	作用后	66.56	18.09	9.83	2.37

12.1.2.4 原油流变特性分析

用 HAAKE 黏度计，温度 50℃，RS150 转子检测了原油的流变性，从检测的数据中可以看到菌种作用后的原油黏度明显降低，流变性变好（图 12.3）。

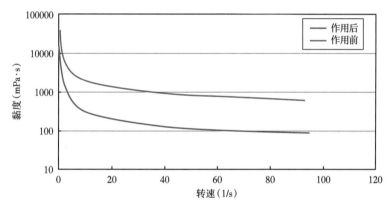

图 12.3 朝 62-128 井油样微生物作用前后流变曲线

12.1.2.5 菌种发酵液有机酸分析

用非水中和容量法测定了菌种发酵液的有机酸，从检测的数据中证明菌种代谢了有机酸，而且有机酸都有不同程度的增加。朝 61-Y121 井有机酸含量由 58.09mg/L 增加到 108.92mg/L，发酵液的 pH 值由 7.2 下降为 5.5~6，这说明菌种代谢过程中产生了酸性物质（表 12.5）。

表 12.5 菌种发酵液有机酸数据表

样品编号	样品名称	有机酸含量（mg/L）
1	朝 61-Y121 地层水	58.09
2	朝 61-Y121 发酵液	108.92

12.1.2.6 界面张力分析

界面张力由空白的 35.63mN/m 降低到最低的 14.7mN/m，进一步证明菌种发酵过程中代谢了活性物质。

12.1.3 物理模拟驱油实验

12.1.3.1 实验条件

岩心为三层非均质人造岩心，长度30cm，空气渗透率50mD，变异系数$V_k=0.72$，地层水矿化度2320mg/L。实验用油为朝阳沟油田脱水原油与煤油配制的模拟油，黏度5.6mPa·s，实验温度50℃。实验用的微生物驱油菌为菌种优化实验确定的混合菌，同时注入等体积的无机盐营养液。

12.1.3.2 微生物驱油实验步骤

(1)岩心抽空饱和模拟地层水；

(2)饱和模拟油；

(3)水驱至含水98%结束，计算水驱采收率；

(4)注入微生物菌液，保持恒温、恒压5天；

(5)水驱至含水98%结束，计算微生物驱提高原油采收率。

12.1.3.3 实验结果分析

为了研究微生物试验区块合理的菌液浓度和用量，将用量固定在200mg/（L·PV），菌液采用四个浓度0.5%、1.0%、2.0%、3.0%。实验结果表明，在相同用量下微生物菌液浓度越大，提高采收率越高，最佳注入浓度为3%。

在固定浓度3%条件下，优选了微生物用量，用量分别为50mg/（L·PV）、100mg/（L·PV）、200mg/（L·PV）、400mg/（L·PV）。在同一浓度下微生物菌液用量越大，提高采收率越高。根据用量和提高采收率的关系，并考虑经济合理性，建议菌液用量为100mg/（L·PV）（表12.6）。

表12.6 微生物驱油实验结果数据表

序号	菌液浓度 （%）	注入倍数 [mg/（L·PV）]	水驱采收率 （%）	微生物采收率 （%）	最终采收率 （%）
1	0.5	200	44.6	2.5	47.1
2	1.0	200	47.2	3.3	50.5
3	2.0	200	45.0	3.9	48.9
4	3.0	200	48.1	5.3	53.4
5	3.0	50	46.0	3.5	49.5
6	3.0	100	48.4	5.2	53.6
7	3.0	400	45.9	5.5	51.4

12.2 微生物吞吐试验

应用优选菌种开展了65口井的微生物吞吐试验，在一类区块取得了较好的增油效果，初步验证了优选菌种的适应性及有效性。微生物吞吐有效率为61.5%，平均单井井增油71.5t，65口井累计增油4649.2t。其中2002年油井微生物吞吐13口井，有效率为61.5%，累计增油1288.4t，平均单井增油99t；2003年油井微生物吞吐52口井，日产油由88.0t升至136.8t，增加48.8t，平均单井日增油0.94t，累计增油3360.8t。尤其是在一类区块,有效率达到78.6%,单井增油123t,22口井累计增油3444.5t(表12.7)。

表12.7 2002—2003年朝阳沟油田微生物吞吐效果统计表

项目分类	吞吐井数(口)	有效井数(口)	有效率(%)	吞吐前			吞吐后			平均单井增油(t)	有效井单井累计增油(t)	累计增油(t)
				日产液(t)	日产油(t)	含水(%)	日产液(t)	日产油(t)	含水(%)			
一类	28	22	78.6	94.4	58.2	38.3	147.1	86.4	41.3	123.0	156.6	3444.5
二类	27	14	51.9	50.0	39	22.0	73.9	57.2	22.6	34.5	66.5	930.7
三类	10	4	40.0	11.9	11.2	5.9	21.0	13.9	33.8	27.4	68.5	274
合计	65	40	61.5	156.3	108.4	30.6	242.0	157.5	34.9	71.5	116.2	4649.2

(1)储层物性好的油井增油效果好。

进行微生物吞吐的油井是否有效,与油层的物性有很大关系[3]。随渗透率的增加措施有效率增加,当渗透率大于10.0mD时,有效率达到78.1%。

(2)原油黏度在20~40mPa·s之间效果好。

通过对微生物吞吐井的生产效果进行分析表明,黏度在20~40mPa·s的油井采取微生物吞吐效果较好。

从吞吐前后色谱分析可以看出,微生物作用后油井中C_{15}—C_{30}的组分含量减少,而大于C_{30}的组分含量减少较小或者基本未变,说明微生物有选择性降解原油中的某些组分。

(3)微生物吞吐能解决近井地带伤害,增加油井产量。

通过对微生物吞吐有效的井进行分析,微生物可以起解堵作用,解除了油井近井地带的伤害,提高了近井地带的渗透率,从而使油井产量增加。

例如朝72-76井,该井有效厚度为14.6m,连通厚度为10.8m,于1989年9月投产,初期日产油14.0t。2003年3月测压时,压力恢复曲线参数解释表皮系数为2.56,说明井底存在伤害。于2003年10月6日对该井采取微生物吞吐,共注入微生物菌液4.5t,吞吐前日产油3.0t,吞吐后日产油7.1t,前后对比日增油4.1t,目前日产油4.7t,日增油1.7t,阶段累计增油86t。2003年11月又对该井进行测压,压力恢复曲线参数解释表皮系数为-1.44,解除了油井井底的伤害,渗透率增加,流压增加,措施效果好,说明微生物可以起到解堵作用(表12.8)。

表12.8 朝72-76井压力恢复曲线参数解释对比表

测试日期	日产油(t)	流压(MPa)	渗透率(mD)	表皮系数
2003.3	3.0	1.41	10.9	2.56
2003.11	5.2	1.64	12.5	-1.44

(4)微生物吞吐在油井上可以周期应用。

2003年在4口井进行第二轮微生物吞吐,吞吐后有3口井见到增油效果,1口井没有效果(表12.9)。通过连续两年的微生物吞吐分析可以看出,有效期为3~6mon。

表 12.9　微生物周期吞吐效果对比表

井号	措施时间	措施前			措施后			日增油（t）	累计增油（t）
		日产液（t）	日产油（t）	含水（%）	日产液（t）	日产油（t）	含水（%）		
朝100-66	2002.9	1.5	1.4	6.7	2.3	2.2	22.0	0.8	113.1
	2003.8	1.4	1.1	24.0	3.9	3.7	4.0	2.6	130.4
朝116-66	2002.9	2.2	2.2	1.2	3.8	3.6	5.0	1.4	148.3
	2003.8	3.3	3.0	10.0	4.9	3.8	22.4	0.8	61.0
朝96-72	2002.9	2.2	2.0	9.1	3.8	3.3	13.2	1.3	178.3
	2003.8	3.1	2.9	6.0	5.5	3.8	30.9	0.9	31.0
朝98-52	2002.9	1.5	1.2	25.0	2.0	2.0	1.2	0.8	96.4
	2003.8	1.7	1.6	3.0	1.9	1.8	5.0	0.2	0
合计	2002.9	7.4	6.8	8.1	11.9	11.1	6.7	4.3	536.1
	2003.8	9.5	8.6	9.5	16.2	13.1	19.1	4.5	222.4

（5）适合微生物吞吐油井的必要条件。

逐井分析微生物吞吐有效井和无效井的生产情况，认为供液能力、井底是否存在有机污染、黏度大小和含水高低是影响吞吐效果的主要因素（表12.10）。

表 12.10　微生物吞吐无效井原因分类表　　　　　　　　　　（单位：口）

区块类型	总井数	供液能力差井	井底无有机污染井	黏度<20mPa·s 或>40mPa·s 井	高含水井
一类	5	1	2	1	1
二类	11	3	3	4	1
三类	4	3	1		
合计	20	7	6	5	2

根据现场吞吐效果，确定了微生物吞吐的必要条件。

一是井区储层物性要好，渗透率要大于10mD；二是油井供液能力充足；三是原油黏度在 20~40mPa·s；四是油井存在有机堵塞；五是含水小于70%。

通过两年的开发试验，可以证明微生物在一类区块有较好的适应性，取得了较好的增油效果，可以作为一种新的增产措施继续推广应用，预计在一类区块应用规模为每年40口左右。

12.3　微生物驱油试验

12.3.1　试验区概况

12.3.1.1　地质概况

试验区位于松辽盆地中央坳陷区朝阳沟阶地的朝阳阳沟背斜轴部的朝50区块南端，主要开采的是扶余油层，属河流相沉积，其沉积物源主要受盆地东南怀德—九台沉积体系控制，油层埋藏深度为 989m，试验区含油面积为 0.81km²，地质储量为 62.8×10⁴t，油水井 11 口，平均有效厚度为 10.7m，连通厚度为 9.1m，水驱控制程度为 85.0%，原始地层压力为 8.5MPa，储层基质平均空气渗透率为 25mD，有效孔隙度为 17%，原始含油饱和度为 57%。井区普遍发育裂缝，裂缝主方向为近东西向北东 85°，南北向发育次要裂缝。

根据原油高压物性资料，饱和压力为 6.4MPa，地层原油黏度为 9.7mPa·s，地面原油黏度为 20.2 mPa·s，含蜡量 22.2%，含胶量 12.6%，凝固点 31°C，地层水矿化度 4450mg/L。其中碳酸根离子 8.61 mg/L，氯离子 70.9 mg/L，硫酸根离子 7.68mg/L，钙离子 8.02mg/L，镁离子 5.83mg/L。

试验区纵向上发育 30 个小层，41 个沉积单元。其中主力油层为 FI3₂、FI5₁、FI7₂、FⅢ1，钻遇率在 50% 以上，平均钻遇厚度分别为 2.2m、2.0m、3.2m 和 3.1m，平面上呈片状分布；FI4、FI7₁、FⅡ2₂ 属于Ⅱ类储层，钻遇率为 22.2%~25.9%，多呈条带状分布；其余为Ⅲ类砂体，呈透镜状分布，砂体发育规模小。

12.3.1.2 开发简况

该井区 1992 年 10 月投产，初期平均单井日产油 8.7t。1993 年 4 月转入注水开发阶段，采用反九点面积井网注水，开发初期采用早期强化注水。随着油井注水受效，并且及时采取压裂增产措施，取得了较好的开发效果。到 1997 年 6 月油井含水上升明显加快，含水由 1996 年 12 月的 4.4% 突升到 21.9%。1997 年底开始对杨大城子油井补射扶余油层，但由于补孔井区注采不完善，调整难度大，原井网油井由于截流产量逐渐下降。随着开发时间的延长，补孔井 1999 年底含水上升加快，含水上升率达到 14.5%，而原井网油井含水上升相对缓慢，含水上升率只有 3.2%。近几年为了控制油井含水上升，对注水井采取注水调整、周期注水、调剖，并且结合油井堵水等综合调整方法，含水上升速度虽然得到一定的控制，但是油井液量下降幅度较大，导致该区开发效果变差。

试验区共有油水井 11 口，其中注水井 2 口，日注水 65m³，注水压力 11.9 MPa，累计注水 37.51×10⁴m³，月注采比为 2.92，累积注采比为 1.95；油井 9 口，试验前井区日产液 52.2t，日产油 23.5t，含水为 54.9%，累计产油 19.19×10⁴t，采油速度为 0.88%，采出程度为 16.96%。

12.3.2 注采参数设计

12.3.2.1 浓度配比

根据室内实验结果和单井吞吐效果，结合试验区油层特性，确定现场应用五类菌种，比例为 SHA∶SHB∶SHL∶SHT∶SHY = 3∶2∶2∶4∶1。

12.3.2.2 注入方式和浓度

（1）注入方式的确定。

采取连续注入的方式。首先注入前置段塞，然后分为两个段塞注入微生物菌液。

（2）浓度的确定。

微生物菌液的浓度是 10⁹ 个/mL，根据其他油田注微生物驱油经验，微生物的浓度必须大于 10⁷ 个/mL，才能使油井见到明显效果。结合注水井累注量多的实际生产情况，为防止微生物菌液注入地下时浓度偏低，菌液注入第一个段塞设计浓度为 5.0%，第二个段塞浓度为 2.0%。

（3）营养液的注入。

为了使注入的微生物较好地在地下生长繁殖，在前置段塞中加入营养液，为注入的微生物创造生长环境，可以保证微生物在地层中大量地繁殖。营养液均用清水配制，其中含有无机盐、有机物、维生素、氮、磷、钾元素（NH_4SO_4：0.3%，$NaCl$：0.85%，K_2HPO_4：0.3%）、生长激活因子等。

综上所述，矿场试验微生物驱注入程序如下：前置段塞+第一菌液段塞和营养液+第二菌液段塞和营养液+注水。

12.3.2.3 微生物用量

微生物驱油试验区设计注入 2 口井（朝 60-126、朝 61-Y123），控制面积为 0.81km²，地质储量为 62.8×10⁴t，平均单井有效厚度为 10.7m，连通厚度为 9.1m，孔隙度为 17%，储层渗透率为 25mD，计算孔隙体积为 125.2×10⁴m³。2 口井合计日注水 65m³，年注水 2.37×10⁴m³。

试验设计分周期注入，计算该试验区块孔隙体积为 125.2×10⁴m³。根据室内实验结果并结合调研资料，微生物用量确定在 100mg/（L·PV），每周期微生物总用量为 125.2t。结合每口注水井的注水能力，配注菌液量。第一个段塞菌液浓度按 5% 稀释注入，并将无机盐液混合同时注入，每口井无机盐液注入量与原菌液量相同。接着注入第二个段塞，浓度为 2%，注完后注无机盐液，用量同原菌液量（表 12.11、表 12.12）。

表 12.11　每周期注入量和各段塞浓度表

段塞	浓度（%）	孔隙体积浓度［mg/（L·PV）］	菌液量（t）		注水量（m³）	
			朝 60-126	朝 61-Y123	朝 60-126	朝 61-Y123
第一段塞	5	70	40	30	800	600
第二段塞	2	30	35	20.2	1750	1010
合计		100	75	50.2	2250	1610

表 12.12　不同段塞注入量设计表

井号	总菌液量（t）	第一段塞				第二段塞			
		菌量（t）	日注菌液（t）	日注水量（m³）	注入天数（d）	菌量（t）	日注菌液（t）	日注水量（m³）	注入天数（d）
朝 60-126	75	40	2.0	40	20	35	0.8	40	44
朝 61-Y123	50.2	30	1.5	30	20	20.5	0.6	30	35
合计		70	3.5	70		55.5	1.4	70	

每个周期首先注入前置段塞，用量为 60m³，然后开始第一、第二段塞的注入。周期注入结束后，注入清水顶替，将微生物推到油水前缘以使微生物和原油充分接触。第一周期注入完成后，根据试验井区油井、注水井动态变化情况，适当调整。

12.3.2.4 注入工艺流程

在计量间将微生物原菌液与无机盐液和清水，按方案要求比例配制成混合溶液。用柱塞泵连接注水管线将混合溶液同时注入到两口井井底，注入量用井阀门控制。

12.3.3　微生物驱油试验进展

12.3.3.1　第一周期注入情况

按照试验方案的要求，需要在 2004 年 5 月 27 日—6 月 4 日完成前置液的注入工作，共注入营养液 60t；6 月 5 日开始注入微生物菌液，同时加入无机盐营养剂，到 9 月 5 日已完成第一周期的注入，共注入微生物菌液 125.2t，营养液 85t（表 12.13）。

12.3.3.2　第二周期注入情况

2004 年 12 月 25 日至 2005 年 1 月 10 日进行了流程改造工作，2004 年 12 月 25 日至 2 月 22 日完成第二周期注入工作，共注入微生物菌液 125.2t（表 12.13）。

12.3.3.3　第三周期注入情况

2005 年 9 月 4 日至 2005 年 11 月 30 日，完成了第三周期注入。注入微生物菌液 124.5t，营养液 60t（表 12.13）。

12.3.3.4　第四周期注入情况

2005 年 12 月 1 日至 2006 年 2 月 24 日，完成第四周期注入。两口井分别注入微生物菌液 140t，营养液 70t，累计注入菌液 655.6t，营养液 285t（表 12.13）。

表 12.13　微生物菌液及营养液注入数据表

井号	第一周期		第二周期		第三周期		第四周期		合计	
	菌液（t）	营养液（t）	菌液（t）	营养液（t）	菌液（t）	营养液（t）	菌液（t）	营养液（t）	菌液（t）	营养液（t）
朝 61-Y123	59.5	40	55	0	75.2	35.9	140	70	329.7	145.9
朝 60-126	65.7	45	70.2	0	50.0	24.1	140	70	325.9	139.1
合计	125.2	85	125.2	0	125.2	60	280	140	655.6	285

12.3.4　微生物驱油试验效果分析

试验区 9 口油井，试验前井区日产液为 52.2t，日产油为 23.5t，含水为 54.98%。经过两年多的试验，井区日产液为 202.0t，日产油 103.4t，含水 48.8%。其中有 3 口井分别在 2005 年 3 月及 5 月进行了压裂及解堵措施，这 3 口措施井试验前井区日产液为 21.5t，日产油为 7.2t，含水为 66.5%，2006 年 12 月日产液为 12.1t，日产油 4.9t，含水 59.5%。从试验井区开发动态来看，井区低含水 2 口井未受效，中高含水井产量上升较为明显，7 口有效井累计增油 8660.9t（表 12.14）

表 12.14　试验区油井分类统计表

分类	井号	试验前			2004 年 12 月			2005 年 12 月			2006 年 12 月			累计增油（t）
		日产液（t）	日产油（t）	含水（%）	日产液（t）	日产油（t）	含水（%）	日产液（t）	日产油（t）	含水（%）	日产液（t）	日产油（t）	含水（%）	
措施井	朝 60-128	5	0.5	90.0	4.2	0.2	95.2	14.1	1.7	87.9	7.9	2.1	73.4	531
	朝 62-122	3.5	3.5	0.0	8.7	7.7	11.5	3.4	2.4	29.4	2.4	2.3	4.2	639.2
	朝 61-Y127	13	3.2	75.4	6	1.8	70.0	4	1.1	72.5	1.8	0.5	72.2	0

分类	井号	试验前			2004 年 12 月			2005 年 12 月			2006 年 12 月			累计增油 (t)
		日产液 (t)	日产油 (t)	含水 (%)	日产液 (t)	日产油 (t)	含水 (%)	日产液 (t)	日产油 (t)	含水 (%)	日产液 (t)	日产油 (t)	含水 (%)	
	3 口	21.5	7.2	66.5	18.9	9.7	48.7	21.5	5.2	75.8	12.1	4.9	59.5	1170.2
中高含水井	朝 61-Y125	3.6	0.1	97.2	6	1.2	80.0	15.8	7	55.7	13.4	7.3	45.5	4586.2
	朝 61-Y121	5.6	3.1	44.6	7.9	4.9	38.0	6.7	5	25.4	5.6	3.5	37.5	1402
	朝 62-124	8	0.4	95.0	6.6	2.3	65.2	4.1	1.9	53.7	3.1	1.9	38.7	1043.5
	朝 62-126	0	0	0.0	1	0.1	90.0	0.9	0.4	55.6	1.8	1.2	33.3	459
低含水井	4 口	17	3.6	78.8	22.6	7.6	66.4	27.5	14.3	48.0	48.1	23.7	50.7	7490.7
	朝 58-128	6.2	5.7	8.1	8.7	7.4	14.9	4.1	3	26.8	1.9	1.5	21.1	0
	朝 58-126	7.5	7	6.7	9.8	9.4	4.1	4.9	4.9	0.0	2.9	2.8	3.4	0
	2 口	13.7	12.7	7.3	18.5	16.8	9.2	9	7.9	12.2	101	51.7	48.8	0
	9 口	52.2	23.5	55.0	60	34.1	43.2	58	27.4	52.8	202	103.4	48.8	8660.9

（1）试验区中高含水井受效明显，产量上升，含水下降。

试验区 4 口高含水井受效明显，日产液量由试验前的 17.0t 上升到 2006 年月的 41.8t，对应日产油量由 3.6t 上升到 23.7t，含水由 77.1%下降到 41.8%。如朝 61-Y121 井，有效厚度 15.4m，连通厚度 10.6m，该井与注入井朝 61-Y123 井连通。微生物驱之前日产液 5.6t，日产油 3.1t，含水 42.9%，微生物注入后产液量及产油量持续上升。2004 年 10 月日产液量上升到 8.9t，日产油量上升到 6.2t，含水下降到 30.3%。2005 年 12 月日产液 6.7t，日产油 5.0t，含水下降到 24.9%。2006 年 4 月，泵漏失作业，2006 年 10 月产油量恢复到 3.8t，2006 年 12 月日产液 5.6t，日产油 3.5t，含水为 37.5%（图 12.4）。

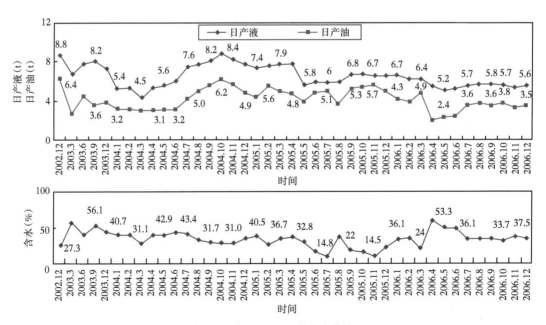

图 12.4　朝 61-Y121 井生产曲线

从取样化验菌数来看，朝 61-Y121 井上升较大，由试验前的 10^4 数量级上升到 2004 年 10 月的 $6.7×10^6$ 个/mL。2006 年 4 月化验菌数仍在 $7.0×10^6$ 个/mL 的较高水平上。原油黏度化验结果，试验前黏度为 89.2mPa·s，2004 年 9 月略降到 82.9 mPa·s，2005 年 4 月及 9 月份分别下降到 73.8mPa·s 和 58.4mPa·s（图 12.5）。同时，原油烷烃组分也发生变化。

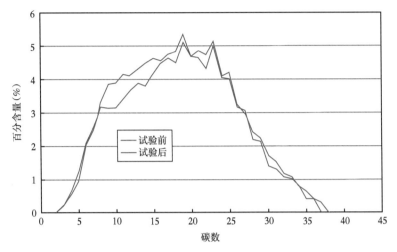

图 12.5　朝 61-121 井原油见效前后气相色谱图

又如朝 61-Y125 井，有效厚度为 14.4m，连通厚度为 12.0m，该井与两口微生物注入井都连通。微生物驱之前日产液 4.0t，日产油 0.2t，含水 95.0%，微生物注入后 60d 含水开始下降，产油量有所上升。2004 年 10 月日产液 6.2t，日产油 1.3t，含水 79.0%，与试验前对比含水下降了 16%。2005 年 5 月日产液 10.6t，日产油 0.9t，含水 91%，产液量上升明显，含水有所回升。2005 年 6 月含水又大幅度下降到 67.6%，日产液上升到 15t，日产油上升到 4.9t。2006 年 12 月该井日产液 13.4t，日产油 7.3t，含水 45.5%（图 12.6）。

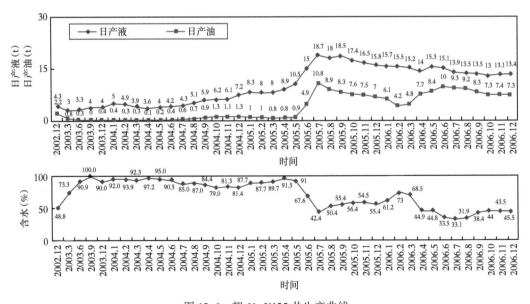

图 12.6　朝 61-Y125 井生产曲线

271

与明显受效相对应，朝61-Y125井微生物、原油物性检测结果也明显变好。朝61-Y125井试验前微生物菌数 $2.0×10^3$ 个/mL，黏度大于100mPa·s，微生物注入后3个月（2004年9月）微生物菌数达到 $1.8×10^5$ 个/mL，黏度下降到57.4mPa·s，4个月（2004年10月）时微生物菌数达到 $1.2×10^6$ 个/mL，黏度进一步下降到55.57mPa·s。2005年6月化验结果，微生物菌数保持在 $7.6×10^5$ 个/mL。2006年4月微生物菌数为 $3.2×10^5$ 个/mL。通过对采出油样进行色谱分析，微生物驱后油样中低碳烷烃组分明显增加，高碳烷烃组分明显减少（图12.7）。

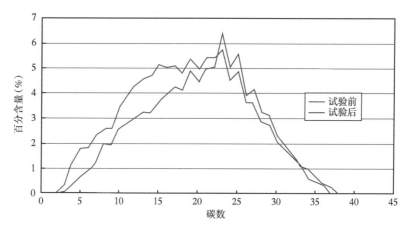

图12.7　朝61-Y125井原油见效前后气相色谱图

又如朝62-124井，有效厚度为6.6m，连通厚度为5.2m，与朝61-Y123井连通。该井于2003年3月由于高含水关井，关井前日产液3.0t，含水100%，见水层位为 $FI3_2$ 层，套损无法堵水。在微生物驱试验前该井开井，初期日产液8.0t，日产油0.4t，含水95%。2004年8月开始见到微生物驱油效果，含水下降，产油量有所上升。2006年12月该井日产液3.1t，日产油1.9t，含水38.7%（图12.8）。

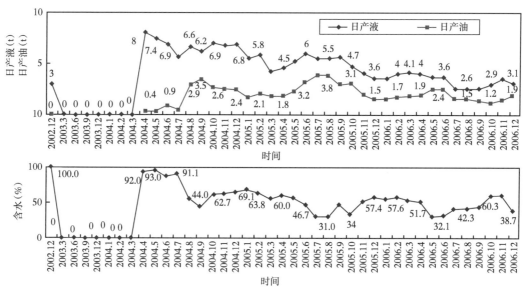

图12.8　朝62-124井生产曲线

朝62-124井取样化验菌数在2004年9月上升到7.8×10^{4}个/mL，2006年4月份为2×10^{5}个/mL。

（2）通过油井措施，促进了微生物驱油受效。

微生物注入后，试验区朝61-Y127井、朝60-128井、朝62-122井一直没有受效表现，为此开展了油井解堵及压裂工作，以促进微生物驱油受效，取得较好效果。

如朝62-122井，在微生物注入后半年时间内产量仍在下降，分析原因为近井地带油层伤害。为了提高其产能，促进微生物驱油受效，于2004年12月进行了解堵，解堵后产量上升比较明显，日产油量由解堵前的1.3t上升到高峰期的10.6t，目前日产油为2.4t。同时，微生物监测表明，从2005年4—9月间取样化验菌数保持在10^6～10^{7}个/mL之间，原油黏度也从80.3mPa·s下降到43.3mPa·s，在驱油过程中采取必要的解堵措施见到了显著的效果（图12.9）。

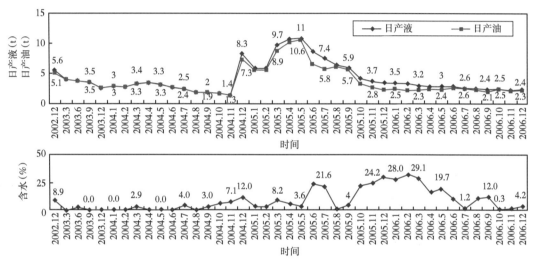

图12.9　朝62-122井生产曲线

又如朝60-128井，在微生物注入后生产情况未发生变化，分析该井主要受朝60-130井注水影响，其来水方向不是朝60-126井。为了促进微生物驱油受效，于2005年6月进行了转向压裂，压裂初期该井产液量上升到20.4t，含水10%，其后出水量一直在14t以上。2005年11月该井出油1.6t，含水下降到89.2%，产量上升比较明显，目前日产液7.9t，日产油2.1t，含水下降到48.0%。2005年11月取样化验微生物菌数由之前的10^{4}个/mL左右上升到5.0×10^{5}个/mL（图12.10）。

（3）低含水井产量下降，没有受效。

试验区两口低含水井，由于取样含水低，没有做连续的菌数化验，从生产曲线上看，受效趋势不明显。如朝58-128井，该井从微生物注入后产量一直呈下降趋势。2005年1月化验菌数在1.3×10^{4}个/mL，没有明显增加（图12.11），朝58-126井产量也持续下降（图12.12）。

（4）微生物注入与发生作用区域以中高含水区域为主。

微生物试验区主力油层为F I 3$_2$、F I 5$_1$、F I 7$_2$和F II 1，钻遇率分别为91.7%、50.0%、50.0%和66.7%，平均钻遇厚度分别为2.2m、2.0m、3.2m和3.1m。从砂体发育规模上

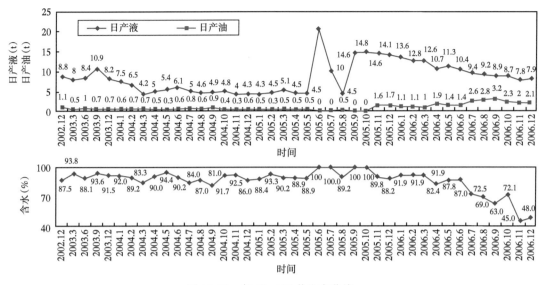

图 12.10　朝 60-128 井生产曲线

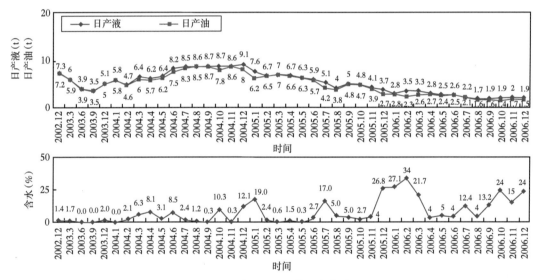

图 12.11　朝 58-128 井生产曲线

来看，$FI3_2$ 层发育较好。通过电性参数解释，$FI3_2$ 层物性最好，孔隙度为 16.8%，含油饱和度为 57.5%。$FI3_2$ 层的水淹程度较高，如朝 61-Y123 井平均水淹半径为 141m，而 $FI3_2$ 层水淹半径达到 215m，朝 60-126 井平均水淹半径为 172m，$FI3_2$ 层水淹半径达到 182m，$FI3_2$ 层累计注水量占到试验区注入量的 44.5%。

　　从两口井的吸水剖面来看，微生物注入过程中，主要注入层也是 $FI3_2$ 层。朝 61-Y123 井在微生物注入前 $FI3_2$ 相对吸水量为 58.71%，2004 年 10 月相对吸水量上升到 84.62%，2005 年 3 月相对吸水量为 57.8%；朝 60-126 井 $FI3_2$ 层注入前吸水百分数为 64.94%，注入后上升到 75.48%。按吸水剖面数据进行统计，该层的微生物注入量占到全部注入量的 68.7%。

274

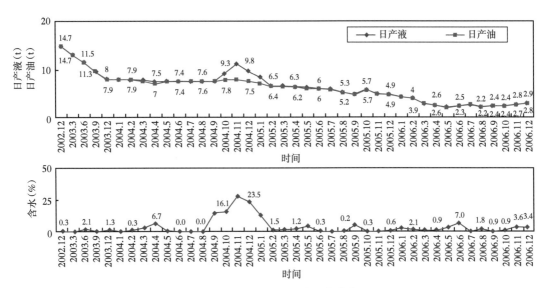

图 12.12　朝 58-126 井生产曲线

从产出剖面来看，FI3$_2$ 层是主力产出层，试验区朝 61-Y127 井该层产液量 2003—2005 年分别占全井产液量的 60.7%、59.5%、57.1%。

可见，FI3$_2$ 层是试验区的主要产液层，也是微生物的主要注入层。

试验区受效的 4 口中高含水井，均发育 FI3$_2$ 层，日产液量由试验前的 17.0t 上升到目前的 23.9t，日产油量由 3.9t 上升到 13.9t，含水由 77.1% 下降到 41.8%。而 2 口低含水井日产液量由 13.7t 降到 4.8t，日产油由 12.7t 下降到 4.3t，含水由 7.3% 稳定到 10.4%。结果表明，由于微生物是以水为生活环境，受到油层吸水能力差异的影响，微生物更多地随着注入水进入吸水能力较强、水淹程度较高的主力油层，所以微生物菌液对于水淹程度较高的中高含水区域影响较大，受效明显的是中高含水井，而低含水井受效相对不明显。

（5）微生物在油层中大量繁殖。

微生物菌体以水为生存环境，并随水一同流动，在水中作无规则的布朗运动，类似于化学剂在多孔介质中运移时的对流扩散特征。但与化学剂运移的最大不同是，微生物在多孔介质表面有很强的吸附能力。使其在运移时浓度不断减少。由于吸附引起的微生物浓度减少 C_{xf} 可以表示为：

$$C_{xf} = \frac{C_m}{C_{zm}} C_{max} \qquad (12.1)$$

式中　C_m——任一菌液浓度，个/mL；

　　　C_{zm}——初始菌液浓度，个/mL；

　　　C_{max}——初始菌液浓度下的最大减小值，个/mL。

则整个油层中的平均吸附浓度为 $\frac{1}{3}C_{max}$，油层中微生物吸附的量为 $\frac{\pi \gamma^2 h \phi}{3} C_{max}$。

从实验室可知，类似浓度微生物的初始吸附率在 1.1% 左右，即

$$C_{xf} = \frac{C_m}{C_{zm}} C_{max} = 0.011 C_m \qquad (12.2)$$

假设注入微生物总量在推进过程中不变，微生物仅在油层吸附的作用影响下，其推进半径为 R，油层平均厚度为 H，则：

$$R = \sqrt{(3V_{zm})/(0.11\pi H)} \qquad (12.3)$$

代入试验数据可得，$R = 208\mathrm{m}$。这说明，仅仅依靠注入的微生物可以达到较远的区块，但考虑到要保证一定的浓度才能具有较好的作用效果，尤其是在井距 300m 的情况下，就需要保持足够的浓度，才能取得好的效果（表 12.15）。

表 12.15　微生物驱油试验区油井取样中菌数统计表　　　（单位：个/mL）

取样时间 井号	2004.7	2004.8	2004.9	2004.10	2005.1	2005.2	2005.4	2005.6	2005.9—11	2006.4
朝61-Y121	1.5×10^4	6.0×10^4	1.2×10^7	6.7×10^6	6.4×10^5	1.4×10^6	4.0×10^6		6.9×10^6	7.0×10^6
朝61-Y125	2.0×10^3	3.5×10^3	1.8×10^5	1.2×10^6	1.3×10^6	3.1×10^6	3.2×10^6	7.6×10^5	1×10^3	3.2×10^5
朝61-Y127	8.0×10^2	2.5×10^3	6.0×10^6	8.0×10^5	3.0×10^6	8.1×10^5	7.5×10^5	2.4×10^6	2.0×10^6	7.5×10^6
朝60-128	2.3×10^3	2.3×10^3	7.8×10^4		8.7×10^4	6.6×10^4	5.0×10^4		5×10^5	
朝62-124	1.0×10^3	1.8×10^3	3.0×10^4	2.3×10^4	3.3×10^4	7.6×10^3	6.8×10^4	9.0×10^3	9×10^3	7.6×10^5
朝58-128						1.3×10^4	1.7×10^4			
朝62-126				5.2×10^4	4.5×10^4	1.2×10^4	8.1×10^4	8.0×10^6	6.0×10^5	
朝62-122							6.8×10^5	1.4×10^6	1.0×10^7	

微生物注入前后油井采出液菌数化验结果表明，2004 年 7—8 月微生物菌数与原始状态下一致（10^3 个/mL）。2004 年 9 月以后油样中的菌数大幅度增加，比原始数量提高了 2~3 个数量级。说明注入微生物已经到达油井。试验区注入微生物得到了大量繁殖。以试验区取样化验结果进行分析，假设油层中的微生物浓度是均匀变化的，以纯菌液浓度计算，则目前试验区油层中的菌液当量为 3675t，也就是说目前油层中的微生物数量是注入微生物数量的 15 倍左右。

研究表明，矿物质无机盐对微生物繁殖具有直接的影响，在氮源不足的情况下，细菌繁殖缓慢，而且将碳源转化为胞外黏液而不是形成细胞质；如果磷源不足，细胞不能合成足够的三磷酸腺甙（ATP）来维持代谢功能。在这些情况下，细胞只能简单地增殖体积尺寸，但不能进行分裂。本次试验中加密的营养液成分为：无机盐、有机物、维生素、微量元素、生长激活因子等。营养液的加入促进了本次试验微生物的大量繁殖，起到了重要作用。

（6）微生物改善了原油物性。

试验前后对比，3 口中心井原油黏度由 94.3mPa·s 下降到 41.4mPa·s，含蜡量由 12.4% 下降到 7.6%，含胶量由 15.1% 下降到 11.3%。油水界面张力由 46.3mN/m 降到 39.8mN/m，下降了 6.5mN/m（表 12.16）。说明原油在地层中的流动性变好。

本次微生物驱油试验取得了较好的效果，主要是在储层物性较好的一类区块，需要在二类区块选择试验区进行试验，微生物驱油技术将进一步改善低渗透油藏开发效果。

表 12.16　微生物驱油试验区原油物性变化表

分类	井号	朝 61-Y121	朝 61-Y125	朝 61-Y127	平均
原油黏度 （mPa·s）	试验前	82.9	>100	>100	94.3
	2004 年 9 月	89.2	57.4	84	76.9
	2004 年 10 月	50.86	55.57	80.09	62.2
	2005 年 1 月	73.8	75.1	79.3	76.0
	2005 年 6 月		54.9	22.6	38.8
	2005 年 10 月	58.4	28.1	37.6	41.4
含蜡(%)	试验前	18.9	7.8	10.5	12.4
	2004 年 10 月	7.6	7.3	7.9	7.6
	2005 年 6 月		5.6	12.1	8.8
含胶(%)	试验前	20.2	12	13	15.1
	2004 年 10 月	9.6	11.1	13.3	11.3
	2005 年 6 月		13.2	20.5	16.8

参 考 文 献

［1］田守仁．朝阳沟油田微生物采油技术研究［J］.中国石油和化工标准与质量，2011，31(04)：58.

［2］邢宝利，徐启，郭永贵．微生物采油技术在朝阳沟油田的应用［J］.大庆石油地质与开发，2000
(05)：47-49.

［3］邹江滨．大庆西部外围低渗透油田微生物采油技术研究［D］.北京：中国地质大学，2007.

13　低渗透油藏二氧化碳驱油技术

低渗透油藏具有渗透率低、启动压力大、水驱效果差等特点。CO_2 气体流动性能好，能够有效降低原油黏度，体积易膨胀且能够有效降低油水界面张力，以及具有价格低廉、效果显著、无毒环保等特点，探索 CO_2 的驱油机理以及高效实施注 CO_2 开发具有十分重要的意义。本文开展了 CO_2 驱油机理研究，评估低渗透油藏 CO_2 驱可行性。应用油藏数值模拟组分模型，结合现代 CO_2 驱油藏工程理论，通过研究井间压力及其原油组分和界面张力剖面变化特征，提出了混相体积系数的概念，给出了计算表达式和计算方案，丰富了 CO_2 混相驱理论，深化了对 CO_2 驱油藏开发机理的认识。

13.1　油气混相特征

在一定的压力下，CO_2 对原油中轻质组分萃取，从而消除油—CO_2 两相之间界面，界面张力逐渐趋近于 0，油相相对渗透率曲线接近于直线[1]。根据传统的混相概念，CO_2 驱分为混相驱和非混相驱两种状态[2-3]。其判断依据多采用室内实验结果，比如毛细管实验、升泡法实验和蒸汽密度法实验[4-7]。毛细管实验是最通用的方法，可以绘制压力和采收率（常常取注入 CO_2 1.2PV 的采出程度）关系曲线，一般存在一个拐点。高于拐点压力时采收率随压力升高变化不大；而低于拐点压力时，随着压力升高 CO_2 驱采收率急剧增加。因此，拐点处的压力被认为是最小混相压力。将求出的最小混相压力与油藏原始地层压力进行对比，判断 CO_2 驱为混相驱或非混相驱，两种情况下的驱替效果存在质的差别[8-10]。

油田注气开发后，地层压力将会发生变化，并影响着 CO_2 驱的混相状态[11]。实际注气过程中，注采井间的压力是变化的（图 13.1）。例如，大庆低渗透油田注入端压力可以达到 40MPa 以上，远远高于实验室细长管测得的混相压力；而采出端压力仅为 2~3MPa，远远低于混相压力。注入井附近是混相驱替，而生产井附近是非混相驱替。因此，混相驱

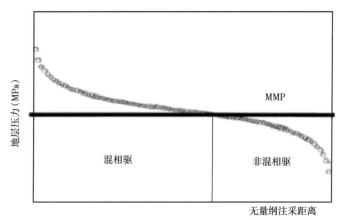

图 13.1　注采井间压力剖面与 MMP 的关系示意图

和非混相驱的概念值得重新认识，通过原始地层压力与实测最小混相压力的简单对比来判别油藏是否实现混相驱的做法值得商榷。

根据特低渗透扶杨油层地质与油层物理条件[12]，建立理想油藏数值模拟模型，采用 Eclipse 数值模拟软件进行计算，考察界面张力、饱和度、原油黏度及有关组分的摩尔分数变化趋势开展概念性研究[13]。

13.1.1 井间剖面特征

CO_2 驱的混相现象是指原油轻质组分蒸发到 CO_2 中以及 CO_2 溶解到原油的现象，混相状态采用界面张力定量描述[1-3, 8]。界面张力最直接的影响因素为两相之间组分含量的差异性，而影响组分差异性的重要因素为地层压力。因此，从注入井到采油井，地层压力急剧变化，注采井间的各参数，特别是界面张力或混相状态也随之发生重大变化[14]。

图 13.2 为不同注入量条件下注采井之间界面张力剖面图，气体突破前后的界面张力剖面均可以划分为 I、II 和 III 三个带，即气体突破前注入井附近的零界面张力带 ($\sigma = 0$)、界面张力低值带和气体前缘零界面张力带三个区域 (图 13.3)。

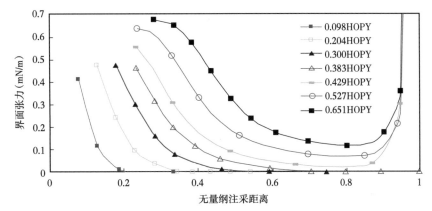

图 13.2　不同注入量油气井界面张力剖面

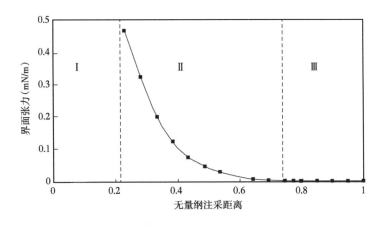

图 13.3　气体突破前油气井间界面张力剖面

气体突破后注入井附近的三个区域：零界面张力带 ($\sigma = 0$)、界面张力低值带和界面张力高值带如图 13.4 所示。界面张力低值带又可进一步细分为前端和后端两个部分，并且 $\sigma_{前端} < \sigma_{后端}$。

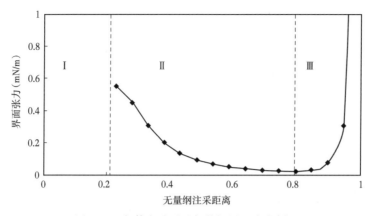

图 13.4　气体突破后油气井间界面张力剖面

由于注入井按 40MPa 定流压注入，在注入井附近的地层压力高于实测混相压力，油—CO_2 处于混相状态，界面张于等于 0，沿着油井方向，随着地层压力的降低，界面张力升高，但仍低于原始界面张力，形成低界面张力带（图 13.5）。在该带前端地层压力低于后端，但 CO_2 的蒸发萃取作用更加充分，并且该带前端运动后原油中轻质组分被抽提出来，原油 C_2—C_4 组分以及 C_5—C_6 组分的摩尔分数都变小，使得该带后端的界面张力大于前端。在气体突破前，虽然注气前缘的地层压力不高，但 CO_2 含量较低，能完全溶解于原油中，因而界面张力为零；在气体突破后，生产井附近地层压力较低，油—CO_2 分离作用进一步加强，油—CO_2 组分差异进一步加大，界面张力较高。

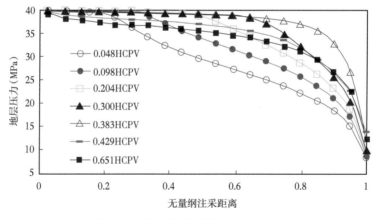

图 13.5　油气井间地层压力分布剖面

在气体突破前，与界面张力相应，饱和度剖面也可以划分 3 个区域。纯气带对应于注入井附近零界面张力带，油气混合带对应于低界面张力带，纯油带对应于注气前缘零界面张力带[9, 15]。由图 13.6 可见，在气体突破前，低界面张力带范围逐渐增大。气体突破后，气体运动速度加快，地层压力降低的影响更为突出，低界面张力带范围又有变小的趋势。

显然，纯气带对应着原油黏度为零，但低界面张力带后端，由于原油轻质组分被 CO_2 萃取，重组分含量较高，所以黏度变大，并可能远高于原始条件下原油黏度；而在低界面张力带前端，界面张力较低，原油轻质组分较高（图 13.7），原油黏度与气相黏度接近[16]。

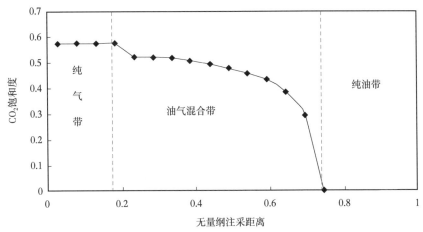

图 13.6 气体突破前注采井间含 CO_2 饱和度分布

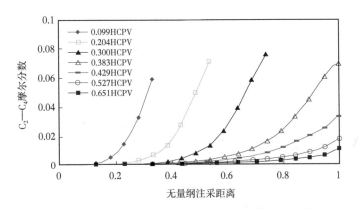

图 13.7 不同注入量注采井间 C_2—C_4 摩尔分数分布曲线

在注气前缘部分，由于 CO_2 的溶解作用使得原油黏度低于初始黏度，但 CO_2 组分含量较低，原油黏度又高于低界面张力带前端的原油黏度(图 13.8)。

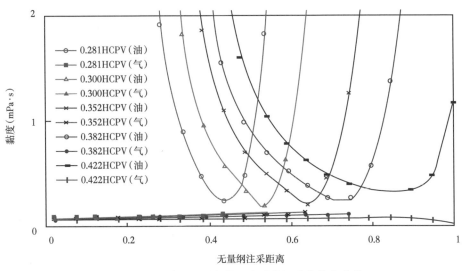

图 13.8 不同注入量条件下注采井间黏度分布曲线

13.1.2 混相程度定量表征

13.1.2.1 混相体积系数的概念

在实际油藏注 CO_2 开发过程中，由于地层压力剖面的重大变化，常常在注入井附近一定范围内油—CO_2 是混相的，而在油井附近一定范围内又是不混相的。因此，定义全混相体积系数、半混相体积系数和非混相体积系数来定量表征 CO_2 实际驱油过程中的混相状态或混相程度[3]。

以注入 CO_2 波及体积为参照系，可以定义如下相对混相体积参数。

全混相体积系数：

$$C_M = \frac{V_M}{V_g} \tag{13.1}$$

半混相体积系数：

$$C_P = \frac{V_P}{V_g} \tag{13.2}$$

非混相体积系数：

$$C_N = \frac{V_N}{V_g} \tag{13.3}$$

式中　V_g——CO_2 波及体积，m^3；

　　　V_M——注入井附近界面张力为 0 的体积，m^3；

　　　V_P——低界面张力区的体积，m^3；

　　　V_N——其他区域的体积，m^3。

且有

$$C_M + C_P + C_N = 1 \tag{13.4}$$

如果以孔隙体积为参照系，则可以相应的定义绝对混相状态参数：

全混相体积系数：

$$\overline{C}_M = C_M \cdot \varphi \tag{13.5}$$

半混相体积系数：

$$\overline{C}_P = C_P \cdot \varphi \tag{13.6}$$

非混相体积系数：

$$\overline{C}_N = C_N \cdot \varphi \tag{13.7}$$

式中　φ——波及系数。

以上各参数可以统计组分模型数值模拟计算结果，相对混相状态参数与相应的绝对混相状态参数之间比例为注 CO_2 波及系数。

13.1.2.2 影响因素及变化特征

原油组成和地层压力是影响注 CO_2 驱油混相程度的本质因素。在其他条件相同的情况下，原油中 C_5—C_9 含量越高，注 CO_2 的全混相体积系数也越高，这与原油组成对 MMP 的影响是一致的；对于同一样品而言，随着注入量的增大，全混相体积系数是逐渐增大的（表 13.1、图 13.9）。

表 13.1 原油组分及其摩尔分数

组成	N_2	CO_2	C_{1+}	C_{2+}	C_{5+}	C_{7+}	C_{10+}	C_{13+}	C_{18+}	C_{23+}
样品一	0.36	0	13.99	8.19	9.23	19.55	14.79	14.59	10.21	9.09
样品二	0.36	0	13.99	8.19	6.23	17.55	15.79	14.59	12.21	11.09
样品三	0.36	0	13.99	8.19	4.23	13.55	15.79	15.59	14.21	14.09

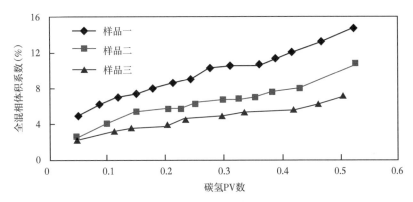

图 13.9 原油组成对全混相体积系数的影响

在注 CO_2 驱油时，为了使地层压力高于最小混相压力，确保具有较高的混相程度，提高驱油效率，要保持较高的注入压力。由图 13.10 所示，全混相体积系数随注入压力的减少而明显减少，当注入压力降低到 28MPa 后，全混相体积系数已经小于 2%，此时注 CO_2 的驱油效率已经很低，这是由于模拟原油组分的最小混相压力与注入压力相当。

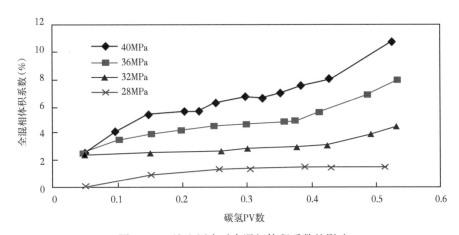

图 13.10 注入压力对全混相体积系数的影响

由于注 CO_2 井井底附近地层压力高，且下降快。混相体积增长速度远大于波及体积的增长速度，全混相体积系数增加较快；注气中期两者增长相差不大，因而全混相体积系数增加变慢；CO_2 突破后，波及系数增长速度大幅度降低，全混相体积系数又出现大幅度上升趋势。

13.1.2.3 混相体积系数的应用

（1）CO_2 驱油藏筛选标准

注 CO_2 驱油油藏筛选标准见表 13.2，其中主要筛选参数为原油黏度、API 重度、原油组分和深度。其中最重要的参数是原油组分和油藏深度（破裂压力或者微裂缝开启压力），决定了混相体积系数的大小，因此可以通过对比混相体积系数的大小来筛选油藏。

表 13.2　注 CO_2 驱油油藏常用筛选标准

筛选参数	CO_2 混相驱	CO_2 非混相驱
地层岩性	砂岩或碳酸盐岩	不关键
地层原油黏度（mPa·s）	1.3~10	<600
重度（°API）	22~36	>12
含油饱和度（%）	20~55	30~70
原油组分	$C_2—C_{12}$ 含量高	不关键
深度（m）	>800	>600

采用数值模拟方法，建立均质概念模型，计算不同原油组成和注入压力条件下，混相体积系数与累计产油量（采出程度）之间的关系。原油组成参数见表 13.3，从样品 1 至样品 10 原油组成中轻质组分逐渐减少，重质成分逐渐增加，但是甲烷和氮气含量不变。

表 13.3　原油组成及摩尔分数

组成	N_2	CO_2	C_{1+}	C_{2+}	C_{5+}	C_{7+}	C_{10+}	C_{13+}	C_{18+}	C_{23+}
样品 1	0.36	0	13.99	8.19	6.23	17.55	15.79	14.59	12.21	11.09
样品 2	0.36	0	13.99	7.69	5.73	16.55	14.79	14.59	13.71	12.59
样品 3	0.36	0	13.99	7.19	5.23	15.55	13.79	14.59	15.21	14.09
样品 4	0.36	0	13.99	6.69	4.73	14.55	12.79	14.59	16.71	15.59
样品 5	0.36	0	13.99	6.19	4.23	13.55	11.79	14.59	18.21	17.09
样品 6	0.36	0	13.99	5.69	3.73	12.55	10.79	14.59	19.71	18.59
样品 7	0.36	0	13.99	5.19	3.23	11.55	9.79	14.59	21.21	20.09
样品 8	0.36	0	13.99	4.69	2.73	10.55	8.79	14.59	22.71	21.59
样品 9	0.36	0	13.99	4.19	2.23	9.55	7.79	14.59	24.21	23.09
样品 10	0.36	0	13.99	3.69	1.73	8.55	6.79	14.59	25.71	24.59

其中 28MPa 曲线从低到高三个点油样分别为样品 10、样品 4 和样品 1；32MPa 曲线油样为样品 9、样品 6、样品 4、样品 2 和样品 1；36MPa 曲线油样为样品 8、样品 6、样品 4、样品 3、样品 2 和样品 1；40MPa 曲线油样为样品 9、样品 7、样品 5、样品 3、样品 2 和样品 1。计算结果表明，对于同一个油样随着注入压力的增加，全混相体积系数逐渐增加；对于不同的油样，在同一注入压力下，随着轻质组分含量的增加，全混相体积系数逐渐增加。

压力低于所有油样的最小混相压力时，全混相体积系数曲线没有出现拐点，如图

13.11 中 28MPa 曲线；但是当压力高于部分油样的最小混相压力时，全混相体积系数曲线出现了拐点，如图 13.11 中 32MPa 和 36MPa 曲线，而且此时的全混相体积系数大致在 5% 左右。当全混相体积系数大于 5% 时，不同油样的注 CO_2 驱油采收率差别变小；而全混相体积系数小于 5% 时，随着油样中轻质组分的增多，注 CO_2 驱油的采收率增加较多。因此可以采用混相体积系数来进行油藏筛选，并且筛选标准在 5% 左右。

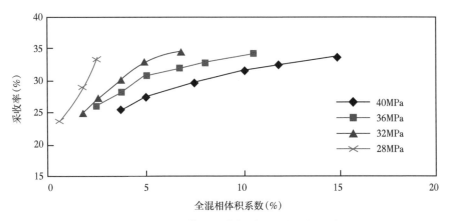

图 13.11　全混相体积系数与采出程度之间的关系

（2）CO_2 驱油开发方案优化设计。

混相程度对 CO_2 驱的开发效果存在一定的影响，可以将全混相体积系数和半混相体积系数的大小作为油藏工程有关参数优化的依据。在芳 48 试验区和树 101 试验区井网部署和注采参数优化设计过程中，计算了各种方案的全混相体积系数和半混相体积系数（表13.4），利用混相系数可以对各方案进行优化组合。

表 13.4　芳 48 区块注 CO_2 驱油各方案混相状态分析表

序号	方案描述				混相体积系数			平均驱油效率（%）
	井网	流压（MPa）	注入方式	注气时机	全	半	非	
1	五点	5	连续注入	同步注入	0.088	0.248	0.664	29.75
2	反九点	5	连续注入	同步注入	0.037	0.193	0.770	24.35
3	五点	3	连续注入	同步注入	0.082	0.230	0.688	28.53
4	五点	10	连续注入	同步注入	0.092	0.278	0.630	30.75
5	五点	5	连续注入	超前 3 月	0.090	0.253	0.657	29.86
6	五点	5	连续注入	超前 6 月	0.091	0.257	0.652	30.1
7	五点	5	连续注入	超前 1 年	0.091	0.259	0.650	30.21
8	五点	5	注二关一	超前 6 月	0.085	0.241	0.674	29.45
9	五点	5	注三关一	超前 6 月	0.088	0.243	0.669	29.6
10	五点	5	注六关一	超前 6 月	0.089	0.250	0.662	29.71

（3）CO_2 驱油矿场动态混相程度。

为了改善树 101 试验区混相程度，采用超前注入方式进行注气。根据数值模拟方法，拟合了试验区注入动态和生产动态，计算了相应的混相程度。结果表明，由于总注入量少，只有 0.015HCPV，全混相体积系数和半混相体积系数较小，分别为 1.10% 和 4.41%，需要继续注入 CO_2 增加混相程度。

13.1.2.4 产出组分变化规律

注 CO_2 驱油开采过程中，随着 CO_2 注入量的增加，CO_2 含量及其组分要发生一系列的复杂变化[17]。CO_2 前缘达到井口之前：随注入孔隙体积倍数的增加，产出物中轻烃和重烃与原始含量保持一致；CO_2 前缘突破之后：随注入孔隙体积倍数的增加，重组分下降的幅度随注入量的增加变大，而中间烃在突破初期由于萃取的作用有一定幅度的增加，后期下降相对较慢[1]（图 13.12）。

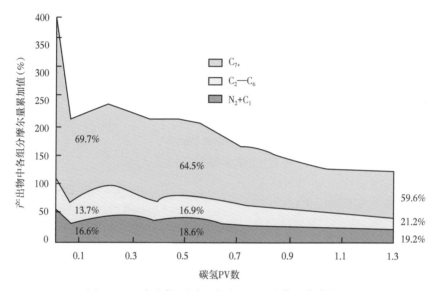

图 13.12　产出物不同组分随注入孔隙体积倍数变化

由于油藏组分发生变化，导致油井气油比及其产出物组分也发生变化，CO_2 突破前，气油比低、存碳率高；突破后，气油比上升和存碳率下降较快（图 13.13、图 13.14）；部分油井关井，可以控制气油比的上升，但之后气油比上升速度加快。油井产出物组分定量化为地面设计提供了依据，尤其是为 CO_2 循环利用设计提供了依据。

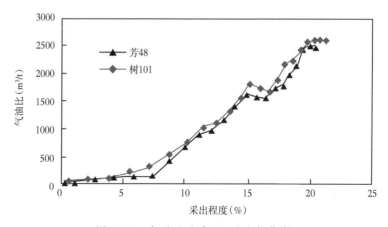

图 13.13　气油比随采出程度变化曲线

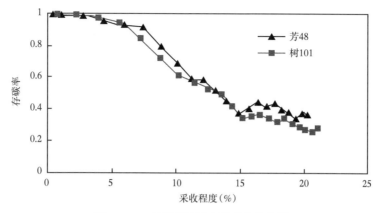

图 13.14　存碳率随采出程度变化曲线

13.2　井网优化设计方法

低渗透油层 CO_2 驱油技术能否成功的基础在于井网的适应性，井网设计既要考虑建立有效驱动体系，同时也要考虑 CO_2 驱的特性，延缓气窜的发生[18-19]。树 101 注 CO_2 驱油试验区位于松辽盆地北部三肇凹陷徐家围子向斜东翼斜坡，进行 CO_2 驱油开发试验前，区块内只有 3 口探评井。为了开展井网优化设计，采用井震结合方法进行储层划分、储层沉积特征和储层空间展布特征描述，预测砂体分布情况，确定了主力油层。同时应用井震资料进行储层反演结果分别建立三维伽马体和电阻率模型；利用伽马体模型求出岩相模型，采用相控方法计算预测研究区孔隙度、渗透率预测模型，使储层物性分布特征与岩相模型一致，保证了三维地质模型的精度。

应用 Eclipse 软件的相态模拟分析软件 PVTi 对原油物性 PVT 实验数据进行拟合计算，得到能反映地层流体实际性质变化的 PVT 参数场。在油藏流体相态拟合基础上，通过全过程数值模拟计算开展包括层系划分、井排方向、井排距、井网形式在内的井网优化设计研究，确定 CO_2 驱油开发试验井网部署结果。

13.2.1　开发层系组合

13.2.1.1　层系划分原则

一套独立的开发层系应当具有一定的储量，保证油井具有一定的生产能力，要求分层系开采有效厚度大于经济极限下限，但一套层系中油层不宜过多。

同一开发层系内油层性质接近，油层间渗透率相差不宜过大，渗透率级差不超过 5 倍。

划分开发层系，要考虑到当前采油工艺的技术水平，在分层工艺能解决的范围内，层系划分应当尽量简化。

13.2.1.2　开发层系组合

树 101 注 CO_2 试验区扶杨油层含油井段 435m 左右，扶余和杨大城子油层之间间隔 200m 左右，主力油层 4 个，主力油层井段 60m 左右，层位分别为 FⅠ组（FⅠ7）、FⅡ组（FⅡ1）、YⅠ组（YⅠ6）、YⅡ组（YⅡ4）。榆树林油田南区取心井油层物性统计表明，扶余油层组与杨大城子油层组物性相近，扶余油层组平均孔隙度为 10.03%，空气渗透率为 1.16mD，杨大城子油层组孔隙度为 10.76%，空气渗透率为 0.96mD。各小层原油性质、油层物性比较接近，层间差异小。

主力油层地质储量为 163.8×10^4t，占扶杨油层地质储量的 72.6%。初步确定 FI7、FⅡ1、YI6、YⅡ4 四个层为注气试验目的层，完钻后依据实际钻井情况落实调整。

13.2.2 井网优化设计

13.2.2.1 井排方向

对于榆树林油田南区及树 101 井区，尽管天然裂缝不发育，但应考虑压裂可能形成的人工裂缝。为了实现沿人工裂缝方向注气、向人工缝两侧驱油的线性注气方式，以达到提高注气波及效率和减缓气窜效果，井排方向确定为北东 77°。

13.2.2.2 井距、排距

由于注 CO_2 驱油相对注水开发易于建立有效驱动体系，因此，确定 CO_2 驱油井排距时，主要是考虑井网对砂体控制程度，以及气窜控制难易程度。从相邻树 8 区块砂体分析，试验区砂体延伸方向为南北向，砂体宽度为 200~400m。因此，设计井距为 250~300m。树 101 井区注入井排与人工裂缝方向（地应力方向）一致，排距在 200~300m 是可以的。

13.2.2.3 井网形式

依据树 101 试验区砂体发育为南北走向，天然裂缝不发育，人工缝北东 77° 的储层特点，综合分析矩形五点、正方形反九点和菱形反七点注气方式对树 101 井区的适应性（图 13.15）。

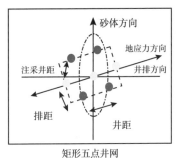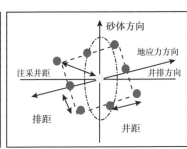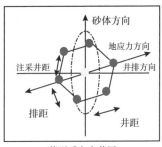

| 矩形五点井网 | 正方形反九点井网 | 菱形反七点井网 |

图 13.15 不同井网形式示意图

13.2.3 井网方案设计

13.2.3.1 井网设计原则

根据井网形式及注气方式研究结果，确定树 101 试验区开发井井网设计原则：

(1)考虑到裂缝影响，井距应大于排距，井排方向为北东 77°；

(2)依据砂体主要方向为南北向，确定井距不大于 300m；

(3)通过开采效果理论计算和对比，优选出合理有效的注采井网方式。

13.2.3.2 井网方案设计

根据井网设计原则，结合树 101 布井区地质特点，设计了三种类型 8 套井网方案：第一种类型五点法井网 3 个方案；第二种类型反九点井网 3 个方案；第三种类型反七点井网

2个方案(表13.5)。

表 13.5　榆树林油田树 101 井区设计井网方案表

序号	井距 （m）	排距 （m）	注气 方式	注采井距 （m）	总井数 （口）	油井 （口）	注入井 （口）	注采井 数比	中心井 （口）
方案 1	250	200	五点	236	24	16	8	2.0	2
方案 2	300	200	五点	250	22	14	8	1.8	2
方案 3	300	250	五点	292	23	15	8	1.9	3
方案 4	250	250	反九点	250、282	27	23	4	5.8	3
方案 5	300	300	反九点	300、424	17	14	3	4.7	2
方案 6	300	250	反九点	250、300、391	23	19	4	4.8	3
方案 7	250		反七点	250	24	18	6	3.0	2
方案 8	300		反七点	300	19	15	4	3.8	1

13.2.4　方案对比分析

各方案计算最大日注入量 7.5t，注气井井底流压 35MPa，最大日产油量 3.0t，生产井井底流压 3MPa。油价 40 美元/bbl 时计算废弃气油比为 3063m^3/t，因此各方案中，当气油比大于 3000m^3/t 时均采取关井措施。

按上述工作制度计算了 8 个方案开发指标，分析计算结果如下所示。

（1）五点井网比反九点和反七点井网注气受效好，地层压力和单井产量高。

五点注气井网注采强度高，地层压力保持水平高，并且随着注气时间延续，五点井网比反九点和反七点井网地层压力保持水平方面优势越明显。如第一年五点井网三个方案平均地层压力为 22.8MPa，比反九点和反七点高 3.5MPa 和 2.4MPa，开发到第 10 年，五点井网地层压力为 20.2MPa，比反九点和反七点高 7.5MPa 和 6.9MPa（图 13.16）。

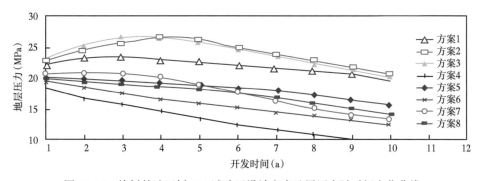

图 13.16　榆树林油田树 101 试验区设计方案地层压力随时间变化曲线

（2）五点井网井距和排距越大换油率和单井产油越大。

250m 井距、200m 排距五点井网，10 年末换油率为 0.30t 油/t 液态 CO_2，对应 300m 井距、200m 及 250m 排距五点井网，相同时间换油率分别为 0.32t 油/t 液态 CO_2、0.43t 油/t 液态 CO_2（表 13.6）。

表 13.6　榆树林油田树 101 试验区设计方案 10 年开发指标对比表

序号	总井数（口）	油井（口）	换油率（t 油/t 液态 CO$_2$）	累计注气量（10^4t）	气油比（m^3/t）	累计产油量（10^4t）	地层压力（MPa）	单井累计产油量（t）	采出程度（%）
方案 1	24	16	0.30	50.9	1572	9.35	19.9	5841	7.5
方案 2	22	14	0.32	50.6	1847	9.59	20.6	6853	7.7
方案 3	19	13	0.43	47.2	1427	10.96	20.1	8434	8.9
方案 4	27	23	0.71	32.3	956	11.84	9.9	5147	9.5
方案 5	17	14	0.67	24.5	553	8.60	15.7	6141	6.9
方案 6	19	15	0.63	31.9	798	7.35	12.5	4901	7.8
方案 7	24	18	0.46	43.4	1545	10.47	13.6	5815	8.4
方案 8	19	15	0.61	31.9	784	10.22	14.2	6811	8.2

（3）换油率随采出程度增加而降低，气油比随采出程度增加而增大。

注水开发综合含水随采出程度增加而增大，相同采出程度下综合含水越低注水开发效果越好。与注水类似，注 CO_2 驱油换油率随采出程度增加而降低（图 13.17），如方案 3 第 1 年采出速度为 1.05%，换油率为 0.68t 油/t 液态 CO_2，开发到第 10 年采出程度为 8.90%，换油率降到 0.43t 油/t 液态 CO_2。气油比随采出程度增加而增大，如方案 6 第 1 年采出程度为 0.99%，气油比为 27m^3/t，开发到第 10 年末采出程度 8.8%，气油比增加到 758m^3/t。

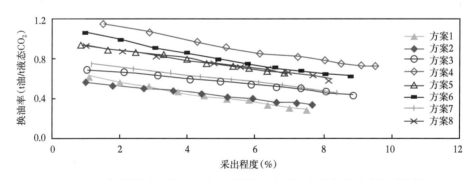

图 13.17　榆树林油田树 101 试验区设计方案采出程度与换油率关系曲线

综合分析，设计井网方案 3 开发效果较好。因此，推荐方案 3 为开发试验方案。按方案共部署油井 15 口，注气井 8 口，观察井 1 口（表 13.7、图 13.18）。

表 13.7　树 101 注 CO_2 驱试验区开发井部署结果表

井区（m×m）	油井（口）	注气井（口）	观察井（口）	总井数（口）	含油面积（km^2）	地质储量（10^4t）	注采井距（m）	单井控制地质储量（10^4t）
300×250	15	8	1	24	2.36	163.8	292	6.83

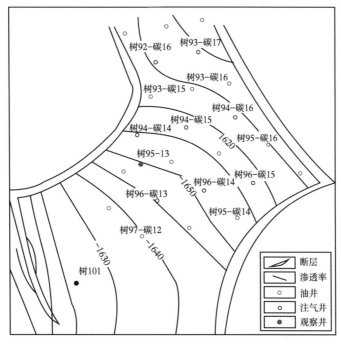

图 13.18 树 101 注 CO_2 驱油试验区设计井位图

13.3 注采参数优化设计

注采参数的确定与井网设计同样是注 CO_2 驱油开发技术中最重要部分。在开发井完钻后，根据密井网钻井资料，开展精细油藏描述及地质再认识，结合以井震联合为基础的构造建模，应用 Petrel 软件，建立了相控三维地质模型，并以沉积单元为纵向网格单元，开展油藏数值模拟研究[20]，实现了开发井资料的有效应用，提高了注采参数设计方案的科学性和可靠性。

在特低渗透扶杨油层 CO_2 驱油开发试验注采参数优化过程中，应用混相体积系数、结合波及系数和换油率等注气开发重要指标参数，进行 CO_2 驱注采参数优化设计，形成了一套包括注采能力、注采工作制度、注气及投产时机和方式在内的注采参数优化流程（图 13.19）。

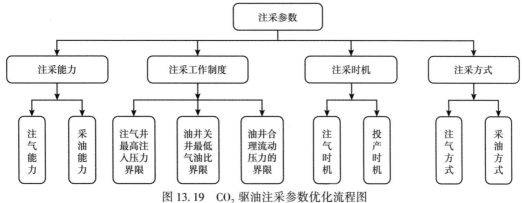

图 13.19 CO_2 驱油注采参数优化流程图

13.3.1 注采能力

13.3.1.1 注气能力

与注水相同，影响注气能力的因素很多，主要有注气时机、注气方式、注气开采阶段。注气能力与注水也不同，尤其是油井见气后，随气油比的增加注气井注入量增加幅度也增大。

由于数值模拟主要模拟有效厚度，而实际注气过程中砂岩储层与有效厚度同为一体，根据数值模拟计算，砂岩模型计算吸气能力比有效厚度模型吸气能力多 30% 左右（图 13.20）。

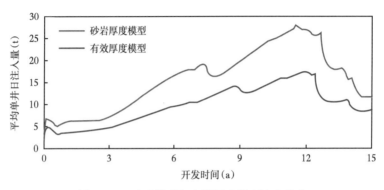

图 13.20　砂岩模型与有效厚度模型注入能力

在注气井流压为 40MPa，采出井流压为 5MPa 条件下，经模拟计算得到单井日注量为 6~14t。考虑砂岩吸气，单井注入量增加 0.5 倍，设计初期平均单井日注气量为 10~25t，设计单井最大日注气为 20~50t（表 13.8）。

表 13.8　树 101 CO_2 驱工业性试验区注气井单井最大注气量预测表

序号	井号	层位	砂岩厚度 （m）	有效厚度 （m）	配注 （t）	最大注气量 （t）
1	92-碳 17	YⅠ6、YⅡ4-1、YⅡ4-2	12.4	9.0	15	30
2	94-碳 14	YⅠ6、YⅡ4-1、YⅡ4-2	10.8	8.4	15	30
3	94-碳 15	YⅠ6、YⅡ4-1、YⅡ4-2	15.6	15.2	25	50
4	94-碳 16	YⅠ6、YⅡ4-1、YⅡ4-2	11.2	11.2	20	40
5	96-碳 13	YⅠ6、YⅡ4-1、YⅡ4-2	11.2	11.2	20	40
6	96-碳 14	YⅠ6、YⅡ4-1、YⅡ4-2	11.0	3.4	10	20
7	96-碳 15	YⅠ6、YⅡ4-1、YⅡ4-2	13.0	10.8	20	40
合计			12.2	9.9	125	250

13.3.1.2 采油能力

注气开发压裂裂缝易导致气窜发生，因此 CO_2 驱油试验区采取不压裂方式投产。开发经验表明，不压裂投产自然产能较低。考虑注气开发效果比水驱开发好，并且超前注气能够明显提高地层压力，油井不压裂投产也可以见到一定效果。综合分析得出，设计树101试验区不压裂井第一年采油强度为 0.38t/（d·m），第二年采油强度为 0.4t/（d·m）（表 13.9）。

表 13.9　树 101 注 CO_2 驱油工业性矿场试验区产能设计表

投产方式	井数	第一年			第二年		
		采油强度[t/（d·m）]	日产油（t）	产能（10^4t）	采油强度[t/（d·m）]	日产油（t）	产能（10^4t）
不压裂	16	0.38	3.6	1.39	0.40	3.8	1.65

13.3.2　注采工作制度

13.3.2.1　注气井注入压力上限

根据邻近树 8 井区 48 口井实测破裂压力资料统计，破裂压力变化范围在 40.5～58.0MPa，平均为 44.9MPa，破裂压力梯度在 0.019～0.027MPa/m。布井区块油层中部深度为 2120m，则油层破裂压力为 40.3～57.2MPa，平均为 44.6MPa。根据芳 48 注气井测试结果，正常注气时实测井筒内液态 CO_2 相对密度在 0.9 左右，计算注气井最大井口注入压力为 21.2～38.1MPa，平均为 25.5MPa。因此，树 101 注气试验区设计井口注气压力低于25.5MPa。

在具体注 CO_2 过程中，还要结合现场实际情况，根据 CO_2 的注入能力、地层压力保持水平、混相程度以及注入压力进行适时调整。尤其是要根据不同注 CO_2 井各自地质特点及与注入情况，结合周围油井产能及见气和气油比上升情况，适时调整注入压力，达到既能有效保持注入能力，又能控制气窜的目的。

13.3.2.2　油井关井气油比上限

根据投入产出平衡关系可知，如果日产出油量的收入恰好抵偿注入 CO_2 费用、最简单的日操作费用和税金，则说明此时的气油比就是废弃气油比，简单的操作费用应该包括：材料及燃料费、动力费、及人工费等。若收入低于各项支出费用，则应该关井。

$$\frac{P_1+P_2}{P}\cdot\frac{1}{C}+R\frac{P_3-P_4}{P}+\frac{P_5}{P}\leq 1 \tag{13.8}$$

式中　P——油价，美元/bbl；

　　　P_1——CO_2 价格，元/t；

　　　P_2——注 CO_2 费用，元/t；

　　　P_3——产出 CO_2 处理费，元/t；

　　　P_4——产出 CO_2 售价，元/t；

　　　P_5——操作成本，元/t；

　　　R——气油比，m^3/t；

　　　C——换油率，t 油/t 液态 CO_2。

根据 CO_2 驱油试验区相关经济参数，CO_2 售价 500 元/t，注入费用 100 元/t，产出 CO_2 处理费 150 元/t，操作成本采用采油厂成本实际构成。

计算表明当油价为 50 美元/bbl 时，换油率为 0.2 时，油井关井气油比为 3000m^3/t。

13.3.2.3 油井合理流动压力

按照树101注CO_2试验区注入压力40MPa的上限值，应用数值模拟计算油井流动压力分别为3MPa、5MPa、10MPa三个方案，分析计算结果取得了如下认识。

(1)注气初期流动压力越高，地层压力保持水平越高。后期由于油井关井整体地层压力上升，流动压力与地层压力关系不明显。从计算的树101注CO_2试验区流压分别为3MPa、5MPa、10MPa结果看，流动压力越高地层压力保持水平越高，但地层压力保持水平与流动压力高低不成正比关系。

(2)生产到终止时刻，各流动压力下采出程度相差不大，但总的趋势是流动压力越高试验区累计产油量和日产油量越少。

(3)流动压力越高混相系数越高，但波及系数有所降低。在注气井流动压力为40MPa条件下，计算了流动压力3MPa、5MPa、10MPa混相系数、波及系数和驱油效率。结果表明：流动压力越高混相系数、半混相系数、驱油效率越高。如流动压力采用3MPa、5MPa、10MPa时，开采终止时刻混相系数分别为3.2%、4.0%和7.1%，对应半混相系数分别为23.3%、24.9%和27.7%（表13.10）。但由于流动压力增加，驱替压差减小，波及系数有所降低，如流动压力采用3MPa、5MPa、10MPa，波及系数分别为75.1%、72.9%和66.3%。

表 13.10　树101试验区注入压力为40MPa终止时刻驱油效果分析表

流动压力（MPa）	注入PV数	混相		半混相		非混相		总驱油效率（%）	CO_2波及系数（%）
		混相系数（%）	驱替效率（%）	半混相系数（%）	驱替效率（%）	非混相系数（%）	驱替效率（%）		
3	0.354	3.2	100	23.3	51.2	73.5	20.6	25.4	75.1
5	0.353	4.0	100	24.9	52.1	71.1	19.5	27.5	72.9
10	0.351	7.1	100	27.7	55.3	65.2	17.1	29.1	66.3

(4)随着开采时间延续，油井流动压力可以适当提高。注CO_2初期油井流动压力过高油井产量低，但当油井见气后，油井流压过低，气油比上升快，高的流动压力有利于控制气油比。如开采10年流动压力3MPa比10MPa累计换油率低12个百分点，对应气油比高41.0%。

因此，对于CO_2驱油试验区基于油层地层压力保持水平和产量关系，其合理流动压力应为5MPa，并且随着开发时间的延续，合理流动压力应可以适当提高。

13.3.3 注采时机

低渗透油藏天然能量低，地层传导能力差，在开采过程中，地层压力下降快，而地层压力下降后，储层渗流能力迅速下降，使得产量快速递减，储层渗透率下降后，即使恢复地层压力，渗透率也不能恢复到原始状况。因此早期注气更有利于保持地层压力，保持油井的长期高产，提高油藏开发效果。

为研究树101注CO_2试验区超前注入具体效果及时机，设计三种注气时机方案，分别为超前3个月、超前6个月和超前9个月注入，进行了数值模拟计算。从累计产量、日产油量与超前注入的关系可以看出，超前注入时间长可以增加开发初期日产量，提高采油速度，超前9个月注入的累计产量比超前6个月和3个月累计产量多，但随着开发时间的延长，最终累计产量趋于一致。超前 9 个月注气开发初期日产油量比超前 3 个月增加 12%，比超前 6 个月增加 3%。

另外从气驱效率指标分析，超前注气时间越长，波及系数、采收率和混相系数越大（表 13.11）。

表 13.11　树 101 试验区不同注气时机气驱效率分析表

方案	波及系数（%）		注入 HCPV 数		采出程度（%）		混相系数（%）	
	第五年	终止时刻	第五年	终止时刻	第五年	终止时刻	第五年	终止时刻
超前 3 个月	21.73	67.90	0.148	0.947	7.03	20.28	3.49	8.44
超前 6 个月	22.64	67.92	0.154	0.948	7.23	20.29	3.57	8.50
超前 9 个月	23.03	67.94	0.160	0.949	7.41	20.31	3.67	8.54

综合分析认为，超前注气可以提高地层压力，增加混相程度，减少应力敏感性影响，提高油井产能。推荐注气时机为超前注气 6 个月，超前注气 6 个月后油井开井采油。

13.3.4　注采方式

13.3.4.1　注气方式

气窜是影响注 CO_2 驱油的一个主要因素。为了研究如何合理控制气窜，树 101 注 CO_2 试验区设计了四种不同的注入井周期注入方案，并进行了计算和对比分析，包括连续注气、注 2 个月关 1 个月、注 3 个月关 1 个月、注 4 个月关 1 个月。利用树 101 区块 YII4-1 层地质模型计算的周期注气与连续注气气油比与时间关系曲线（图 13.21）显示，周期注气生产井见气时间明显晚于连续注气，区块气油比达到经济界限的时间也晚于连续注气，并且在生产结束时区块累计产油量高于连续注气；不同的注气周期气油比动态反映也不相同，注气周期越小，油井见气时间越晚，区块气油比达到经济界限的时间也越晚。注入井周期注入的方式都可以延缓气窜，表现在终止时刻推迟，气油比高峰值延后，累计产油量变大（图 13.22）。

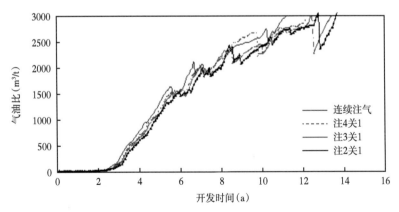

图 13.21　周期注气与连续注气气油比与时间关系曲线

对于注气开发油田，控制气窜是开发效果的关键因素，综合分析认为注 3 个月关 1 个月注入周期为树 101 注 CO_2 试验区周期注气方案。

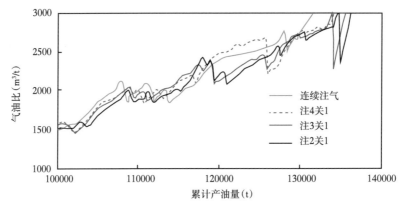

图 13.22　周期注气与连续注气气油比与累计产油量关系曲线

13.3.4.2　采油方式

结合特低渗透扶杨油层开发特点，设计了五种不同的周期采油方式。周期采油的方式都可以延缓气窜，表现在见气时间变晚，气油比高峰值延后，终止时刻推迟（图13.23）。同时周期注气周期采油与连续注气连续采油相比，换油率明显提高（图13.24）。

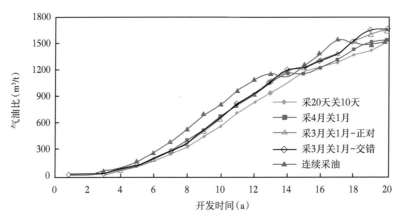

图 13.23　不同周期生产方案气油比与时间的关系曲线

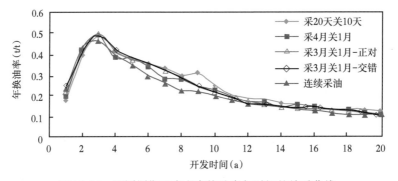

图 13.24　不同周期生产方案换油率与时间的关系曲线

从数值模拟预测结果看，生产井采 20 天关 10 天气油比较低，换油率相对较高，同时结合宋芳屯油田芳 48 先导性试验区的经验，低渗透油藏产能较小，见气后油井满足不了连续开井，因此推荐采油井采 20 天关 10 天的周期生产方式。

13.3.5 开发指标预测

树 101 注 CO_2 驱油工业性矿场试验区采用五点注采方式，初期开发 YⅠ6、YⅡ4-1、YⅡ4-2 层，3 年后补射 FⅡ1-1、FⅢ1-3 层。注入压力不高于 25.5MPa，流压为 5MPa，提前 6 个月注气后闷 1 个月，注气井采取注 3 个月关 1 个月周期注入，油井采 20 天关 10 天的生产方式。由于树 91 排和树 92 排之间在 YⅠ6 层位有一条小断层，因此单独开采下部杨大城子主力油层时，树 92—碳 16 作为油井生产，补射扶余主力层时，将树 92—碳 16 转注。

通过数值模拟，结合芳 48 先导性试验区生产动态数据分析，编制了树 101 注 CO_2 驱油工业性矿场试验区开发指标，10 年末累计注气 45.49×10⁴t，累计产油 14.91×10⁴t，采油速度为 0.98%，采出程度为 10.04%，气油比为 906m³/t（表 13.12）。

表 13.12　树 101 试验区推荐方案开发指标预测表

开发时间	注气井数（口）	采油井数（口）	年注气量（10⁴t）	累计注气量（10⁴t）	年产油量（10⁴t）	累计产油量（10⁴t）	气油比（m³/t）	采油速度（%）	采出程度（%）
2008 年	7	16	3.34	3.53	0.49	0.49	24	0.41	0.41
2009 年	7	16	3.52	7.06	1.39	1.88	25	1.17	1.58
2010 年	7	16	3.58	10.64	1.65	3.53	64	1.39	2.97
2011 年	8	15	3.96	14.60	1.82	5.35	94	1.53	4.50
2012 年	8	15	4.37	18.97	1.73	7.08	128	1.16	4.77
2013 年	8	15	4.59	23.56	1.68	8.76	286	1.13	5.90
2014 年	8	15	5.32	28.87	1.61	10.37	419	1.08	6.98
2015 年	8	15	5.31	34.19	1.58	11.95	576	1.06	8.04
2016 年	8	15	5.46	39.65	1.51	13.46	766	1.02	9.06
2017 年	8	15	5.84	45.49	1.45	14.91	906	0.98	10.04

根据数值模拟计算的开发指标，应用终止判别函数确定不同油价、不同生产成本条件下的 CO_2 驱油开发终止时刻，并计算采收率。在油价 50 美元/bbl 条件下，树 101 工业性矿场试验区注 CO_2 驱油采收率为 21.0%，试验区开发地质储量为 148.5×10⁴t，可采储量为 31.1×10⁴t（表 13.13）。

表 13.13　101 试验区推荐方案不同油价采收率计算

油价（美元/bbl）	终止气油比（m³/t）	终止换油率	开采时间（a）	采收率（%）
40	1338	0.24	18	16.2
50	1861	0.20	26	21.0
60	2231	0.17	32	22.7

13.4 驱油效果整体评价

13.4.1 开采特征

(1)CO_2驱注气压力平稳，吸气能力强。

树101试验区超前注气两口井分别为树94—碳15、树94—碳16，射开有效厚度分别为15.2m和11.2m，射开层位均为YI6、YII4-1、YII4-2三个层，两口井正常注气时日配注液态CO_2分别为25t和20t。为观察注气井吸气能力，先后于2007年12月、2008年4月进行了两口井吸气指示曲线测试（表13.14）。通过分析吸气指示曲线，两口井初期平均视吸气指数为115.2t/（d·MPa），视吸气指数是吸水指数的6.2倍；2008年4月平均视吸气指数为79.0t/（d·MPa），是吸水指数的4.7倍。2009年3月和9月注气指示曲线测试结果表明，吸水指数分别为吸气指数的4.2倍和4.3倍，表明油层吸气能力很强。

表13.14 树101试验区注气指示曲线测试结果对比表

测试时间	注入压力 （MPa）	吸气压力 （MPa）	吸气指数 ［t/（d·MPa）］	吸气指数/吸水指数
2007.12	18.5	17.4	115.2	6.2
2008.4	19.8	18	79	4.7
2008.11	19.5	18.1	42.3	3.8
2009.3	19.6	18.2	41.5	4.2
2009.9	19.2	18	42.4	4.3

树101试验区注气井树94—碳15不同时期吸气指示曲线（图13.25）均表明，由于累计注入量的增加，注气井吸气压力有所上升，吸气能力较初期有所下降，但变化幅度不大。

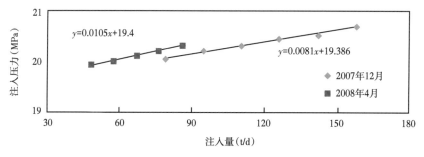

图13.25 树101试验区树94—碳15井吸气指示曲线

(2)混相及近混相驱稳产期比非混相驱长。

注气后，混相驱和近混相驱产量上升并有较长的稳产期，产量递减慢，气油比上升缓慢；同期非混相驱受效不明显，气体突破较快（图13.26）。

(3)混相驱气油比上升缓慢，比非混相驱晚见气2~3年。

注入相同的孔隙体积下，混相驱气油比较低，上升幅度不大，注入0.07HCPV后，非混相驱气体开始突破，近混相驱其次，混相驱最后，混相驱比非混相驱晚见气2~3年。

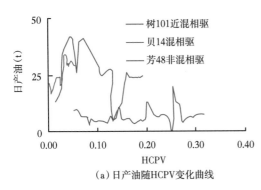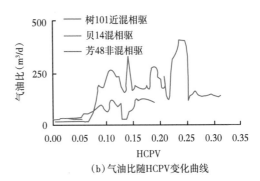

（a）日产油随HCPV变化曲线　　　　　　　（b）气油比随HCPV变化曲线

图 13.26　日产油及气油比随 HCPV 变化曲线

树 101 试验区 2007 年 12 月注 CO_2，2010 年 8 月见气，见气时气油比为 $85m^3/t$，注入 0.08PV，试验区最高气油比为 $130m^3/t$，单井最高气油比为 $541.6m^3/t$。

（4）近混相驱采出物中轻质组分增加，非混相驱组分变化不明显。

树 101 试验区各类采油采出物组分，从结果中可以看出受效程度较好、产量较高一类井轻质组分含量高于二类井（表 13.15），而重质组分含量相反，说明 CO_2 可以有效地萃取原油中的轻质组分。

表 13.15　树 101 试验区生产井采出油组成分析结果　　　　　　（单位:%）

油井类型	初期			目前		
	C_2—C_{10}含量	C_{11}—C_{20}含量	C_{20+}含量	C_2—C_{10}含量	C_{11}—C_{20}含量	C_{20+}含量
一类	25.7	42.6	31.7	22.3	41.7	36.1
二类	20.7	41.4	37.9	19.7	41.7	38.6

近混相驱：注气初期产出油中 C_{20} 以下组分含量上升，C_{20} 以上组分含量下降，随着注气进行，主峰碳由 C_{23} 逐渐变为 C_{13}，目前稳定在 C_{13}—C_{23} 之间（图 13.27）。

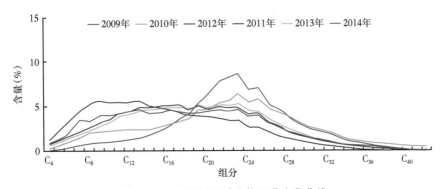

图 13.27　近混相驱采出物组分变化曲线

非混相驱：组分变化不明显，主峰碳集中在 C_{23}（图 13.28）。

（5）混相驱和近混相驱压力保持水平较高。

树 101 试验区平均地层压力为 34.4MPa，超过原始地层压力 12.4MPa，地层压力升高明显。2009 年 12 月注气井平均地层压力为 29.3MPa，地层压力保持水平较高（表 13.16）。

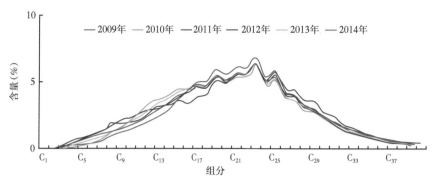

图 13.28 非混相驱采出物组分变化曲线

表 13.16 树101试验区注气井测压情况统计表

序号	井号	油层中深（m）	测试时间	地层压力（MPa）	压力梯度（MPa/100m）	测试时间	地层压力（MPa）	压力梯度（MPa/100m）
1	树92—碳17	2174	2009.01	30.4	1.40	2009.11	34.7	1.60
2	树94—碳14	2184.5	2008.05	31.3	1.434	2009.10	36.9	1.69
3	树94—碳15	2179	2008.05	35.9	1.648	2009.10	28.8	1.42
4	树94—碳16	2180	2008.05	35.2	1.615	2002.09	30.9	1.42
5	树96—碳13	2176	2009.01	34.3	1.58	2009.12	35.2	1.54
6	树96—碳14	2216	2009.01	36.7	1.66	2009.07	38.9	1.76
7	树96—碳15	2197.8	2009.01	36.7	1.67	2009.12	37.5	1.78
注气井平均		2186.8		34.4	1.57		34.7	1.60

从压力测试情况看，投产前测得的油井平均地层压力为 24.56MPa，目前测得的油井平均地层压力为 27.89MPa，由于注气补充能量迅速，采油井地层压力保持水平较高。树96—碳12 等 3 口油井地层压力超过最小混相压力 28MPa，在一定范围内可以形成混相驱替（表 13.17）。

表 13.17 树101试验区油井测压情况统计表

序号	井号	油层中深（m）	测试时间	地层压力（MPa）	压力梯度（MPa/100m）	测试时间	地层压力（MPa）	压力梯度（MPa/100m）
1	树91—碳18	2201	2008.05	23.8	1.08	2009.08	25.1	1.14
2	树93—碳16	2177.4	2008.05	29.9				
3	树95—13	2067	2008.04	24.2	1.17	2009.12	25	1.21
4	树95—碳13	2207.6	2008.05	24.2	1.10	2009.08	23.2	1.05
5	树95—碳14	2188.6	2008.05	23.7	1.08	2009.10	28.6	1.31
6	树95—碳15	2191.7	2008.05	23.8	1.09	2009.06	23.3	1.06
7	树96—碳12	2206.6	2008.05	24.4	1.11	2009.11	33.7	1.53
8	树96—碳16	2198	2008.05	25.6	1.16	2009.07	36.5	1.66
9	树97—碳13	2186.8	2008.05	21.4	0.98	2009.11	27.7	1.27
油井平均		2180.5		24.56	1.1		27.89	1.28

13.4.2 效果评价

CO_2驱油效果评价指标比较单一，常用换油率、单井增加产量或者采收率提高幅度等参数评价[19]。通过分析特低渗透油藏CO_2驱油试验的开发数据，结合水驱开发效果评价方法，明确了CO_2驱油评价指标及权重，重点考虑CO_2驱油开发特点，引入混相体积系数和相对混相程度概念，建立了开发效果评价流程，确定了各项指标的评价标准，对树101注CO_2驱油效果进行了评价。

13.4.2.1 指标评价流程

优选了开发指标、驱替效率、注采系统、压力系统和管理指标等5个开发效果评价系统，共17项单项技术指标。通过指标单因素分析，确定单项指标的权重，建立综合评价矩阵，形成了多因素模糊综合评判方法。经过研究，确定开发指标权重为0.3，驱替效率权重为0.2，注采系统权重为0.2，压力系统权重为0.15，管理指标权重为0.15。

开发指标评价系统共5个单项指标，其中初期单井日产油权重为0.20，单井累计产油权重为0.15，采油速度权重为0.20，气油比上升率权重为0.15，综合递减率权重为0.25。驱替效率评价系统共4个单项指标，其中混相体积系数权重为0.20，相对混相程度权重为0.20，换油率权重为0.30，存碳率权重为0.30。注采系统部分有2个评价指标，其中注采井数比权重为0.20，气驱控制程度权重为0.80。压力系统部分有3个评价指标，其中注入压力权重为0.20，压力保持水平权重为0.40，流动压力权重为0.40。管理指标部分有3个评价指标，其中注采井利用率权重为0.20，注采井时率权重为0.50，措施有效率权重为0.30（图13.29）。

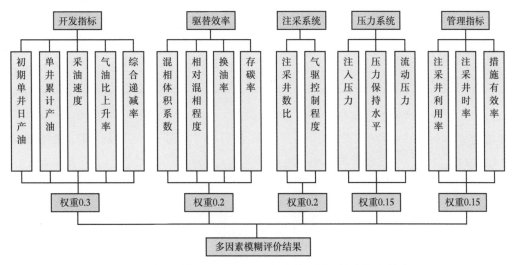

图 13.29　特低渗透扶杨油层 CO_2 驱油开发效果模糊综合评判技术流程图

13.4.2.2 指标评价标准

相对混相程度：油层压力与最小混相压力之比，用来表征原始状态下油田能否混相驱的难易程度。

$$R = \frac{p}{p_{MMP}}$$

（13.9）

式中 R ——相对混相程度；

p ——油层压力（原始注入时 p_i，水驱后 $p_{current}$）；

p_{MMP} ——最小混相压力，MPa。

为了明确 CO_2 驱油效果评价指标的标准，主要根据 CO_2 驱油理论，参考数模计算结果和水驱开发评价标准，结合外围油田扶杨油层正在开展的 CO_2 驱油试验的开发实际，综合研究明确了 CO_2 驱油效果评价标准（表13.18）。

表 13.18　外围特低渗透扶杨油层 CO_2 驱油开发效果评价指标标准表

评价系统	项目	好	较好	中等	较差	差	备注
开发指标	初期单井日产油（t）	>3	2~3	1~2	0.5~1	<0.5	结合 CO_2 驱油试验
	单井累计产油（t）	>3000	3000~2500	2500~2000	2000~1500	<1500	
	采油速度（%）	>1	1~0.8	0.8~0.6	0.6~0.4	<0.4	参考数值模拟计算
	气油比上升率（%）	<50	50~100	100~150	150~200	>200	
	综合递减率（%）	<6	6~8	8~10	10~12	>12	
驱替效率	混相系数（%）	>60	50~60	40~50	30~40	<30	依据 CO_2 驱油理论
	混相程度	>0.9	0.7~0.9	0.5~0.7	0.3~0.5	<0.3	
	换油率（t/t）	>0.4	0.3~0.4	0.25~0.3	0.2~0.25	<0.2	
	存碳率（%）	>50	45~50	40~45	35~40	<35	
注采系统	注采井数比	<1.5	2~1.5	2.5~2	3~2.5	>3	参考水驱
	气驱控制程度（%）	>70	65~70	60~65	55~60	<55	
压力系统	注入压力（MPa）	<19	19~21	21~23	23~25	>25	结合 CO_2 驱油试验
	压力保持水平（%）	>100	90~100	80~90	70~80	<70	
	流动压力（MPa）	>8	5~8	3~5	2~3	<2	
管理指标	油水井利用率（%）	>70	65~70	60~65	55~60	<55	参考水驱
	注采井时率（%）	>70	65~70	60~65	55~60	<55	

13.4.2.3　试验区效果综合评价

综合评价树101试验区开发指标，结果表明树101扩大试验区 CO_2 驱油效果好（表13.19）。

表 13.19　外围特低渗透扶杨油层 CO_2 驱油效果评价结果表

评价系统	开发指标						驱替效率				
评价指标	初期单井日产油（t）	单井累计产油（t）	采油速度（%）	气油比上升率（m³/t/%）	综合递减率（%）	系统评价结果	混相系数（%）	混相程度	换油率（t/t）	存碳率（%）	系统评价结果
树101	3	3464	0.81	21.4	10.5	较好	32	0.71	0.41	43	好

评价系统	注采系统			压力系统				管理指标				
评价指标	注采井数比	气驱控制程度（%）	系统评价结果	注入压力（MPa）	压力保持水平（%）	流动压力（MPa）	系统评价结果	注采井利用率（%）	注采井时率（%）	措施有效率（%）	系统评价结果	综合评价
树101	0.44	93.8	好	18.3	118	7.3	较好	74	83	100	较好	好

树 101 区块 CO_2 驱油试验及其效果评价表明，注 CO_2 驱油可以实现大庆低渗透油层有效动用，是提高大庆及国内类似未动用储量的有效途径，也是类似水驱油藏改善和提高开发效果和采收率的有效措施。

参 考 文 献

［1］沈平平，江怀友，陈永武，等．CO_2 注入技术提高采收率研究［J］．特种油气藏．2007（03）：1-4.

［2］程杰成，刘春林，汪艳勇，等．特低渗透油藏二氧化碳近混相驱试验研究［J］．特种油气藏．2016，23（06）：64-67.

［3］李菊花，李相方，刘斌，等．注气近混相驱油藏开发理论进展［J］．天然气工业．2006（02）：108-110.

［4］王进安，袁广均，张军，等．长岩心注二氧化碳驱油物理模拟实验研究［J］．特种油气藏．2001（02）：75-78.

［5］袁广均，王进安，周志龙，等．二氧化碳驱室内试验研究［J］．内蒙古石油化工．2005（08）：94-96.

［6］谷丽冰，李治平，欧瑾．利用二氧化碳提高原油采收率研究进展［J］．中国矿业．2007（10）：66-69.

［7］谷丽冰，李治平，侯秀林．二氧化碳驱引起储层物性改变的实验室研究［J］．石油天然气学报．2007（03）：258-260.

［8］郭平，张思永，等．大港油田二氧化碳驱最小混相压力测定［J］．西南石油学院学报．1999（03）：19-21.

［9］M K R J，G A P G，Kamy S. Analysis of tertiary injectivity of carbon dioxide［J］. Society of Petroleum Engineers. 1992：23974.

［10］Grigg R B, Siagian U W R. Understanding and Exploiting Four-Phase Flow in Low-Temperature CO_2 Floods［J］. Society of Petroleum Engineers. 1998：39790.

［11］汪洪，景福田，周润才，等．地层温度和压力下泡沫质量及流速对二氧化碳泡沫混合驱的影响［J］．国外油田工程．2000（06）：1-5.

［12］王文明，李传江，张子洲，等．榆树林油田扶杨油层评价［J］．中国海上油气．地质．2001（04）：27-31.

［13］F. Jay Schempf，孙瑛璇．美国不断推广应用 CO_2 驱提高采收率技术［J］．国外油田工程．2002（05）：15-51.

［14］John D. Royers, Reid B. Grigg，牛宝荣，等．二氧化碳驱过程中水气交替注入能力异常分析［J］．国外油田工程．2002（05）：1-6.

［15］Fox M J, Simlote V N, Beaty W G. Evaluation Of CO_2 Flood Performance, Springer "A" Sand, NE Purdy Unit, Garvin County, OK［J］. Society of Petroleum Engineers. 1984：12665.

［16］Desch J B, Larsen W K, Lindsay R F, et al. Enhanced Oil Recovery by CO_2 Miscible Displacement in the Little Knife Field, Billings County, North Dakota［J］. Society of Petroleum Engineers. 1984：10696.

［17］庞志庆，宋扬．大庆油田 CO_2 驱集油工艺技术研究［J］．石油规划设计．2016，27（01）：45-46.

［18］程杰成，朱维耀，姜洪福．特低渗透油藏 CO_2 驱油多相渗流理论模型研究及应用［J］．石油学报．2008（02）：246-251.

［19］宋扬．大庆油田扶杨油层 CO_2 驱油开发效果评价［D］．北京：中国石油大学（北京），2016.

［20］袁少民．特低渗透油藏 CO_2 驱油调整技术界限［J］．大庆石油地质与开发．2019：1-7.